W0011921

Anne M. Schüller
Das Touchpoint-Unternehmen

Anne M. Schüller

DAS TOUCHPOINT-UNTERNEHMEN

Mitarbeiterführung in unserer neuen Businesswelt

Bibliografische Information der Deutschen Nationalbibliothek

Die Deutsche Nationalbibliothek verzeichnet diese Publikation
in der Deutschen Nationalbibliografie; detaillierte bibliografische
Daten sind im Internet über http://dnb.d-nb.de abrufbar.

ISBN 978-3-86936-550-3

Lektorat: Anke Schild, Hamburg
Umschlaggestaltung: Martin Zech Design, Bremen I www.martinzech.de
Satz und Layout: Das Herstellungsbüro, Hamburg I www.buch-herstellungsbuero.de
Druck und Bindung: Salzland Druck, Staßfurt

© 2014 GABAL Verlag GmbH, Offenbach
Alle Rechte vorbehalten. Vervielfältigung, auch auszugsweise,
nur mit schriftlicher Genehmigung des Verlages.

www.gabal-verlag.de
www.twitter.com/gabalbuecher
www.facebook.com/Gabalbuecher

Inhalt

Einblick

»Sie können hier mit niemandem telefonieren, schicken Sie eine Mail!« – Um Unternehmen, die so mit ihren Kunden hantieren, muss man sich wohl Sorgen machen. Ich werde sie in diesem Buch die alten, analogen Unternehmen nennen. Sie sind nicht unbedingt alt an Jahren, sondern alt im Kopf, zu alt, um die Zukunft erreichen zu können. Denn etwas Großes ist im Gange. Wir leben in einer neuen, sich unaufhaltsam digitalisierenden Businesswelt. Und wir stecken mittendrin im größten Change-Prozess aller Zeiten. Die Macht ist zu den Mitarbeitern gewandert. Und die Kunden haben, von vielen nahezu unbemerkt, die Macht schon längst übernommen. Was das bedeutet? Heute entscheiden vor allem die eigenen Kunden darüber, ob neue Kunden kommen und kaufen. Und die eigenen Mitarbeiter entscheiden maßgeblich mit, wer die besten Talente gewinnt. Passende interne Rahmenbedingungen und eine auf diesen Wandel ausgerichtete Führungskultur sind unausweichlich, damit es gelingt, in volatilen Märkten auf immer neue Weise verlockend zu sein.

Doch während sich draußen unumkehrbar alles verändert, vertrödeln sich drinnen in den Unternehmen die Manager mit »gängigen« Verfahren und verbrauchten Ritualen aus dem letzten Jahrhundert: Top-down-Formationen, Silodenke, Insellösungen, Abteilungsegoismen, Hierarchiegehabe, Budgetierungsmarathons, Anweisungskultur, Kontrollitis, Kennzahlenkult. Dies wie auch ein antiquiertes Führungsverständnis und der kundenfeindliche Standardisierungswahn sind die größten Bremsklötze auf dem Weg in eine neue Business- und Arbeitswelt. Mit Werkzeugen von vorvorgestern ist die Zukunft nun mal nicht zu packen. Die Unternehmen sind in ihren eigenen Systemen gefangen. Und sie werden nicht am

Markt, sondern an ihren Strukturen scheitern. Deshalb sind Innovationen zunächst drinnen, im firmeninternen Zusammenspiel, dringendst vonnöten. Vernetzung und Kollaboration heißen die zentralen Schlüssel zum Ziel. Wie dies erreicht werden kann und welche Tools dabei helfen, zeigt dieses Buch.

Unsere schöne neue Businesswelt

Die Hochzeit zwischen dem Social Web und dem mobilen Internet hat uns mit Höchstgeschwindigkeit in die Web-3.0-Welt katapultiert. Ihr vielleicht wichtigstes Plus: eine digitale Informationsschicht, die sich per Fingerwisch über unsere Offline-Landschaften legt. Hierdurch werden die Menschen mit dem kompletten Onlinewissen praktisch überall auf der Erde in Echtzeit vernetzt. Diese neue Konstellation hat das Kräfteverhältnis zwischen Anbietern und Nachfragern endgültig auf den Kopf gestellt. Denn das Internet spielt den »kleinen Leuten« zu. Es begünstigt »die vielen«. Es verachtet Zentralisierung. Und es liebt Kollaboration.

Doch in den Schaubildern der Unternehmen sieht es noch immer aus wie anno dazumal. Sie verdeutlichen – vielleicht mehr als alles andere – die wahre (fossile) Gesinnung: Der Chef thront ganz oben, darunter, in Kästchen eingesperrt, seine brave Gefolgsmannschaft. Die Mitarbeiter kommen in solchen Organigrammen nicht einmal vor. Sie werden wie Fußvolk verwaltet und in Abteilungsschubladen organisiert. Ja, und die Kommunikation zu den Kunden läuft über Kanäle. Bei Licht betrachtet sind Werbekanäle nichts als das externe Gegenstück interner Silos und veralteter Top-down-Hierarchien: unvernetzt nebeneinanderher agierend. Denn ein Kanal dient der Datenübermittlung von einem Sender zu einem Empfänger.

Demgegenüber zeigt die Welt der Kunden ein völlig anderes Bild: Sie schwirren in Outernet- und Internet-Sphären um Unternehmensgebilde herum, die wie Netzwerke agieren (sollten). Sie kaufen an Touchpoints nach Gusto mal offline, mal online. Bei der Entscheidungsfindung lassen sie sich vor allem von ihresgleichen leiten. Von unersättlichen Konsumenten wandeln sie sich zu verantwortungsvollen Weltenbürgern. Manche sind schon »Sharer« und »Maker« geworden, das heißt, sie kaufen nicht neu, sondern sie teilen sich das, was sie brauchen, mit Dritten. Oder sie produzieren es selbst. Die meist webbasierte »Share-Economy« wird das ohnehin dürftiger werdende Wachstum auf ganz neue Weise bedrohen. Und der Selbermachen-Trend, der durch die aufkommenden 3-D-Drucker begünstigt wird, wird völlig neue Geschäftsmodelle kreieren.

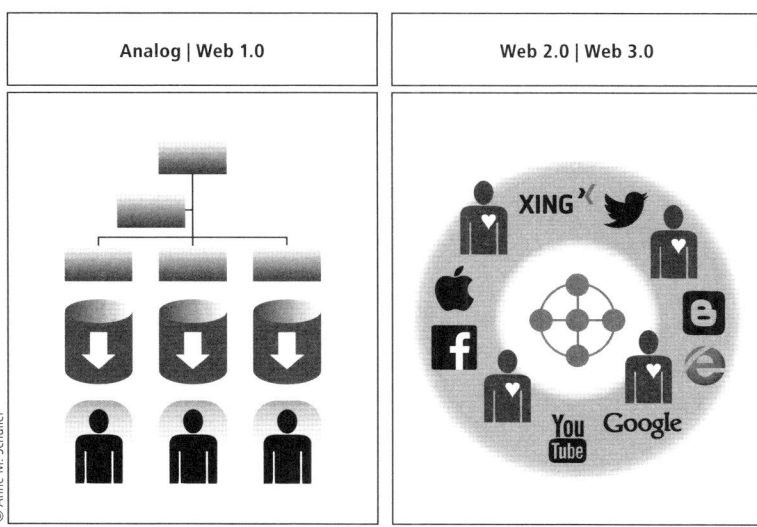

Abb. 1: Die alte und die neue Businesswelt

Es ist also höchste Zeit für einen neuen Typus von Organisation. Ich nenne es das Touchpoint-Unternehmen.

Touchpoint-Unternehmen und Touchpoint-Manager

Niemals zuvor waren die Kunden einem Unternehmen so nahe wie heute. Spätestens jetzt muss sich *jede* Führungskraft in *jedem* Bereich neben ihrer Kernaufgabe intensiv mit den Kunden befassen. Denn über die sozialen Medien kann heute jeder Externe praktisch mit jedem Mitarbeiter direkt in Verbindung treten, ganz egal, in welcher Abteilung der sitzt, und egal auch, ob das dem Management passt oder nicht. Die Zahl der Kontaktpunkte zwischen drinnen und draußen ist explosionsartig gestiegen; sie ist jetzt schon unüberschaubar geworden. Dies ist Risiko und Chance zugleich.

Die Unternehmen haben die Informationshoheit verloren.

Früher wurde das, was die Öffentlichkeit über ein Unternehmen erfahren sollte, über sorgsam formulierte Pressemitteilungen und gut geschulte Vorstandssprecher gesteuert. Was sich hinter den Firmenfassaden aber tatsächlich begab, gelangte nur vereinzelt nach draußen: wenn jemand in seinem persönlichen Umfeld von einem Vorfall erzählte oder wenn es über persönliche Kontakte bis zu den Medien drang. Heute sieht das völlig anders aus: Die Mitarbeiter berichten über Interna im Web. Sie sind zu Botschaftern ihrer Arbeitgeber geworden. Und die Unternehmen haben keinerlei Kontrolle darüber, was sie dem Cyberspace alles anvertrauen.

Wer führt, behandle seine Leute also besser gut und halte ethische Werte ein, denn im Internet kommt es irgendwann raus. Vorbildliches wird dort vergnüglich gefeiert und Gutes kräftig gelobt, Übles hingegen herbe bestraft. Wer lügt und betrügt, wer seine Leute wie ein Berserker behandelt oder sich eigennützig Vorteile verschafft, wird geteert und gefedert und dann an den Onlinepranger gestellt. Das lesen dann nicht nur alle Kollegen, nein, die gesamte Öffentlichkeit liest das auch. Schon längst wird das zweifelhafte Innenleben eines Anbieters durch kollektive Nichtkäufe bestraft. Und die besten Bewerber kehren Reputationsschwachen den Rücken, noch ehe es zu einer ersten Annäherung kommt. Denn bevor man hört, was ein Unternehmen selbst über sich sagt, lauscht man denen, die aus erster Hand berichten.

In dieser neuen Realität werden Kunden kaum mehr den vorgezeichneten Kanälen altehrwürdiger Ablauforganisationen folgen. Sie lassen sich auch nicht mehr an Service, Sales und Marketing wegdelegieren – und schon gar nicht von provisionssüchtigen Verkäufern zum LEO, einem leicht erlegbaren Opfer, machen. Vielmehr steuern sie die direkten und indirekten Touchpoints spannender Anbieter selbstbestimmt an. Deshalb folgen Touchpoint-Unternehmen dem Outside-in-bottom-up-Weg, das heißt, sie bewegen sich vom Kunden her nach drinnen und dann vom Mitarbeiter her in Richtung Führungsebene. Denn nur so herum kann der Erfolg künftig gelingen. Dabei wird es im Unternehmensorchester schon bald auch ein neues Berufsbild geben: den Touchpoint-Manager. Er steht wie ein Advokat für die Kundeninteressen ein und setzt sie kraftvoll durch. Und er weiß: Wer lange Strecken laufen will, braucht geduldiges Geld.

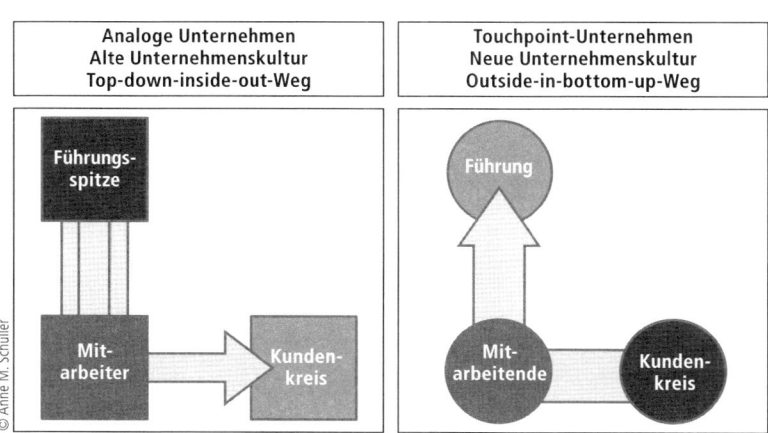

Abb. 2: Der alte und der neue Unternehmensweg

Was ist eigentlich ein Touchpoint?

Ein Touchpoint wird im Deutschen gern als Kontaktpunkt bezeichnet. Doch dies ist ein unterkühlter und versachlichter Begriff. Das Wort »Berührungspunkt« drückt sehr viel besser aus, wie Beziehungen in Social-Media-Zeiten nun zu gestalten sind. Wer nämlich Menschen erreichen will, der muss sie »berühren« – und Emotionalität zum Schwingen bringen. Wenn dann noch ein Hauch von Magie und eine Brise »Sternenstaub« hinzugefügt werden, dann weckt dies ein heftiges Habenwollen.

Nicht was in ambitionierten Businessplänen und aufwendigen Handbüchern geschrieben steht, sondern was der Kunde in den »Momenten der Wahrheit« (Jan Carlzon) an den einzelnen Touchpoints tatsächlich erlebt, entscheidet über hopp oder top. Diese so virtuos zu bespielen, dass Transaktionen für kaufwillige Kunden *immer wieder* begehrenswert sind *und* ein engagiertes Weiterempfehlen bewirken, das ist die neue große Herausforderung. Und sie geht *jeden* im Unternehmen an, egal, ob er direkt an der Kundenfront tätig ist oder etwa in der Buchhaltung, in der Produktion oder im Lager wirkt.

All dies verlangt ein kundennahes Management und auch einen neuen Führungsstil: die kundenorientierte Mitarbeiterführung. Basis dafür ist das Meistern der internen Touchpoints, also der Interaktionspunkte zwischen den Mitarbeitenden, den Führungskräften und der Organisation. Kollaborative Prozesse, bei denen man die »Ideenfunken« aller Mitarbeitenden einfängt und die »Weisheit der Vielen« nutzt, werden dabei, wie wir gleich sehen, aus gutem Grund zu bevorzugen sein.

Touchpoints zwischen Bewerber und Arbeitgeber

Der demografische Wandel, der Kampf um die Besten und der Glashauseffekt, den das Social Web mit sich bringt, halten ganz neue Anforderungen parat: Personaler müssen das Verkaufen lernen. Dabei sind die Ressourcen, die bereits jetzt für das effiziente Suchen, Finden und Gewinnen passender Talente in den Markt geworfen werden, ganz enorm.

Doch nicht die Firmenwebsite und deren Karriereteil, sondern das Eingabefeld der Suchmaschinen ist zunehmend der Startpunkt für eine potenzielle Mitarbeiterbeziehung – und oftmals gleichzeitig das Ende. Dabei spielen die indirekten Touchpoints wie zum Beispiel Meinungsportale, User-Foren, Blogbeiträge, Presseartikel, Mundpropaganda und Weiterempfehlungen eine zunehmend wichtige Rolle. Diese werden auch als »Earned Touchpoints« bezeichnet, denn man kann sie sich nicht wie eine Stellenanzeige kaufen, man muss sie sich stattdessen verdienen.

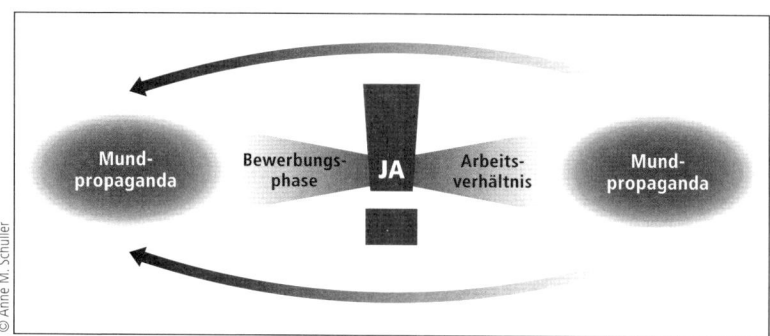

Abb. 3: Der Ablauf im Rekrutierungsprozess von heute

So werden von veränderungswilligen Bewerbern immer öfter zuerst die O-Töne der Mitarbeiter im Web angesteuert. Google nennt sie die »Zero Moments of Truth« (ZMOT).[1] Dies sind die Momente der Wahrheit vor dem ersten direkten Kontakt, die schonungslos sichtbar machen, was die Versprechen eines Unternehmens tatsächlich taugen. Insofern werden Firmen schon bald allein deshalb zumachen müssen, weil es keine qualifizierten Mitarbeiter mehr gibt, die für sie arbeiten wollen.

Anstatt also weiter in teuer bezahlte Recruiting-Tools zu investieren, sollten Organisationen viel mehr dafür tun, dass es drinnen bei ihnen stimmt. Denn jenseits schöner Sonntagsreden über Leitbilder, Werte und Corporate Social Responsibility (CSR) liegt dort eine Menge im Argen. Selbst den wortgewaltigsten Beteuerungen aus der eitlen Managementwelt glaubt heute kaum jemand mehr. Die Unternehmenskommunikation hat sich in einen gigantischen Vertrauensverlust hineinmanövriert. Zu oft sind wir belogen und betrogen worden. Hier Beispiele zu listen, erübrigt sich. Jeder kennt eine Vielzahl von Fällen.

Wie Arbeitgeber zu einer »Lovemark« werden

Die Einzigen, die in einer vernetzten Gesellschaft glaubwürdig für Vertrauen sorgen und sogar Vertrauensverluste wiedergutmachen können, sind die, die wissen, wie es hinter den Firmentoren tatsächlich läuft: die Kunden und die Mitarbeiter. Sie wollen, dass all diese Menschen draußen als Fürsprecher für Ihr Unternehmen fungieren? Dann sorgen Sie für ein positives Beziehungskonto! Und sorgen Sie insbesondere auch dafür, dass die Leute tollen Gesprächsstoff haben, den sie gerne mit ihren Netzwerken teilen.

»Sei wirklich gut, und bring die Leute dazu, dies vehement weiterzutragen.« So lautet das neue Businessmantra. Und »wirklich gut« bedeutet hier zweierlei: einmal exzellent und einmal *nicht* böse. Das Internet ist wie eine gigantische öffentliche Podiumsdiskussion. Die »Leichen« vermodern heute nicht mehr im Keller, man findet sie in den Weiten des Webs. Daher muss neben dem Zahlenwerk auch die moralische Bilanz stimmen. Denn Unternehmen haben nicht nur eine wirtschaftliche, sondern auch eine soziale Funktion, die von der Öffentlichkeit immer vehementer eingefordert wird. Der Wettbewerb der Zukunft wird auf dem Marktplatz der Unternehmenskulturen geführt.

Fakt ist: Jenseits aller Sozialromantik braucht es Renditen, um am Leben zu bleiben. Doch das ist nur das Pflichtprogramm. Entscheidend ist die Kür. Um schließlich zu den großen Gewinnern zu zählen, gibt es nur einen einzigen Weg: eine Lovemark (Kevin Roberts) zu werden. Eine Lovemark ist eine (Arbeitgeber-)Marke, in die sich die Kunden *und* die Mitarbeitenden verlieben können. Eine Lovemark ist Kult. Die braucht sich nicht mithilfe teurer Werbung selbst zu erklären. Weil ihre Fans das für sie tun. Die greift man auch nicht an. Weil eine Phalanx von Fürsprechern sie vor allem Ungemach schützt. Und das Ergebnis? Loyalität jenseits der Vernunft. Sobald das geschieht, wird die Konkurrenz bedeutungslos.

Touchpoints zwischen Mitarbeiter und Führungskraft

Die Arbeitsbeziehungen haben sich in den letzten Jahren grundlegend gewandelt. Sie sind globaler, digitaler und auch weiblicher geworden – und all das auf hohem Niveau. Sie sind von einer neuen Buntheit gekennzeichnet, kleinteiliger und vielschichtiger geworden und auch stärker nach außen vernetzt. Immer mehr Menschen werden neben einer Festanstellung schon bald einen (Mini-)Zweitjob haben, in dem sie erwerbstätig sind. Oder sie werden zeitweilig selbstständig sein. Die lebenslange Anstellung existiert nur noch in den Geschichtsbüchern der Arbeitswissenschaft. Die Beschäftigten werden aus dem befriedeten Gelände der Firmengebäude in die freie Wildbahn entlassen.

Neben einer Kernbelegschaft in herkömmlichen Arbeitsverhältnissen gibt es zunehmend eine Zusammenarbeit ohne klassischen Arbeitsvertrag: in Projekten, mit Freelancern, mit Zeitarbeitsfirmen, mit Interimsmanagern. Es gibt mehr befristete Arbeitsverträge, höhere Teilzeitquoten, mehr outgesourcte Bereiche wie auch eine größere Zahl an mitarbeitenden Spezialisten, Zulieferern und Businesspartnern. Der stationäre Arbeitsplatz und das eigene Büro werden im Zuge dessen zurückgedrängt. Fernanwesenheit, eine mobile Arbeitskultur, flexible Arbeitszeitmodelle, virtuelle Teams und das Homeoffice haben Hochkonjunktur.

In Zukunft wird vornehmlich für Denkleistung bezahlt. Gutes Wissen, das noch fehlt und kurzfristig verfügbar sein muss, wird über Externe zugekauft. Man umgibt sich mit den jeweils besten Leuten für einen bestimmten Job. So werden Unternehmen zu Drehkreuzen, zu Oasen für digitale Nomaden und von »Kollaborateur-Satelliten« umkreist. Letzteres ist auch der Grund, weshalb ich mich bei der Namensgebung für das Instrument, das Kern dieses Buches ist, für den Begriff »Collaborator« entschieden habe. Kollaboration steht, unabhängig von der Form des Arbeitsvertrags, für ein effizientes Miteinanderarbeiten. Der Kollaborateur im heutigen Sinne ist also ein auf konstruktive Weise Mitarbeitender.

Für Führungskarrieren kommen *ausschließlich* Menschenspezialisten infrage.

Bei all dem werden Führungskräfte in Zukunft vor ganz neue Herausforderungen gestellt: Die Oberen müssen lernen, auch die neuen Arbeitsmodelle zu meistern, also nicht anwesende und nicht angestellte Mitarbeitende zu führen und so schnell wie möglich produktiv zu machen. Ganz neue Touchpoints werden dabei entstehen. Alles wird zunehmend modular organisiert. Anfallende Arbeitsaufträge werden mehr und mehr über Projekte gesteuert. Hierzu werden vor allem Netzwerk-Organisatoren und projektleitende Moderatoren benötigt. Macht- und Kontrollverlust ist eine unausbleibliche Folge. Ganz andere Führungsstile rücken nach vorn: Möglichmacher, Katalysatoren und kundenfokussierte Leader werden von nun an gebraucht. Und für Führungskarrieren kommen *ausschließlich* Menschenspezialisten infrage. Manche machen das auch schon ganz ausgezeichnet. Den anderen ist die Führungslizenz zu entziehen.

Digital Natives: die »neuen« Mitarbeitenden

Digital Natives? Das sind die im Internet-Zeitalter aufgewachsenen und durch digitale Medien sozialisierten nach 1980 Geborenen, oft auch Millennials, Generation Y, Gen Y oder Ypsiloner genannt. Sie prägen eine humanisierte Führungskultur und bringen die Menschlichkeit in die Unternehmen zurück. Und sie schaffen die Rahmenbedingungen für einen kollaborativen Managementstil. Der Chef als Ansager und Aufpasser? Für sie ein Auslaufmodell. Sie stehen für Autonomie und Gestaltungsraum, für Gleichrangigkeit und Selbstorganisation – und für das Teilen. Der Aufbau von Herrschaftswissen ist ihnen fremd. Machtgelüste haben sie kaum. Die klassischen Statussymbole reizen sie wenig. Bevormundungsmodelle sind gar nicht ihr Ding.

Diese Gen Y folgt – welch interessanter Zusammenhang – der Theorie Y von Douglas McGregor, seinerzeit Managementprofessor am MIT.[2] Das Y steht für die Hypothese vom grundsätzlich engagierten Mitarbeitenden, der durch befruchtendes, einfühlsames Führen noch engagierter wird. »Schmusekurs« wird dieser Weg von den harten Brocken genannt. Und die, die ihm folgen, werden als Betabuben, Warmduscher und Beckenrandschwimmer verlacht. Denn da, wo mit der Brechstange gearbeitet wird, wo es keine Kennzahlen für Achtsamkeit und Wertschätzung gibt, wo nur Maximalergebnisse zählen und Exceltabellen das Sagen haben, ist für »weiche Faktoren« kein Platz. Vielerorts wird immer noch derjenige (heimlich) bewundert, der bereit ist, Unternehmenswerte zu zerstören und Mitarbeiter zu opfern, um kurzfristige Gewinnziele erreichen zu können. »Wer das nicht verträgt, der kann sich ja von unserem tollen betrieblichen Gesundheitswesen wieder aufpäppeln lassen«, hat mir kürzlich so einer gesagt. Doch die Zeiten, in denen Mitarbeiter nichts als Spielfiguren des Managements waren, sind endgültig vorbei. Der Mitarbeiter 3.0 verlangt ein ganz neues Führungsverständnis.

Die Zeiten, in denen Mitarbeiter nichts als Spielfiguren des Managements waren, sind endgültig vorbei.

Denn die Social-Media-affine Smartphone-Elite hat längst begonnen, eine ethischere Tätigkeitskultur zu entwickeln: werteorientiert, selbstbewusst, verspielt, autonom. Der versierte Umgang mit Onlinemedien ist ihr wichtigstes Kapital. Das Meistern von Bits und Bytes nennt sie Arbyte (Peter Glaser). Die Aussicht, bei einem Arbeitgeber wieder in die analoge Steinzeit zurückzufallen, ist entsetzlich für sie. Wer kein passendes Arbeitsumfeld bieten kann, kommt für sie nicht in Betracht. Millennials erwarten lebenswerte Büros und ein lockeres Miteinander, so wie sie es aus ihrer vernetzten, digital transformierten Freizeit kennen.

Und wenn sie mehrere Jobangebote haben, entscheiden sie sich für das mit dem Sinn-Plus. Diese Grundeinstellung befruchtet inzwischen de... ...ten Arbeitsmarkt. Die Menschen wollen nicht einfach nur ... Geld verdienen. Sie wollen bei ihrer Arbeit glücklich sein. Ein L... ...n, bei dem Leben und Arbeit, wenn überhaupt, so einigermaßen in Balance ist, reicht ihnen nicht. Sie wollen, dass alles Berufliche zu einem befruchtenden und in hohem Maße befriedigenden Teil ihres Lebens wird. *Das* wird das »New Normal« sein. Ich nenne es Work-Life-Integrität.

Das interne Touchpoint-Management: ein Navigationssystem für den Unternehmenserfolg

Das interne Touchpoint-Management betrachtet die »Reise« eines Mitarbeitenden durch das Unternehmen und geht von dessen Standpunkt aus. Es berücksichtigt die Anforderungen an unsere neue Arbeitswelt. Und es ordnet deren zunehmende Komplexität in ein Gesamtsystem.

Ziel des insgesamt vierstufigen Prozesses ist die Koordination aller Berührungspunkte zwischen Führungskraft und Mitarbeitenden, um die Interaktionsqualität zu verbessern, inspirierende Arbeitsplatzbedingungen zu gestalten und – im Rahmen eines wertschätzenden Klimas – ansprechende Leistungsmöglichkeiten zu schaffen. Hierbei kann jede Interaktion als Chance genutzt werden, die Exzellenz der Mitarbeitenden zu erhöhen, ihre emotionale Verbundenheit zum Unternehmen zu stärken und positive Mundpropaganda nach innen und außen auszulösen.

Dazu arbeitet die Führungsmannschaft abteilungsübergreifend vernetzt und mit Blick auf den kontinuierlichen Wandel. Alle Mitarbeitenden werden auf das Wohlergehen der Kunden ausgerichtet. So erhöht die intensive Auseinandersetzung mit jedem einzelnen internen Touchpoint nicht nur die Mitarbeiterperformance, sie führt auch zu einer Ressourcenoptimierung, zu Zeit- und Kosteneinsparungen, zu einer Stärkung der Arbeitgebermarke, zu einer höheren Kundenloyalität, zur Neukundengewinnung durch Weiterempfehlungen und damit zu gesunden Erträgen. Am Ende des Weges steht eine Organisation, die hocheffizient ist – und zutiefst human.

Um alle skizzierten Themen nun zu vertiefen, habe ich das Buch in drei Teile gegliedert:

Teil 1 zeigt mit Blick auf unsere sich zunehmend digitalisierende Businesswelt, an welchen sieben internen Rahmenbedingungen vordringlich zu arbeiten ist, um wettbewerbsfähig die Zukunft erreichen zu können.

Teil 2 befasst sich mit der neuen Arbeitswelt und den »neuen« Mitarbeitenden, mit einer digitalitätsbasierten Mitarbeitertypologie, mit der »neuen« Führungskraft und passenden Führungsstilen für heute und morgen.

Teil 3 veranschaulicht den CTMP® Collaborator Touchpoint Management Prozess. Detailliert wird gezeigt, wie im Rahmen dieses neuen Managementmodells die Interaktionspunkte zwischen Mitarbeitenden, Führungsverantwortlichen und Arbeitgeber zu strukturieren und zu gestalten sind. Und: Der *interne* Touchpoint-Manager wird postuliert.

Dabei will dieses Buch mehr als nur zeigen, wohin die Reise geht. Schlaue Bücher über die Zukunft gibt es genug. Doch in diesen Umbruchzeiten wollen vorausschauende Unternehmer vor allem eins: so viel Konkretes wie möglich, also Beispiele, Anregungen, Hinweise und Tipps auf ihre brennende Frage »Und wie mach ich das nun?«. Denn bekanntlich sollten Worten ja auch Taten folgen. So schlägt dieses Buch die Brücke von der Metaebene der Strategie zur tagtäglichen operativen Praxis. Was auch immer Sie davon auf Ihre geschäftliche, berufliche und persönliche Reise mitnehmen wollen: Zunächst wünsche ich Ihnen viel Freude beim Lesen. Und dann den denkbar größten Erfolg bei der Umsetzung. Schreiben Sie mir doch bei Gelegenheit, wie es Ihnen damit ergangen ist. Ich bin gespannt.

Ihre

Anne M. Schüller
Im goldenen Oktober 2013

Abb. 4: Die vier Schritte des CTMP® Collaborator Touchpoint Management Prozesses (Mitarbeiter-Kontaktpunkt-Management)

Drei Dinge, die ich noch sagen wollte:

1. Wenn ich hier über Führungskräfte, Mitarbeitende und Kunden schreibe, sind natürlich immer Männer *und* Frauen gemeint. Nur, wenn es den Unternehmen gelingt, das Beste ihrer männlichen Mitarbeitenden *und* das Beste ihrer weiblichen Mitarbeitenden optimal zusammenzuführen, ist wahre Exzellenz und damit die Zukunft zu schaffen.

2. Durch die zunehmende Globalisierung sind Anglizismen verstärkt in die Wirtschaftswelt vorgedrungen – ob man das will oder nicht. Dort wo ich weniger gebräuchliche englische Worte benutze, habe ich sie ins Deutsche übertragen. Falls mir das einmal nicht gelungen sein sollte, schreiben Sie mir.

3. Den CTMP® Collaborator Touchpoint Management Prozess, dessen Erfinderin ich bin, habe ich im letzten Teil meines Bestsellers *Touchpoints* bereits ansatzweise vorgestellt. In diesem Buch habe ich dieses Konzept auf vielfachen Wunsch hin vertieft und maßgeblich erweitert. Unverzichtbare Aussagen habe ich hier noch einmal zitiert. Mehr zum Thema Kunde und alles zum Kundenkontaktpunkt-Management wartet in *Touchpoints* auf Sie.

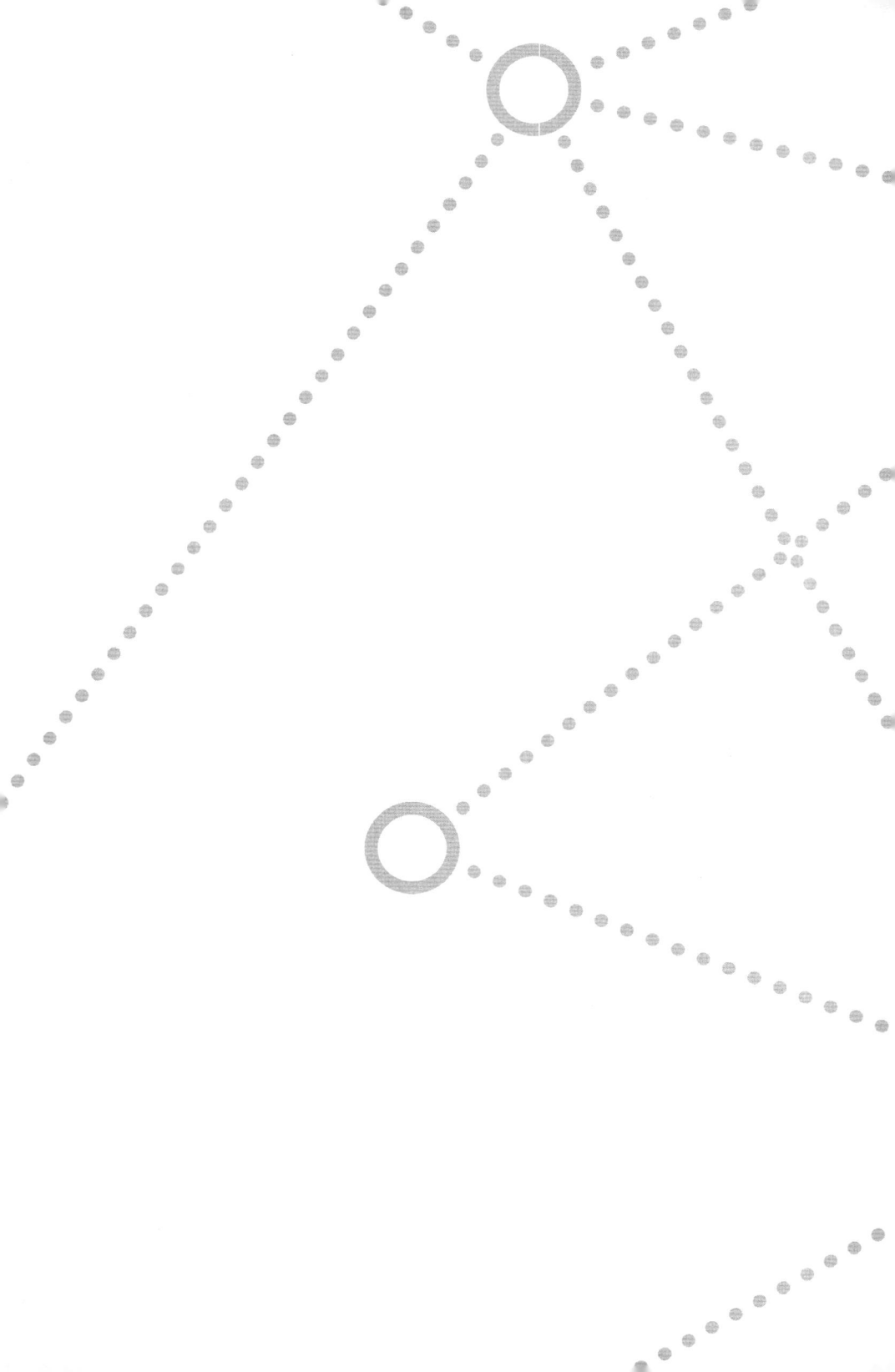

TEIL 1

UNTER-NEHMERISCHE RAHMEN-BEDINGUNGEN FÜR UNSERE NEUE BUSINESS-WELT

Die sieben Schlüsselaufgaben für morgen

Etwas Großes ist im Gange. Es wird ein neues Spiel gespielt. Und Chancen werden neu verteilt. Wir stecken mittendrin im größten Change-Prozess aller Zeiten. Doch wir bemerken es kaum, weil wir so sehr mit dem Augenblick beschäftigt sind. Dabei ist ein paradigmatischer Wandel der Lebens-, Kauf- und Arbeitsstile längst unübersehbar. Mutige neue Anbieter mit ihren frischen, frechen Ideen treiben den Markt mit atemberaubender Geschwindigkeit voran. Alles wird immer schneller alt. Jeden Tag wird die Welt ein wenig digitaler. Und komplexer. Und auch sozialer.

Die Menschen rücken näher zusammen, die Solidarität wächst. Der Ton wird informeller, die Kommunikation direkter. Statt »Haben« spielt »Sein« eine größere Rolle. Eine Entwicklung vom Ich zum Wir zeichnet sich ab; statt Abgrenzung rückt Teilhabe nach vorn. Ein riesiger Demokratisierungsprozess ist die Folge. Wissen schlägt Macht. Nicht der Shareholder-Value, sondern die Kundenwünsche steuern heute die Unternehmen. Und eine neue Form von Verbundenheit, die fünfte Loyalität nenne ich sie (und erkläre das später), ist im Kommen. Virtuelle Netzwerke sind die Auffangbecken für erodierende klassische Sozialstrukturen – und Geburtshelfer für eine neue Kultur des physischen Miteinanders. Die Digital Natives sind ihre Protagonisten.

Diese Zeitenwende betrifft *nicht nur* den Einzelnen als Mitglied einer Gemeinschaft sowie die Gesellschaft als Ganzes. Sie betrifft die Wirtschaft gleichermaßen und – spiegelbildlich betrachtet – auch das Innenleben einer Organisation. Die wichtigsten Schlagworte heißen: öffnen, verflachen, verbreitern. Dabei werden »weiche Faktoren«, die sich in der Reputation eines Unternehmens manifestieren, fortan von ausschlaggebender Bedeutung sein. Und die Reputation selbst wird zu einem wesentlichen Bestandteil des Unternehmenswerts.

Die Reputation wird zu einem entscheidenden Erfolgsfaktor.

Doch Reputation kann – im Gegensatz zum Image – nicht einseitig von den Anbietern gesteuert werden. Denn Reputation entsteht nicht durch das, was man selbst über sich sagt, sondern durch das, was Dritte denken und sagen. Kontrolle findet nunmehr öffentlich statt. Wo ein Empörungswille ist, schlägt dieser schnell Wellen. Unternehmenslügen werden ruckzuck in Shitstorms verwandelt. So sorgt die Weisheit der Vielen dafür, dass sich die Spreu vom Weizen trennt. Und das Böse wird zunehmend aussortiert: Im Web läuft das größte Empfehlungsprogramm aller Zeiten.

Ein solches Szenario kann nicht länger mit verkalkten Konzepten aus prädigitalen Wirtschaftszeiten gemeistert werden. Was die Unternehmen am meisten lähmt, sind zu viel Management – und zu wenig Mitarbeiterfokus, zu viel Hierarchie – und zu wenig Kollaboration, zu viel Regelkorsett – und zu wenig Möglichkeitsraum, zu viel Zahlenwerk – und zu wenig Emotionalität, zu viel Selbstgefälligkeit – und viel zu wenig Kundenliebe.

Um für die neue Businesswelt fit zu sein, muss es genau umgekehrt laufen:

Mehr	Weniger
Mitarbeiterfokus	Management
Kollaboration	Hierarchie
Möglichkeitsräume	Regelkorsetts
Emotionalität	Zahlenwerk
Kundenliebe	Selbstgefälligkeit

Ein zaghaftes Auffrischen von Bestehendem reicht dabei nicht aus. Eine Neuausrichtung ist vielmehr gefragt. Vieles muss einer schöpferischen Unruhe und manches einer schöpferischen Zerstörung (Joseph Schumpeter) preisgegeben werden, um Raum für Neues, Passenderes zu schaffen und sich für den Wettbewerb der Zukunft zu rüsten. Weitermachen wie bisher ist keine Option. Ein Neustart ist angesagt. Noch vor den technologischen und produktbasierten Innovationen sind zuallererst Managementinnovationen dringend vonnöten. Nur zu. Die Spielregeln werden nie mehr die alten sein.

Sieben Schlüsselaufgaben sind dabei in Angriff zu nehmen:

- ◯ Schwarmintelligenz integrieren
- ◯ Kollaborative Strukturen implementieren
- ◯ Gefühlte Hierarchien reduzieren
- ◯ Regelwerke dezimieren
- ◯ Silodenke demontieren
- ◯ Sich digital transformieren
- ◯ Den Kundenfokus forcieren

Mit diesen Aufgaben wollen wir uns nun detaillierter befassen. Sie sind das Fundament, auf das die Mitarbeiterführung in neuen Businesszeiten baut.

Die Weisheit der Vielen

Schwarmintelligenz integrieren

Die Digital Natives und die Start-up-Gründer unter ihnen sind in einer digital vernetzten Lebenswelt groß geworden. Sie bewegen sich ständig in Schwärmen, die in den Weiten des Webs ihre Heimat haben. Damit sind sie etablierten Unternehmen um Meilen voraus. Wollen Letztere nicht den Anschluss verlieren, müssen sie baldigst verstehen lernen, wie soziale Netzwerke effektiv funktionieren und wie sich Schwarmintelligenz erfolgswirksam nutzen lässt. Unter Schwarmintelligenz versteht man die Weisheit der Vielen, eine sich mehr oder weniger selbst organisierende kollektive Intelligenz, die jenseits von Administration und Bürokratie eine Vielfalt von innovativen Ideen hervorbringen kann.

Natürlich ist, um Innovationen im Sinne echter Durchbrüche zu erzielen, zudem die Expertise von Spezialisten vonnöten. Und bisweilen braucht es die strategische Hand eines energischen Chefs. Doch einsame Entscheidungen können auch leicht in den Abgrund führen. Tödlich für die Innovationskraft einer Organisation ist es indes, wenn alles wie erstarrt auf das Brüllen des Silberrückens harrt. Klar, auch in Netzwerken gibt es Autoritäten, denen man folgt. Doch den blinden Gehorsam, der in geschlossenen Organisationen immer noch ausgeprägt ist, den gibt es hier nicht. Leadership-Kunst wird zukünftig heißen, positive Leittiereffekte und Mitarbeiter-Schwarmintelligenz zielführend zu kombinieren – und ein Miteinander zu finden, das auch die Kunden in alle Stufen der Wertschöpfungskette aktiv integriert.

Bereits vor Jahren hat der Soziologe James Surowiecki in seinem Weltbestseller *The Wisdom of the Crowds* anhand vieler Beispiele gezeigt, dass eine Gruppe in aller Regel »klüger ist als ihr gescheitestes Mitglied«. Allerdings nur dann, wenn ihre Zusammensetzung *inhomogen* ist. Denn homogene Gruppen, also solche mit gleichartigen Mitgliedern, neigen zur Konformität, zum Konsens, zum Griff nach Routinen – und nur selten zum Erkunden von Neuem. Der Zugewinn einer inhomogenen Gruppe ergibt sich aus den unterschiedlichen Denkweisen ihrer Mitglieder und einer damit verbundenen Experimentierfreudigkeit. Kluge Entscheidungen kann die Gruppe aber immer nur dann treffen, wenn sie in ihrer Meinungsbildung unabhängig ist, wenn jeder Teilnehmer Zugang zu allem entscheidungsrelevanten Wissen hat und wenn er seine Meinung frei äußern kann. Ferner muss sich die Gruppe auch treffen können – virtuell *und* real.

Digitalisierung begünstigt das Schwärmen

Skype, Wikis, Blogs, Apps, Activity-Streams und Dokumenten-Sharing: Diese und viele weitere Webtools haben die Zusammenarbeit von realen Orten entkoppelt und ein virtuelles »Ausschwärmen« möglich gemacht. Allerdings wird zunehmend erkannt, dass Menschen am allerbesten zusammenwirken, wenn sie sich sehen können. Warum das so ist? Die wahre Gesinnung zeigt sich in Gestik und Mimik. Die meisten von uns haben ein gutes Intuitionsradar für richtig und falsch. Entsprechende Signale können aber nur dann entschlüsselt werden, wenn man sich physisch nahe ist. Doch auch dafür stehen digitale Lösungen parat. Videokonferenzen gibt es schon. Membrane Wände, die wie Touchscreens funktionieren und per Fingerwisch – wie bei einem Touchscreen am Tablet-PC – den Weg ins Internet bahnen, sind im Kommen. Und schon bald werden wir unseren Schwarmmitgliedern als 3-D-Telepräsenz oder als Hologramm[3] in Lebensgröße erscheinen können.

Darauf warten müssen wir allerdings nicht. Führungskräfte können schon jetzt »eine Reihe von Voraussetzungen schaffen, damit sich Schwarmintelligenz zügig entfalten kann«, schreibt Jochen May in seinem Buch *Schwarmintelligenz in Unternehmen*.[4] Er nennt diese drei:

○ *Informationsfluss:* Kompetenzvernetzung erfordert, dass jedes Schwarmmitglied jederzeit über alle notwendigen Informatio-

nen verfügt. Zugleich muss sichergestellt sein, dass man seine
Zeit nicht mit unnützem Informationsmüll vergeudet.

O *Innovationsdruck:* Hierzu müssen Instrumente verfügbar sein,
mit deren Hilfe die nutzwertigen Ideen einzelner Schwarm-
mitglieder aufgegriffen, gesichert und bei Bedarf zügig
umgesetzt werden. Einige davon werden wir weiter hinten
kennenlernen.

O *Verhaltensabstimmung:* Die schwarmimmanente Meinungsvielfalt
ist so zu kanalisieren, dass man sich autoritätsfrei auf ein ein-
heitliches Vorgehen einigen kann. Denn in aller Regel stört
Hierarchie den Schwarm, anstatt ihm zu dienen.

Allerdings muss die Basis für die Entwicklung von Schwarmintelligenz in vielen Fällen überhaupt erst gelegt werden. Institutionalisierte Informationskaskaden und sorgsam gepflegte Entschei-
dungsmonopole, die vor allem dem Machterhalt dienen, sind dabei
nur hinderlich. Und natürlich müssen die Mitarbeiter zu einem
schwarmintelligenten Verhalten befähigt werden, denn die damit verbundene Ergebnisverantwortung kann Ängste schüren. Es
braucht also Mut, etwas Zeit und Geduld. Auf Knopfdruck funktioniert so was nicht.

Um gut voranzukommen, sind umfangreiche Freiheitsgrade, kurze
Entscheidungswege, ein Höchstmaß an Flexibilität und eine kollaborative Vernetzung vonnöten. Lineare Strukturen sind dazu wenig geeignet. Weil diese nämlich nur in eine Richtung zeigen, ver-
bauen sie den Blick auf andere, womöglich bessere Wege zum Ziel.
Wenn, so wie jetzt, die Komplexität zunehmend steigt, sind sich
selbst organisierende Strukturen viel tauglicher. Bestes Beispiel dafür ist das erfolgreichste Businessmodell aller Zeiten, die Mutter der
Digitalisierung: das Internet.

Das Internet hat keinen Boss

Im Internet vernetzen sich die Menschen zu Schwärmen, die mal in die eine und mal in die andere Richtung ziehen, immer auf der Suche nach Neuem, Anderem, Besserem. Dabei geht es nicht nur um eine Vernetzung von Daten, sondern auch um die Vernetzung von Wissen. Wie das funktioniert? Im Social Web ist dies ein sich selbst steuernder Prozess, der sich über Plattformen, Portale und soziale Netzwerke organisiert. Viele sollen etwas davon haben, nicht wenige alles. Das Crowdfunding, manchmal auch Schwarmfinanzierung genannt, ist ein interessantes Beispiel dafür. Hierunter versteht man die Finanzierung förderungswürdiger Projekte durch eine große Zahl von Kapitalgebern mit kleinen Mitteln über Plattformen wie Startnext, Kickstarter & Co. Solche Formen des Teilens werden durch webbasierte Technologien erleichtert beziehungsweise überhaupt erst möglich gemacht.

Auch das menschliche Gehirn funktioniert ohne Boss. Dessen zerebrale Verschaltungen laufen über Knotenpunkte, etwa 20 an der Zahl. So kann es auf mehr als einem Weg zu guten Ergebnissen kommen – und die Kapazität, zu lernen und qualitativen Output zu liefern, ist nahezu unerschöpflich. Doch was nicht benutzt wird, verwildert. »Use it or lose it« heißt das Prinzip. Beim Wissen ist es genauso. Es multipliziert sich bekanntlich, wenn man es teilt. Und es verflüchtigt sich, wenn man es hortet. Wenn sich Wissen aber vernetzt, kann dies an die erstaunlichsten Zielpunkte führen. So steigt zum Beispiel die Innovationskraft mit der Anzahl gleichberechtigt involvierter Personen. Und damit wiederum steigt auch die Chance auf den sogenannten Serendipitätseffekt: das Stolpern über glückliche Zufälle, das durch eine Beteiligung vieler begünstigt wird.

Deshalb brauchen Unternehmen im Touchpoint-Management auch keine *solchen* Consultants, die ihre »exklusiven« Weisheiten über monolithische Führungsspitzen einschleusen, um sie dann herunterschwappen zu lassen. Vielmehr brauchen sie Knotenpunkte, die

Pyramidale Top-down-Organigramme sind ein reines Selbstverherrlichungsprogramm der Führungsspitze. als Weichensteller für optimale Verschaltungen sorgen. Und sie brauchen (externe) Input-Bringer, die als Katalysatoren fungieren, um die kollektive Intelligenz der besten Ratgeber zu wecken, die es da draußen gibt: die eigenen Mitarbeiter und die sozial vernetzten Kunden. Überall im Unternehmen müssen »Möglichkeitsräume mit Innovationspflicht« geschaffen werden, in denen eigeninitiatives und selbstverantwortliches Handeln den Vorzug vor Direktiven erhält.

Kollaborative Strukturen implementieren

Kollaboration heißt miteinander statt gegeneinander – über alle Abteilungsgrenzen hinweg. Wir brauchen inspirierende Freunde, verlässliche Verbündete und helfende Weggefährten in einer sich zunehmend vernetzenden Welt. »Überkreuzbefruchtung« wird das bei Apple genannt. Wenn Unternehmensorganisationen hingegen auf Konkurrenz statt auf Kollaboration aufgebaut sind, dann werden »die anderen« zwangsläufig als Wettbewerber, wenn nicht gar als Feinde gesehen. Man schottet sich ab, gibt falsche Informationen weiter, verweigert Hilfe unter fadenscheinigen Gründen und lässt vermeintliche Gegenspieler ins offene Messer laufen. Nur damit diese keinen Vorsprung gewinnen. Jeder kämpft um das fetteste Stück vom Ressourcenkuchen, um den nächsten Karriereschritt – und um Status natürlich auch. Appelle zur Zusammenarbeit bringen rein gar nichts, solange solche Systeme durch Rennlisten, eingleisige Incentive-Programme und Profitcenter-Denke auf Trab gehalten werden.

Ein flottes, reibungsloses Zusammenspiel der internen Leistungskette verlangt, von Ressortdenken und innerbetrieblichen Rivalitäten endlich Abschied zu nehmen. Denn dies fördert nur den Abteilungsegoismus und dient nicht dem Kunden. Der merkt jedenfalls sehr schnell, wenn ein Unternehmen nicht wie aus einem Guss funktioniert. Das Gestrüpp aus Standards und Normen muss ausgedünnt, der verfilzte Zuständigkeitsrasen vertikutiert und das innenpolitische Machtgefälle eingedämmt werden. Leitbilder müssen neu gedacht und Organisationsstrukturen umgebaut werden. Zum Beispiel hat bis heute kaum ein Unternehmen, das sich Kundenorientierung in großen Lettern auf die Fahnen schreibt, den Kunden überhaupt im Organigramm. Wer aber von »Customer Centricity« spricht, den Kunden also in den Mittelpunkt stellt, der muss dies auch optisch sichtbar machen. Und zwar in Form eines kundenzentrierten Beziehungsnetzwerks.

Pyramidale Top-down-Organigramme hingegen sind ein reines Selbstverherrlichungsprogramm der Führungsspitze. Sie konzentrieren sich auf Macht und nicht auf den Markt. Sie zementieren Hierarchiedenke, Starrheit und Konformität. Formal in Reih und Glied aufgestellte Organisationsmitglieder sind wie die Monokulturen in unseren Wäldern: ungesund und auf Dauer nicht überlebensfähig. Solche mehr oder weniger toten Ordnungssysteme haben im digitalen Sturm nicht den Hauch einer Chance. Bringen Sie deshalb Lebendigkeit in die Bude! Und Schwarmintelligenz in Ihr Organigramm! Lassen Sie Ihre Leute aus den Kästchen frei! Machen Sie aus eckig und kantig rund und bunt! Scharen Sie Ihre Leute um Kundengruppen und um Kundenprojekte. So bilden Sie moderne Netzwerke nach. Und wissen Sie was: Netzwerkstrukturen gibt es in jedem Unternehmen bereits. Es sind die höchst lebendigen inoffiziellen Beziehungsnetze. Sie sind die wahren Machtstrukturen jeder Organisation.

Hybride Organisationen bevorzugt

In Netzwerken gibt es kein oben und unten. Und schon gar keine auffälligen Hierarchien. Die dort gängige Kultur des Teilens lässt Abgrenzungen kaum zu. »Meins« und »deins« rücken enger zusammen und vermischen sich. Netzwerke sind dezentral organisiert, sie sind schnell, anpassungsfähig und flexibel. Und sie sind ein Brutkasten für Kreativität. Im unternehmerischen Leben jedoch können Strukturen, in denen alles sich selbst überlassen wird, auch schon mal im kreativen Chaos versinken. In solchen Fällen schaffen Führungssysteme Ordnung und sichern Funktionsfähigkeit. Denken wir nur mal an die Feuerwehr. Wenn es brennt, muss alles auf Kommandos hören und akkurat nach einem vorgegebenen Plan funktionieren. Wenn dann der Einsatz vorüber ist, sollte der Chef mit seiner Truppe zusammen sondieren, wie man das Ganze beim nächsten Mal noch weiter optimieren kann. So viel Schwarmintelligenz wie möglich und nur so viel Hierarchie wie unbedingt nötig, das scheint mir ein praktikables Modell zu sein. Hybrid werden solche Organisationen genannt. Sie verbinden das Beste aus beiden Welten.

Zu empfehlen: so viel Schwarmintelligenz wie möglich und nur so viel Hierarchie wie unbedingt nötig.

Ein Erfolgsbeispiel für ein hybrides System, das Kollaboration, also die Weisheit der Vielen, mit hierarchischen Strukturen verknüpft? Das ist Google, 1998 gegründet, 2013 nach Apple die zweitwertvollste Marke der Welt.[5] Google hat eine minimale Hierarchie, ein breites Netzwerk kleiner, selbstständig agierender lateraler (Entwicklungs-)Hochleistungsteams, ein verspieltes Arbeitsumfeld und eine Philosophie, die von den Mitarbeitern verlangt, immer zuerst an den Nutzer zu denken. Doch nicht nur das Unternehmen selbst, auch sein Suchmaschinen-Konzept ist hybrid. Wenn Sie welchen Begriff auch immer in die Suchzeile eingeben, fordert Google sozusagen das gesamte World Wide Web auf, zu entscheiden, welche Informationen die nützlichsten sind. Diese landen dann in etwa 0,2 Sekunden auf der Trefferliste an vorderster Stelle. Dabei zählt aber *nicht* jede Stimme, also jeder Link, von dritten Websites gleichermaßen. Seiten, die selbst von Bedeutung sind, sprich »Website Authority« besitzen, haben größeres Gewicht und tragen dazu bei, andere Seiten bedeutsam zu machen.

Organigramme – ganz neu gebaut

Weil also ein wenig Autorität hie und da notwendig und sinnvoll ist, zeichne ich Organigramme nicht kreisrund, sondern oval. Jedes Oval bietet dem Leittier die Möglichkeit, sich in das gleichmachende Rund eines Netzwerks zu integrieren und dennoch – an der breiten, nicht an der hohen Seite – einen hervorgehobenen Platz einzunehmen. Diese Konstellation passt übrigens auch für Konferenzraum und Sitzungszimmer sehr gut. Und genau wie im Organigramm geben Sie dort den Kunden (symbolisch) einen Platz in der Mitte. Wie das konkret geht? Platzieren Sie Laptops mit Kundenporträts im Vollbildmodus. Oder fragen Sie Ihre Leute. Irgendwer hat immer eine Idee.

Im Organigramm wie auch im Boardroom gibt der Chef denen, die ihm besonders wichtig sind, die Positionen rechts und links von ihm selbst. Das sollten – im Gegensatz zur heutigen Praxis – ganz klar die Marketing-, Vertriebs- und HR-Verantwortlichen sein. Denn sie kümmern sich um das wertvollste Vermögen eines Unternehmens: hochengagierte Mitarbeitende und hochloyale Kunden. Auf diese Weise wird dann auch alles unternommen, was unternommen werden kann, um die Wertschöpfung zu steigern. Haben hingegen Finance & Controlling das Sagen, wird alles unterlassen, was unterlassen werden kann mit dem Ziel, Kosten zu sparen. Und entseelte Zahlen erlangen die Macht. Doch Menschen über Zahlen steuern zu wollen, ist immer nur die zweitbeste Wahl. Gute Gefühle stehen an erster Stelle.

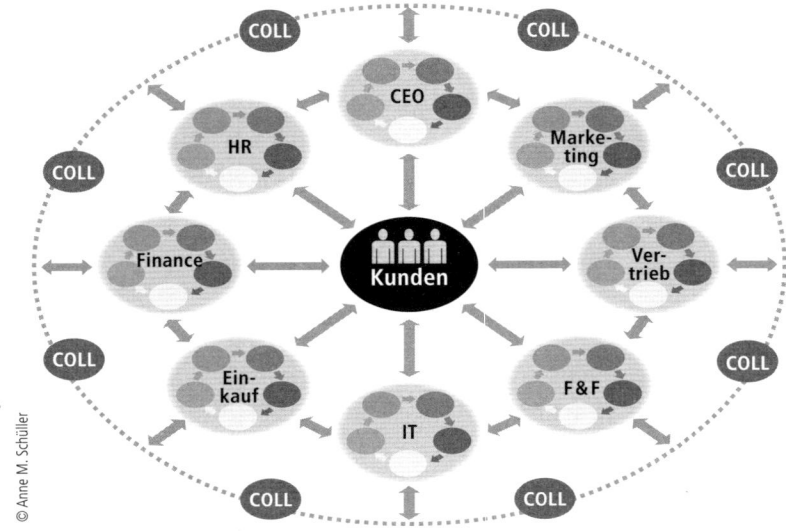

Abb. 5: Beispielbild eines Organigramms, in dem jeder netzwerkartig und offen mit jedem kollaboriert, um den Interessen des Kunden zu dienen (die kleinen Kreise in den großen stehen für die selbstbestimmten Mitarbeiter, die Kreise im Außenrund für mitarbeitende externe Kollaborateure)

Wenn Sie nun den Umbau lostreten wollen, dann mein Appell: Sie brauchen ein Bild! Kein schriftliches Leitbild, nein, das ist Kommunikationsprosa für die Firmenwebsite, zumal die Leitbild-Glaubwürdigkeit meist längst zerlegt worden ist. Sie brauchen ein echtes, visuelles Abbild, wie Sie – weit weg von Top-down-Strukturen – Ihre Organisation in Zukunft aufstellen wollen. Erst wenn die Menschen ein Bild vor Augen haben, können sie sich auch eine Vorstellung machen – und dann dementsprechend agieren. Nachdem Konsens darüber besteht, wie wertvoll Schwarmintelligenz ist, kann das neue Organigramm dann der Startpunkt für den Aufbau eines Touchpoint-Unternehmens sein. Wie dieses Bild im Einzelnen aussehen kann, das ist von Fall zu Fall verschieden. Jürgen und Holger Fuchs bieten in ihrem Buch *Schluss mit Hierarchie* eine Darstellung an, bei der sich die Führung, die Mitarbeiter und die Kunden auf einer horizontalen Ebene bewegen.[6] In einem früheren Buch habe ich einmal ein Organigramm in Form eines Baums vorgeschlagen: die Führung als Basis und Stamm, die Mitarbeiter als Blattwerk und die Kunden als Früchte der gemeinsamen Arbeit, die den Samen für neue Kunden schon in sich tragen.

Egal, wie Ihr Bild am Ende auch aussehen mag, ein solcher Ansatz tritt dann *hoffentlich* die richtigen Fragen los: Was bedeutet das alles für uns? Was wollen und müssen wir organisatorisch, hierarchisch, menschlich verändern, damit sich dieses Bild nun mit Leben füllt? Wie können wir uns abteilungs- und hierarchieübergreifend in Schwärmen organisieren, die schnell und wendig aufblitzende Marktchancen erkennen und ertragbringend nutzen? Welche neue Art von Führung wird dazu gebraucht? Und sollten wir unsere Teams gar als Schwärme bezeichnen, die ähnlich wie Vogelschwärme effizient und sicher ihre Reiseziele erreichen? Von Vogelflug-Formationen kann man übrigens einiges lernen. Zumindest mal dies: Lassen Sie Ihre Leute »fliegen«, damit sie sich entfalten können.

> **Lassen Sie Ihre Leute »fliegen«, damit sie sich entfalten können.**

Gefühlte Hierarchien reduzieren

Treffen sich zwei Menschen, dann werden sie – und das passiert völlig unbewusst – zunächst ihren Status sondieren: Ist der andere mächtiger, attraktiver, einflussreicher, intelligenter und wohlhabender oder dümmer und ärmer als ich? Ist er in der Lage, mir die Frau / den Mann wegzunehmen? Wie hoch ist sein gesellschaftliches Ansehen? Bedroht er mein Territorium oder meinen Arbeitsplatz? Woran erkenne ich, ob er über oder unter mir steht? Meist verläuft ein solcher Statusabgleich auf subtile Weise und ist kaum wahrnehmbar: durch die Form des Begrüßungsrituals, die Intensität des Blickkontakts, das Ausladende in der Gestik, den Anteil an Redezeit. Hohe Stimmlagen bezeugen Ergebenheit, der »Brustton der Überzeugung« beansprucht Respekt. Bässe verdienen im Job übrigens durchschnittlich mehr als Tenöre. Piepsige Stimmen, sagt sich unser Gehirn, wollen nur spielen, strenge Gesichter und sonore Stimmen meinen es ernst.

Hochstatus weist an, ohne zu fragen. Niederstatus hört zu, ohne etwas zu sagen. Und wenn »Niedere« reden, sind deren Hinweise irrelevant. Obere benötigen Zeichen der Macht und gleichfalls Zeichen der Ergebenheit, um sich ihrer Statushoheit jederzeit sicher zu sein. Zur Unterwerfung gehören eine leise Stimme, ein ausweichender Blick, ein seitlich geneigter Kopf, das Sich-klein-Machen, ein unterwürfiges Lächeln, eine zaghafte Entschuldigung. Solche Gesten erzeugen Beißhemmung. Untersuchungen haben gezeigt, dass beim Sieger eines Kampfes dessen Testosteronspiegel weiter steigt, während er beim Unterlegenen sofort in den Keller geht. Damit Gruppen handlungsfähig bleiben, gibt es diesen Unterwürfigkeitsautomatismus – auch heute noch. Erst wenn die Statusfrage geklärt ist, kehrt Ruhe ein. Und erst dann kann man sich um Sachthemen kümmern.

Es gibt eine helle und eine dunkle Seite der Macht. Sie macht die Guten besser und die Schlechten schlechter.

Natürlich brauchen Gemeinschaften gemäßigte Ordnungssysteme und unvermeidliche Hierarchien. Aber sie brauchen keinen Wasserkopf. Hierarchieausdünnung als buchhalterischer Trick, um Kosten zu sparen und den Druck zu erhöhen, ist auch nicht mein Ding. Mir geht es hier vor allem um die *gefühlte* Hierarchie, die Hierarchie im Kopf und ihre gefährlichen Folgen. Entscheidende Fragen sind die: Wie wird Hierarchie bei Ihnen gelebt? Oben Klasse, unten Masse? Wie viele rein formelle Statussymbole, die sogenannten Krücken der Macht, gibt es noch? Welche verbalen und nichtverbalen Überlegenheitszeichen werden wie zelebriert? Und von wem? Werden Unterwürfigkeitssignale rechtzeitig erkannt? Und wie wird damit umgegangen? Wer spielt immer noch Herr und Knecht? Mit welchen Folgen? Und Achtung dabei: Diejenigen, die das tun, tun es geschickt, und sie wählen ihre Worte trefflich, denn sie sind ja seminarerfahren. Doch ihre Einstellung, die spürt man auch zwischen den Zeilen. Am Ende läuft das alles auf eine Frage hinaus: Wie wird bei Ihnen mit Macht umgegangen?

Wer Machtansprüche rein durch Hierarchie sichern will, riskiert (heimlichen) Widerspruch. Gerade von den Digital Natives wird Autorität erst dann anerkannt, wenn sie durch Taten gerechtfertigt ist. Institutionalisierte Autorität »von Amts wegen« wird sofort hinterfragt. Und die klassischen Statussymbole haben viel von ihrer Strahlkraft verloren. Eine junge Freundin von mir, der Rangmerkmale nicht so wichtig waren, hatte sich entschlossen, nach ihrer Beförderung in eine leitende Position weiter ihr schickes Cabrio statt eines fetten Dienstwagens zu fahren. Schon bald wurde sie von ihren Mitarbeitern gebeten, sie möge sich doch bitte das ihr zustehende Fahrzeug zulegen, weil die ganze Abteilung in den Augen der anderen schon als minderwertig galt. In dieser Firma wurde Hierarchie noch immer über Quadratmeter Bürofläche, Länge der Fensterfront, Anzahl der Blumentöpfe und über den fahrbaren Untersatz definiert. Doch solches Machtgeplänkel ist gefährlich. Es kostet Zeit und belastet das Klima.

Macht an sich ist ja weder gut noch böse. Es kommt vielmehr darauf an, wie man sie nutzt. Es gibt nämlich eine helle und eine dunkle Seite der Macht. Sie macht die Guten besser und die Schlechten schlechter. Der Grat ist schmal und die Verlockungen sind riesig. »Dem ist sein neuer Job zu Kopf gestiegen«, sagt der Volksmund dazu. Wie recht der hat! Hirnforscher berichten von einem sich verändernden Hormongemenge, vor allem der Testosteronspiegel steigt. Man wird zu einer High-T-Person, vielleicht sogar zu einer aus der »dunklen Triade« von Psychopathen, Narzissten und Machiavellisten. Die möglichen Folgen: Skrupellosigkeit, übersteigertes Geltungsbedürfnis, Positionengeschacher und Selbstbedienungsmentalität. Die Company wird umgebaut, um den Investoren zu imponieren, der Wirtschaftspresse zu gefallen und Boni einzuheimsen, ganz unabhängig davon, ob dies unternehmerisch sinnvoll ist und dem Wohl aller dient.

Die Machtdroge Testosteron dämpft auch Empathie, was früher im Einzelfall sinnvoll war, denn im Kampf musste man notfalls töten können. Ganz klar kann Testosteron auch ein wunderbarer Antreiber sein, es sorgt für Wachstum und Fortschritt und bringt uns mächtig voran. Doch in den falschen Hirnen ist es ein Teufelszeug. Es befeuert Eskalation, lässt über zulässige Grenzen springen und fabriziert den gefürchteten Tunnelblick. Höllisch aufpassen muss also jeder, der Macht erlangt, denn Macht verändert die Persönlichkeit. Der zunehmend sorglose Umgang mit Machtbefugnissen führt zur blinden Selbstüberschätzung, zu Gewissenlosigkeit, zu pathologischem Größenwahn und womöglich in die Kriminalität. Soziale Kompetenzen verkümmern. Gefühlskälte setzt ein. Und die selbstkritische Einsicht versiegt. Oft ist niemand mehr da, der nach Einhalt ruft. Denn Autoritätshörigkeit verbietet Widerworte. Übrigens besteht eine enge Beziehung zwischen einem beruflichen Aufstieg und dem Verschweigen von Fehlern und Schwierigkeiten gegenüber dem Chef.

Macht und Angst sind ein Paar

Wo Macht ist, ist immer auch Angst. Die Angst derer, die nach oben drängen, ist es, den Anschluss zu verpassen. Und die Angst derer, die schon oben angekommen sind, ist es, die mit Macht einhergehenden Privilegien wieder zu verlieren. So kommt es, dass Machtbesessene ihren Zuständigkeitsbereich hermetisch abriegeln, im Silodenken verharren und ihr Wissen wie einen Schatz hüten, anstatt es zu teilen. Verstehen sich Führungselite und Belegschaft als »wir da oben« gegen »die da unten«, dann ist der Bruch vorprogrammiert. Zwischenmenschliche Kälte ist in einem solchen Kontext noch das kleinere Übel. Vor allem werden in großem Stil menschliche Ressourcen verschwendet, denn es baut sich ein Szenario aus Drohungen, Intrigen, Missgunst und Kontrollwahn auf. Der Fokus ist nach innen gerichtet. Jeder ist mit sich selbst beschäftigt. Für Kunden bleibt da wenig Zeit. Das Ärgste: Wo Angst regiert, hat Kreativität keine Chance.

> **Wo Angst regiert, hat Kreativität keine Chance.**

Kreativität ist die Schlüsselressource der Zukunft. Das Denken gegen die Regel gehört zu den maßgeblichsten Erfolgsfaktoren, um sich von Durchschnitt und Mittelmaß abzuheben. Denn Mittelmaß will niemand mehr kaufen. Aber wie bitte soll Außergewöhnliches, ja geradezu Einzigartiges entstehen, wenn stromlinienförmige Mitarbeiter und eine maultote Meute von Mitläufern ein Unternehmen bevölkern? Und alle immer nur abwartend nach oben schauen, anstatt nach draußen zum Kunden? Das Machtwort des Chefs lässt wertvolle Initiativen einfach versanden. Die guten Mitarbeiter mit hohem Potenzial lernen auf diese Weise, dass ihre Meinung nicht zählt. Und sie wandern in Scharen ab.

Führungskräfte täten also gut daran, ihr Hierarchiegehabe auf ein Minimum zu reduzieren und den gefühlten sozialen Abstand zwischen sich und ihren Leuten zu mäßigen. Da kann es schon helfen, die Mitarbeiter regelmäßig besuchen zu gehen, statt sie im eigenen Büro antanzen zu lassen. Dies ist *ein* Baustein von vielen, um das Ungleichgewicht so klein wie möglich zu halten. Das schaffen allerdings nur gefestigte Individuen mit natürlicher Autorität und funkelndem Charisma: mitarbeiternahe, souveräne, integre Führungspersönlichkeiten. Sie werden von ihren Leuten verehrt, selbst wenn sie kleine Schwächen haben. Für sie geht man bis ans Ende der Welt.

Wie sich Hierarchie zurückbauen lässt

Hierarchie manifestiert sich zum Beispiel über die Kleiderordnung. So sieht eine Krawatte bei genauer Betrachtung aus wie ein Schwert. Unser Unterbewusstsein liest solche Symbole wie Signale aus. Interessanterweise wird, sobald es ernst und geschäftlich wird, eine Krawatte angelegt. Ist das Klären der Vertragsbestandteile vorbei und der Sieg eingefahren, macht man sich sogleich wieder locker, der Griff geht zum Krawattenknoten. Und dort, wo um große Beute gerungen wird, in den Zentren der Macht, da tragen die Herren auch Westen, wie einen Panzer, quasi als zusätzlichen Schutz. Frauen tragen beides übrigens nicht. Zumindest für unseren zerebralen Autopiloten – und jeder weiß, wie stark der ist – heißt das wohl übersetzt: Wer kein Schild und kein Schwert hat, spielt bei Businessspielen nicht mit.

Mal ganz unabhängig von dieser Thematik: Wer auf Augenhöhe mit seinen Leuten agieren und alles Verbissene herausnehmen will, dem sei geraten, die Management-Verkleidung auch mal abzulegen und sich ein wenig locker zu machen, damit die Leute ihre Scheu verlieren. Sodann befreie man seine Organisation vom Schlipszwang und lasse Farbe in die Büros, damit sich das uniformierende Einheitsgrau der Anzugträger endlich verflüchtigt. Von Soldaten, die in Reih und Glied marschieren, bekommt man nichts,

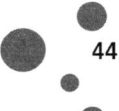

was aus der Reihe tanzt. Nur das Besondere, das Bemerkenswerte im wahrsten Sinne des Wortes, wird am Markt mit stetem Haben-wollen belohnt. Wie erfolgreich ein niedrighierarchisches System funktioniert und welche Vorteile die Abkehr von der Silodenke bringt, darüber hat Detlef Lohmann, Geschäftsführer des (Automobil-)Zulieferers Allsafe Jungfalk, übrigens ein großartiges Buch geschrieben. Der Titel: *… und mittags geh ich heim.*

Noch ein paar Worte zur Ausdrucksweise des Führungskreises: Ist dessen Kommunikation empfängerorientiert und zielgruppengerecht? Oder ist sie vage, umständlich, nichtssagend, akademisch, floskelhaft und fremdwortgespickt? Genau damit öffnet sich eine vergiftende Kluft zwischen oben und unten – und dies verhindert Erfolg. Ist die Sprache hingegen klar und deutlich, konkret und verbindlich, anschaulich und motivierend, bildhaft und für jeden verständlich, dann sorgt dies für Nähe und Leistungswillen. Vernebeltes Geschwafel und Managerslang trennen aber nicht nur, sondern beinhalten auch Risiken: allgemeine Verwirrung, Fehlinterpretationen und Missverständnisse, die zu falschen Schlüssen und Fehlentscheidungen führen. All das kann sehr, sehr teuer werden.

Machen Sie eine Kommunikationsinventur – und misten Sie alles Negative gnadenlos aus!

In einer Kolumne für das *Handelsblatt* hat Stefan Kolle, Mitinhaber einer Hamburger Werbeagentur, festgestellt, dass »die Kommunikation nach außen ständig perfektioniert wird«, während sie nach innen oft völlig lieblos sei.[7] Eins zu eins werden die für Werbung, Medienvertreter und Fachjournalisten hochgeschraubten Texte auch intern verwendet. Man macht sich nicht einmal die Mühe, die Sprache einer Pressemeldung in Mitarbeitersprache zu übertragen. Umgekehrt würde man das niemals so machen. Nun ja, ein solches Verhalten zeigt klar, wie »viel« Wertschätzung man gegenüber »Untergebenen« hat. Wie ein Geheimcode grenzt Fachjargon aus und degradiert andere zu Laien. Das darf ja wohl nicht das Ziel einer Führungskraft sein! Eine mitarbeiternahe Kommunikation kann Gräben schließen und verbindende Brücken bauen. Davon mehr in Teil 3.

Regelwerke dezimieren

Eines ist sicher: Auf der Reise in die Zukunft braucht man leichtes Gepäck, weil die Märkte, wie die Hasen, immer neue Haken schlagen. Für Planzahlspiele, Budgetierungsexzesse und Excelsheet-Orgien bleibt keine Zeit. »Planung kann nie schneller sein als die nächste Veränderung« heißt es im Turboland China. Deshalb muss zunächst der bleischwere Ballast aus alten Businesstagen über Bord: Traditionen, die nie hinterfragt worden sind, heilige Kühe, die keiner schlachten wollte, Managementmoden, die schon eine rostige Patina tragen. Interne Sperren müssen gelockert, Bremsklötze weggeräumt und anweisungsorientierte Kontrollsysteme schnell entsorgt werden. Denn daran kann ja wohl kein Zweifel sein: Mit den Waffen von gestern sind die Gefechte von morgen nicht zu gewinnen.

Standards bewirken nur Standardleistungen – und damit langweiliges Mittelmaß.

Viel Zeit bleibt auch nicht. Und die Liste veralteter Methoden und Prozesse ist lang. Doch festgezurrte Systeme neigen per se zur Kontinuität anstatt zum forschen Handeln. Und Kontrolle ist ein zurückblickendes Instrument, das nur Fehlentwicklungen zeigen kann, die bereits stattgefunden haben. Durch Bürokratie und Administration werden Entscheidungen verzögert, verhindert oder in die falsche Richtung gelenkt. Und Standards bewirken eben nur Standardleistungen – und damit langweiliges

Mittelmaß. Sie geben Planungssicherheit? Ein Widerspruch in sich! Was den Unternehmen heute im Markt begegnet, ist permanente Vorläufigkeit. Die einzige Gewissheit ist die, dass Plan und Wirklichkeit bereits am zweiten Tag des neuen Geschäftsjahrs auseinanderdriften. Und was macht ein braver Manager dann? Er folgt nicht der Wirklichkeit, sondern dem Plan. Das ist absurd!

Klar: Regelwerke und Funktionsroutinen sichern ein Leistungsniveau, sie tragen zur Arbeitsentlastung bei, und sie helfen, böse Fehler zu vermeiden. Doch sie sorgen auch für einen schleichenden Verkrustungsprozess. Die Frage »Wie mache ich das jetzt am besten?« wird irgendwann nicht mehr gestellt. Wenn ein Handbuch zum Gesetzbuch wird, sind die Mitarbeiter vor allem damit beschäftigt, den vorbestimmten Abläufen akribisch zu folgen, ganz egal, ob sie sinnvoll oder sinnlos sind. Und die ihnen Vorgesetzten begreifen sich als Hüter der Vorschriftensammlung. Deren Einhaltung wird streng überwacht. Abweichungen werden mit aller Härte bestraft. Und jeder Verbesserungsvorschlag wird zum versuchten Normverstoß. Ein evolutionärer Stillstand ist damit vorprogrammiert. Initiativlosigkeit und Konformität stellen sich ein. Aus Meinungsvielfalt wird Einfalt, die, von der Realität abgekoppelt, am Ende auch für einfältige Entscheidungen sorgt.

ISO-Rausch erzeugt Isomorphie

Ein junger Mann, der bei der Bahn als Schlafwagen-Steward gearbeitet hatte, erzählte mir dies: »Manchmal kam es vor, dass bei uns aufgrund einer technischen Störung die Toiletten ausfielen. Folgendes stand dazu im Service-Handbuch: In dem Fall, dass es zu Störungen im Betriebsablauf der Bordtoiletten kommt, ist den Fahrgästen ein kostenloses Getränk anzubieten.« Hier zeigt sich wie so oft, dass nicht die Kundenerwartungen der Maßstab für die Serviceleistungen eines Unternehmens sind, sondern das Funktionieren nach ISO. Dabei ist, wie es scheint, manchem Manager der gesunde Menschenverstand abhandengekommen. Und schlimmer noch: ISO erzeugt Isomorphie. Das heißt: Alles gleicht sich immer mehr an. Doch nur das Besondere, Faszinierende, Bemerkenswerte hat eine Zukunft.

»Sie können sich den größten Schwachsinn einfallen lassen«, schreibt Serviceexperte Vinzenz Baldus entrüstet, »zum Beispiel Schwimmwesten aus Beton. In diesem Fall kommt es nur darauf an, dass Sie, wie bei allen sinnigen Produkten und Prozessen auch, Ihre Leitlinien und die Umsetzungsschritte genau dokumentieren, die Schritte, wie Sie diese spezielle Dienstleistung herstellen, vermarkten und über einen speziellen Kundendienst warten lassen wollen. Und dann werden Beauftragte des TÜV oder des DEKRA zu Ihnen kommen, vier Wochen den Betrieb lahmlegen – und wenn die angegebene Betondichte überprüfbar stimmt, dann erhalten Sie Ihr Zertifikat. … Sie können sich wirklich den größten Schwachsinn einfallen lassen – Hauptsache, Sie machen ihn regelmäßig und überprüfbar – dann erhalten Sie auch regelmäßig Ihre Nachzertifizierung.«[8]

Natürlich ist das Sichern einer Basisqualität richtig und in manchen Fällen sogar lebensnotwendig. Wer aber bei jedem Auftauchen eines Problemchens eine weitere Regel erschafft und für jeden Vorgang ein Formular erfindet, ist prozessbesessen und züchtet geistige Krüppel. Er macht seine Organisation langsam und dumm. Und wenn mit dem Festmachen einer neuen Regel *nicht* gleichzeitig eine Regel an anderer Stelle gestrichen wird, dann wird die Arbeitslast mit jedem Mal mehr. Am Ende verwandelt die Zwangsjacke starrer Normen die Mitarbeiter in Marionetten, die sich selbst den blödesten Anweisungen willenlos beugen und den Kunden ihre industrialisierten Serviceprozesse aufzwingen (»Das ist bei uns Vorschrift!«). Wie Aufziehpuppen reden sie mit einem am Telefon oder an der Theke im Schnellrestaurant.

Kill a stupid rule!

»Ändern Sie Strukturen und nicht Menschen. Intelligente Menschen haben in dummen Organisationen keine Chance«, sagt der Führungsexperte Reinhard K. Sprenger.[9] Genau so ist es! Die Verantwortung zum Kunden-glücklich-Machen darf nicht länger auf dicke Wälzer abgewälzt werden. Sie muss direkt bei den kundennahen Mitarbeitern sein. Der erste Schritt? »Entregeln« Sie! Packen Sie dazu folgenden Tagesordnungspunkt fest in Ihre Meeting-Agenda: Kill a stupid rule! Oder auf Deutsch: Von welchen dummen Regeln und von welchem administrativen Schwachsinn können wir uns diese Woche trennen? Zwei Schlüsselfragen sind dabei zu stellen:

○ *Was will das Unternehmen?* Daraus ergeben sich die Basisstandards und die nicht verhandelbaren Normen, die als Leitplanken (Guidelines) fungieren. Denn Mitarbeiter und Kunden brauchen absolute Klarheit darüber, was geht – und was keinesfalls toleriert werden kann. Dies markiert die Nulllinie der Kundenzufriedenheit.

○ *Was will der Kunde?* Daraus ergeben sich Möglichkeitsräume fürs Kundenbegeistern, die von den Mitarbeitern situativ ausgeschöpft werden können. Natürlich braucht es dazu auch ein paar wenige Spielregeln und Grenzlinien, doch das Spielfeld selbst sollte ein möglichst großes sein. Denn erst oberhalb der Nulllinie der Kundenzufriedenheit, also dort, wo sich Flexibilität, Individualisierung und Improvisationstalent zeigen, setzt Begeisterung ein.

Was sich oberhalb der Nulllinie alles machen lässt? Fragen Sie die Kunden! Fragen Sie vor allem aber die kundennahen Mitarbeiter! Die sind am nächsten dran und haben die genialsten Ideen, wenn man sie nur öfter mal machen ließe. »Die da oben« entscheiden nämlich vielfach über Dinge, von denen sie weit weniger verstehen als »die da unten«. Und genau deshalb braucht es ein Klima, das Schwarmintelligenz möglich macht. Leider glauben viele Manager ja immer noch, an den Rändern ihrer Organisation gäbe es kein intelligentes Leben. Doch das Gegenteil ist der Fall. Das wertvollste Wissen für ein Unternehmen befindet sich genau dort.

Viele Manager glauben, an den Rändern ihrer Organisation gäbe es kein intelligentes Leben – doch dort findet sich das wertvollste Wissen.

Allerdings geben Mitarbeiter ihre Gedanken nur dann preis, wenn sie glauben, dass diese auch Wertschätzung erfahren. Und wenn sie wissen, dass Fehler kein Beinbruch sind. Denn Fehler sind der Preis für Evolution und Innovation. Wer Neues ausprobiert, der muss auch scheitern dürfen. Fehler machen heißt: üben, um siegen zu lernen. Eine proaktive, achtsame Fehler-Lern-Kultur ist also unumgänglich. Deshalb sollte zumindest *ein* Standard im Unternehmen bleiben. Und dieser heißt: »Widersprechen Sie Ihrem Chef!« Schon allein hierdurch lassen sich viele kleine Innovationen erzielen, die das tagtägliche Arbeitsleben aller erleichtern und – wer weiß – den Kunden richtig viel Freude machen.

Silodenke demontieren

Ich bin ja viel als Businessredner unterwegs, das ist meine Berufung. So war ich kürzlich auf der Managementtagung eines Mobilfunk-Anbieters. Im Verlauf des Events wurde der neue Marketingleiter vorgestellt: als »der natürliche Todfeind der Callcenter-Einheit«. Ich war ganz perplex, da doch beide Bereiche für die Kundenseite arbeiten. Erst meine Nachfrage ergab, warum das dort so gesehen wurde: Das Marketing versprach Dinge, die dann im Shop nicht eingehalten wurden – und die Callcenter-Mitarbeiter hatten den Frust der enttäuschten Kunden ständig im Ohr.

Solche Unkoordiniertheit ist beileibe kein Einzelfall. In der Auf-
tragsabwicklung können viele ein Lied davon singen, wie sie in
die Bredouille geraten, weil der Vertrieb unhaltbare Versprechen
macht, um ein scheinbar lukratives Geschäft an Land zu ziehen
und / oder attraktive Gratifikationen zu ergattern. In der Fertigung
kommt man ins Schleudern, weil es auf der Webseite und im Pro-
spektmaterial immer noch Produkte gibt, deren Produktion schon
längst eingestellt ist. Und jeder schiebt dem anderen die Schuld
daran zu. Bei einem Premium-Autobauer »gehört« der Autokon-
figurator dem Marketing, wenn er auf der Internetpräsenz angeklickt wird, und dem Vertrieb, wenn dies vor Ort in der Niederlas-
sung passiert. In dessen Händlerorganisation nutzen die Verkäufer
ein anderes CRM-System als der Service. Mit der Folge, dass man
dort nichts von dem weiß, was Verkäufer und Kunde besprochen
haben – und alles noch einmal neu aufnehmen muss. »Wir wissen
alles über das Auto, aber fast nichts über den, der es fährt«, klagte
mir ein Mitarbeiter sein Leid.

Im Fall einer Bank wurde der Bereichsleiter Neukundengewinnung
wie ein Held gefeiert, weil das Neugeschäft sprunghaft angestie-
gen war. Der Bereichsleiter *Alt*kunden hingegen (so despektierlich
nennt man die Stammkunden dort) musste sich einiges an Vor-
würfen gefallen lassen, weil es mehr oder weniger plötzlich eine
erhöhte Fluktuationsrate gab. Was war passiert? Im Rahmen eines
Aktionsangebots war all denen ein Startguthaben von vierzig Euro
versprochen worden, die ein Konto neu eröffneten und mindestens ein Jahr lang Kunde blieben. Bestehende Kunden hingegen
bekamen – nichts. Und was taten diese, nicht dumm? Sie kündig-
ten ihr Konto, liefen hinten zur Tür heraus, um vorne wieder fröh-
lich hereinzuspazieren und als Neukunde den Bonus abzugreifen.

Dies sind jetzt nur einige wenige Beispiele von vielen, die so oder
ähnlich tagtäglich passieren. Mitarbeiter beißen sich daran die Zäh-
ne aus. Und Kunden sind solchem Tun ohnmächtig ausgeliefert.
Die Ursache hat einen gemeinsamen Namen: Silodenke. Silos sind
röhrenförmige Speicher, da schüttet man oben was rein, und un-

ten kommt, wenn es nicht inzwischen verdorben ist, das Gleiche wieder raus. Stehen mehrere Silos nebeneinander, vermischen sich die Inhalte *nicht*. Jedes Silo macht quasi sein eigenes Ding. In der analogen Industriekultur und in Schornsteinunternehmen mag die Siloorganisation von Vorteil gewesen sein, doch in einer vernetzten Welt ist sie ein Rohrkrepierer. Silos stehen für den Monolog der Arbeitsteilung, Netzwerke für den Dialog der Zusammenarbeit. Silos sorgen für den gefährlichen Tunnelblick, Netzwerke für eine reiche Rundumperspektive. Wirklich Neues entsteht an Schnittstellen, in Randbezirken und dort, wo flexible Einsatztruppen agieren – aber niemals in Silos.

Silos erzeugen Win-lose-Situationen

»Ganz bewusst stehen bei uns Online und Offline im Wettbewerb«, sagte mir kürzlich der Vorstand einer Händlerorganisation. »Und wem gehört der Umsatz, wenn die Kunden zwischen den Kanälen mäandern?«, fragen sich dort beunruhigt die Channelvorsteher. »Hauptsache, sie kaufen bei euch, und nicht bei der Konkurrenz«, ist meine Antwort darauf. Doch in siloorganisierten Strukturen will jede Abteilung für sich die beste sein. So entsteht eine Win-lose-Mentalität, die Sieger und Besiegte produziert. Im fortwährenden Kampf um Budgetressourcen und die Aufmerksamkeit von ganz oben reibt man sich beim internen Schaulaufen auf, statt gemeinsam den Kunden zu dienen. Talente werden gebunkert und auf Sparflamme gehalten, damit nur ja keine andere Abteilung auf sie aufmerksam wird. Der Austausch zwischen den einzelnen Fachbereichen ist nicht nutzenbestimmt, sondern vorrangig politisch getrieben. Es herrscht eine ausgedehnte Absicherungsmentalität. Alles braucht ewig, während es die Silos rauf und runter wandert. Niemand darf bei den Abstimmungsprozessen übergangen werden. Eine nie enden wollende Flut von CC-E-Mails ist die Folge. Und zur Sicherheit wird das informelle Netzwerk mit einer Blindcopy versorgt.

Mit der Silodenke einher geht auch eine große Zahl von Projekten, die rein der Selbstpositionierung dienen. Um das eigene Profil zu schärfen, wird die gesamte Organisation missbraucht. Oft genug geht es dabei mehr um Dimensionen als um Inhalte. Vor allem groß soll es sein! Und während im Zuge eines generalstabsmäßig vorbereiteten Rollouts weit unten die Letzten gerade eingeweiht werden, schwappt oben schon die nächste Projektwelle los. Oder aber der Profilschärfer ist auf der Karriereleiter weitergeklettert, und sein Nachfolger spielt das Löwenspiel: Beiß alles tot, was von deinem Vorgänger stammt. Und dann beginne mit eigenen Projekten von vorn.

Wie Alphaorganisationen von Betahäusern lernen

Durch die freiberufliche Wissenselite sind sie bekannt geworden: Coworking-Spaces und Betahäuser. Deren unkonventionelle Bürolandschaften verbinden virtualisierte Kommunikation und flexible Arbeitszeiten mit dem Wunsch nach menschlichen Beziehungen in einer kreativen Umgebung. Sie sind Biotope für Kollaboration. Und Prototypen für die Büros von morgen. Der Beta-Begriff ist für mich auch deshalb so treffend, weil er zum einen die ständigen Veränderungen mit ihren Test- und Lernphasen beschreibt. Zum anderen steht er für die Abkehr von der Alphatierchen-Kultur tradierter Organisationen.

Das Coworking-Konzept, ursprünglich gedacht als Begegnungsort für die digitale Boheme, begeistert inzwischen auch größere Firmen. Selbst Konzerne schicken ihre Leute in Betahäuser, um sie aus den Routinen ihrer Arbeitskontexte zu lösen. »Genau so wollen wir arbeiten«, sagen die, die in ihre Büroschluchten zurückkehren (müssen). Daraufhin hat die TUI einen eigenen Open-Project-Workspace geschaffen, das Modul 57 in der Nähe der Uni Hannover. »Ein perfekter Ort, um kreative Energie zu tanken«, sagen die, die dort tätig sind. Anderswo wird der Betahaus-Stil bereits in die Unternehmen geholt. So werden die tristen »Schreibtisch-farmen« ehemaliger Großraumbüros – in denen Abarbeiter ihr Tagwerk zu verrichten hatten – zu flexiblen, farbenfrohen, heiteren, inspirierenden, marktplatzähnlichen Arbeitslandschaften umfunktioniert. »Neue Raumkonzepte müssen vorhandene Blockaden, die wir uns mit unseren Räumen selber geschaffen haben, lösen«, erklärt Stefan Rief, Projektleiter »Office 21« beim Fraunhofer Institut IAO, in *ManagerSeminare*.[10] Dabei entstehen Begegnungsorte, an denen weder Silos noch Machtgefüge eine Chance haben.

Coworking-Spaces sind wie Fenster in die Zukunft der Arbeit. Und sie sind Laboratorien für die Geschäftsmodelle von morgen. »So wäre es vorstellbar, sie auch für Externe zu öffnen – beispielsweise für Kunden, die ohnehin zunehmend erwarten, dass Unternehmen sie an der Entwicklung von Produkten und Dienstleistungen beteiligen«, schreibt Lynda Gratton, Managementprofessorin an der London Businessschool, im *Harvard Business Manager*.[11] Ja, unbedingt! Jedes Kundeninvolvieren kann helfen, sich aus der Enge von Silos zu lösen. Davon hören wir später noch mehr.

Sich digital transformieren

Mit den Computerleuten müssen wir uns wirklich gut vertragen. Denn im Zuge des anschwellenden Datenstroms kommt ihnen eine immer größere Bedeutung zu. Und die digitale Revolution hat schon nahezu alle Unternehmensbereiche erfasst. »Ohne Anschluss von Menschen und Maschinen an das globale IT-Netzwerk lässt sich die Zukunft kaum mehr vorstellen«, meint der Trendforscher Peter Wippermann in einem Interview mit dem IT-Trend-Blog von Capgemini.[12] Umfassende digitale Kompetenz wird zunehmend für jeden im Unternehmen zur Pflicht.

Die hauseigenen Informatiker haben gar keine Wahl: Sie müssen ihre ehemals geschlossenen firmeninternen IT-Dienste öffnen – und gleichzeitig für Sicherheit und Datenschutz sorgen. Cloud-Computing, Big Data und BYOD (Bring your own Device) sind wesentliche Bausteine in dieser Entwicklung. Das ist Fakt. Doch entscheidend ist immer, was man aus all dem dann macht. Wippermann warnt: »Big Data ist nicht nur eine technologische, sondern auch eine kulturelle Herausforderung. Denn Daten sind noch kein Wissen. Erst wenn die richtigen Fragen gestellt und die richtigen Verknüpfungen installiert werden, entstehen aus Daten vorteilhafte Erkenntnisse.«[13] Big Data (die Echtzeitverarbeitung großer Datenmengen für analytische Zwecke) erfordert mithin nicht nur ein Heer an Servern, sondern vor allem Big Brain, also eine intelligente Herangehensweise.

Chancen warten nicht auf Budgetierungstermine

Ein Zuviel an Daten ist heute die Norm. Zahlenautismus ist eine bedrohliche Folgegefahr. »Es wird immer leichter, an Informationen zu gelangen, aber es wird immer schwieriger, in der wachsenden Flut der Informationen sicher zu navigieren«, bekräftigt Axel Gloger in seinem Buch *Über_Morgen*.[14] Wissen habe nichts mit der Anhäufung von Informationen zu tun, da diese immer und überall abrufbar seien, ergänzt Yvonne Ortmann in einem Beitrag für das Technologie-Magazin *t3n*, sondern mit der Fähigkeit, »Informationen sinnvoll umzuwandeln und anzuwenden«.[15] Oft genug wird jedoch übersehen, dass das eigentlich Wichtige nicht in Zahlenkolonnen passiert, sondern an den Touchpoints zwischen Mitarbeitern, Unternehmen und Kunden. Wer indes auf (Zahlen-)Friedhöfen sucht, der wird nur Leichen finden. Weil es aber möglich ist, aus den Trilliarden von Bits und Bytes immer neue Einsichten zu aggregieren, wird dies auch gemacht.

Natürlich sind Kennzahlen wichtig. Und Messbarkeit hilft, die Spreu vom Weizen zu trennen. Doch die Zahlenhörigkeit vieler Führungsgremien ist geradezu abstrus. Oft genug wird ganz fanatisch das Falsche getan, Hauptsache, es kann gemessen werden. Übervolle Exceltabellen aus den Managementinformationssystemen bauen eine Scheinwelt aus willkürlich festgelegten Quartalen auf, die in den abgeschirmten Zentren der Macht für die Realität gehalten wird. Dem Kennziffernjoch kann niemand entkommen. Selbst die Mitarbeiterperformance wird nun über Dashboards und Cockpits gesteuert, so als ob Menschen Maschinen wären, bei denen man die Anzahl der Umdrehungen misst. Reportings und Budgetierungsverfahren, durch die ab September die halbe Firma in Lähmung verfällt, fressen jetzt noch mehr Ressourcen. Bisweilen kommt mir das wie ein Beschäftigungsprogramm für Sozialanalphabeten vor. Denn solange man mit Zahlenklauberei zugange ist, muss man sich nicht mit den Menschen befassen.

Wenn man also die Computer schon rechnen lässt, dann doch bitte auch einmal dies: Der Budgetprozess und die ganze Kontrolle – welchen Return on Investment (ROI) bringt eigentlich *das*? Und die Opportunitätskosten, also all die Aufmerksamkeit, die man den Mitarbeitern und Kunden *nicht* schenken kann, während man in der Welt der Daten versinkt, wie hoch sind eigentlich *die*? Schließlich kann man auch die ganz große Frage mal stellen: Wenn das Management ein Drittel aller Kosten im Unternehmen verursacht, sich mindestens fünfzig Prozent seiner Zeit mit sich selbst beschäftigt und vor allem Bürokratie produziert, auf wie viel summiert sich denn *dies*? Die jungen Wilden (Unternehmer) haben all das notabene längst verstanden. Gegen ihr schlankes, flottes Vorgehen und ihre disruptiven Innovationen (Clayton M. Christensen) haben die aufgeblähten Old-School-Apparatschiks nicht den Hauch einer Chance.

Beziffern lässt sich auch die Zeitverschwendung, die aus der Präsenzpflicht beim Zahlenbegaffen erwächst. Auf größeren Meetings und Konferenzen entrollt sich das immer gleiche Ritual: Als Erstes präsentiert die Geschäftsleitung Ergebnisziffern – auf Folien, die ab der dritten Reihe schon niemand mehr lesen kann. Egal! Sich mit sich selbst beschäftigen steht auf dem Programm. Im wahrsten Sinne des Wortes. Während nämlich vorne einer mit der Leinwand spricht, wird im Publikum fleißig mit Handys hantiert. Werden dann die Budgets für die Zukunft verkündet, überlegt sich jeder vor allem, welche (schmutzigen) Tricks wieder mal nötig sind, um die Planzahlen zu sichern. Und jeden Freitag ist dann Märchenstunde. Der Wochenbericht muss geschrieben werden.

Manager sollten besser den Kunden hinterherlaufen statt den Budgets.

Am Ende honorieren die Unternehmen nicht maximale Machbarkeiten, sondern List, Lug und Trug. Zumal heutzutage »Schwarze Schwäne« (Nassim Nicholas Taleb), also höchst unwahrscheinliche Ereignisse, an jeder Ecke lauern. Dafür sollten Wenn-dann-Szenarien, flexible Ziele und Optionen für verschiedene Zukünfte auf Abruf in der Schublade liegen. Denn »Schwarze Schwäne« warten nicht auf Budgetierungstermine. Und »Weiße Schwäne« schon gar nicht.

Wie Corporate-Social-Software funktioniert

Gott sei Dank schenkt uns die fortschreitende Digitalisierung nicht nur Zahlensalat, sondern auch Unterstützung, wenn es um den innerbetrieblichen Wandel geht. Die entsprechenden Tools sind schon lange verfügbar, werden aber noch viel zu selten genutzt. Sie sind Spiegelbild der öffentlich zugänglichen Social-Media-Tools und als firmeninterne soziale Netzwerke auch unter dem Begriff Social Intranet bekannt. Sie werden zur Projektkoordination, zum Wissensmanagement und zur interaktiven Kommunikation eingesetzt. Sie ermöglichen das Hinwenden zu einer freien, offenen, kollaborativen Unternehmenskultur. So können alle Mitarbeitenden an einem kontinuierlichen Ideensammeln, Bereichern und Bewerten teilhaben und auf breiter Basis mitentscheiden, wo es in Zukunft langgeht.

Digital Natives sind von Haus aus mit dem Gebrauch solcher Software vertraut. Und die übrige Belegschaft wird sie schnell lieben lernen, weil alles spielerisch einfach ist. Organisiertes Wissen wird so für jedermann verfügbar gemacht. Das zeitfressende Mailen kann eingedämmt werden. Allein das Erstellen einer Meeting-Agenda wird, wie Dirk Hellmuth von beyond email berichtet, von durchschnittlich 83 Minuten auf 26 Minuten reduziert.[16] Langweilige (Verbesserungsvorschlags-)Formulare braucht es nicht mehr. Gremien, die alles koordinieren und überwachen, sind auch überflüssig. Die Produktivität seiner Mitarbeiter habe sich seit der Einführung von Corporate-Social-Software um das Vierfache erhöht, wird Frank Roebers, Vorstand des IT-Händlers Synaxon, im *Harvard Business Manager* zitiert.[17]

Die gängigsten Tools aus der Palette der kollaborativen Software sind:

○ *Unternehmenswikis:* Wikis sind, so ähnlich wie die Wikipedia, ideale Portale, um das gesamte Wissen eines Unternehmens zentral zu sammeln und wie ein Schlagwortverzeichnis zur Verfügung zu stellen. Jeder mit Autorenberechtigung kann aktiv daran mitarbeiten, neues Material einstellen sowie Bestehendes ergänzen und aktualisieren. Die zunehmende Wissenskomplexität wird strukturiert und konserviert. Die Gesamteffizienz steigt, weil Doppelarbeit vermieden wird. Und der Wissensschatz ausscheidender Mitarbeiter bleibt dem Unternehmen endlich erhalten. Ist alles Organisatorische erledigt, der Start geglückt und das System ausreichend befüllt, dann sollte »Schau ins Wiki!« zu einem geflügelten Wort in der Firma werden.

○ *Internes Microblogging:* Dienste wie Yammer, Communote oder Social Spring funktionieren nach dem Twitter-Prinzip und kanalisieren den unternehmensinternen Nachrichtenfluss in einem Kurzformat. Sie sind so etwas wie eine Mischung aus Schwarzem Brett und Flurfunk, wobei jeder, der dort ein Konto eröffnet und Zugang hat, selbst posten, mithören, weiterleiten und kommentieren kann. Ein weiterer Vorteil: Weil intern alles öffentlich ist, wirkt dies auch einer unguten Gerüchteküche entgegen.

○ *Kollaborationsblogs:* Für die Zusammenarbeit von internen und externen Mitarbeitern im Rahmen eines Projekts sind Kollaborationsblogs geradezu ideal. Sie dienen zum Erfahrungsaustausch, zur Ablage von Dateien, zur Dokumentation von Arbeitsverläufen, zur Erfassung des Status quo sowie zur Kommentierung all dessen. So kann zum Beispiel in einem internen Vertriebsblog das komplette verkäuferische Wissen gesammelt und kontinuierlich weiterentwickelt werden.

○ *Digitale Ideenbanken:* Sie ersetzen das verstaubte betriebliche Vorschlagswesen und sind idealerweise eine Mischung aus Wiki, Blog und Bewertungsportal. Die einzelnen Ideen werden beschrieben, verschlagwortet und mit Dokumenten, Fotos, Audios und Videos angereichert. Unter jede Idee kommt ein Kommentarfeld, in dem die Verwender ihre Meinung zu und/oder ihre Erfahrungen mit der Idee einstellen können. Außerdem gibt es eine Fünf-Sterne-Bewertungsfunktion sowie die Ja/Nein-Frage, ob die Idee hilfreich war. Ferner wird ein Zähler installiert, der anzeigt, wie oft diese Idee angeklickt wurde. Schließlich braucht es originelle Anreizsysteme, um die effizientesten und am besten gevoteten Ideen wie auch die kreativen Köpfe dahinter zu feiern.

○ *Mitarbeiterentwicklungsportale:* Sie enthalten Bildungsangebote in kleinen, leicht verdaulichen Paketen (Microlearning, Learning Nuggets), Weiterbildungsvideos, interaktive Themenforen sowie sich ständig aktualisierende Handbücher für die Einarbeitung und Fortbildung. Wichtig auch hier, sich von dem überholten Prinzip »Alles wird top-down vorgegeben« zu lösen. Vielmehr geht es um eine Social-Learning-Plattform, auf der man ganz im Sinne des Gamification-Prinzips spielerisch miteinander und voneinander lernt. Und natürlich ist diese mit internen Blogs, dem Wiki usw. vernetzt.

○ *Interne Unternehmensblogs:* Hier kann jeder mit Zugangsberechtigung, egal ob Unternehmensleitung, Führungskraft, Mitarbeiter oder Azubi, all das einstellen, was ihn bewegt. Die Kommentarfunktion ermöglicht lebendige Diskussionen. Ein Administrator sorgt dafür, dass hierbei nichts ausufert. Damit so ein Blog auch lebt, sollte sich das Management regelmäßig mit Beiträgen beteiligen, offen und ehrlich agieren und ungeschminkt Rede und Antwort stehen.

○ *Mobile Apps:* Bei zunehmender Fernanwesenheit eines größeren Teils der Belegschaft wird den Social-Software-Apps, die sich von mobilen Geräten aus nutzen lassen, wohl die Zukunft gehören. Mobiles Lernen, Kollaboration und Interaktion sind so von jedem Punkt der Welt und zu jeder Zeit möglich. Über Augmented-Reality-Technologien werden virtuelle Informationen in die per Kamera auf dem Handy-Display (oder Google Glass) gezeigte Wirklichkeit eingeblendet.

Schon dieser kleine Überblick zeigt: Die Auswahl ist groß. Wählen Sie also *die* Tools, die Ihren Zwecken dienlich sind, weise aus. Egal, für welche Form Sie sich dann entscheiden: Das Miteinander im gesamten Unternehmen wird eine neue Qualität erreichen. Die Effizienz wird erhöht, das Wirgefühl wird steigen, der Zusammenhalt wird wachsen, alles Trennende wird zurückgedrängt. Das Teilen von Wissen fördert die Kreativität und hebt die gesamte Organisation auf ein erhabeneres Niveau. Erfolge können jederzeit sichtbar gemacht und angemessen gewürdigt werden. Schließlich steigert das aktive, engagierte Mitgestalten die Mitarbeiterverbun-

denheit und erzeugt am Ende den »Mein-Baby-Effekt«. Und sein Baby lässt man bekanntlich nicht im Stich.

Der Führungscrew erschließen sich Schwachpunkte schon durch einfaches Mitlesen fast wie von selbst – auch wenn das machmal wehtun kann. Sie erhält einen Gradmesser dafür, wie die Organisation als Ganzes drauf ist und wo es gerade brennt. Sie bekommt Zugang zur Weisheit der Vielen und kann ihre Entscheidungen so auf eine breitere Basis stellen. Sie kann Schnellumfragen starten und Abstimmungsprozesse einleiten. So lässt sich auch das Delta zwischen Eigenwahrnehmung und innerbetrieblicher Wirklichkeit Schritt für Schritt reduzieren. Niemand ist mehr auf Zuträger angewiesen, die Informationen gefiltert – mit welchen Absichten auch immer – nach oben reichen.

Den Kundenfokus forcieren

»Mich interessiert nicht die Bohne, ob der Brief bei Ihnen von ein oder zwei Personen unterschrieben werden muss. Mich ärgert, dass das Ganze mal wieder mehr als eine Woche gedauert hat. Andere schaffen das in zwei Tagen.« Solche Beschwerden, die vom hilflosen Ärger der Kunden zeugen, gibt es tagtäglich. Folgt man den Episoden, die Tom König in seinen Spiegel-online-Kolumnen so trefflich beschreibt[18], ist dies hier ein vergleichsweise harmloser Fall. Eingezwängt in ein Vorschriftenkorsett, dürfen engagierte Mitarbeiter die Probleme ihrer Kunden nicht mal dann lösen, wenn sie es wollten. Das Web ist voll von solchen Episoden, und das schon seit Jahren. Wieso schauen denn die Manager da nicht endlich mal hin?

Blind und taub für die Belange der neuen Kundengeneration, glauben die Oberen doch tatsächlich, schon ganz schön weit zu sein. Dabei liegen Selbstbild und Fremdbild bisweilen so weit auseinander wie die Licht- und die Schattenseite des Mondes. So meinen einer Studie von Bain & Company zufolge 80 Prozent aller Unternehmen, ein herausragendes Kundenerlebnis zu bieten, aber nur 8 Prozent ihrer Kunden stimmen dem zu.[19]

Wunschdenken, Selbstüberschätzung und ein verstellter Blick des Managements für die Realität findet sich in allen Bereichen, so auch im Verhältnis zu den Mitarbeitern:

○ Einer Untersuchung der Rochus Mummert Consultants zufolge glaubten 63 Prozent der befragten Unternehmenschefs, über eine hohe moralische Integrität zu verfügen und dafür in der Belegschaft auch geschätzt zu werden. Bei den Mitarbeitern sahen dies aber nur 16 Prozent so.[20]

○ Eine Stepstone-Untersuchung aus dem Jahr 2011 brachte zutage, dass 94 Prozent der befragten Personalverantwortlichen annehmen, dass die Angestellten ihre Firma als Arbeitgeber empfehlen, wohingegen dies nur 45 Prozent tatsächlich tun.[21]

○ Einer IKuF-Studie zufolge bewerteten 70 Prozent der befragten Manager ihre Fähigkeit, angemessen und konstruktiv Feedback zu geben, als sehr gut oder gut. Nur 45 Prozent der befragten Mitarbeiter sahen das genauso.[22]

○ Viele Arbeitgeber halten ihre Angestellten für glücklicher, als diese in Wirklichkeit sind. Auf einer Skala von null bis zehn schätzten sie deren Glücksstatus auf 7,2, während ihn die Mitarbeiter mit 5,1 angaben. Dies ergab eine weitere Stepstone-Untersuchung aus dem Jahr 2012.[23]

Eine zentrale Erkenntnis aus der Glücksforschung ist außerdem die, dass Menschen weniger glücklich sind, wenn sie sich in Gegenwart ihres direkten Vorgesetzten befinden. Wer aber weniger glücklich ist, dessen Leistung ist eingeschränkt. Der kann nicht die optimale Performance erbringen. Wie sich das ändern lässt, dar-

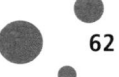

über wird in diesem Buch noch sehr viel zu lesen sein. Doch zunächst zurück zu den Kunden.

»Steht bei euch der Kunde denn wirklich an erster Stelle?«, frage ich gern. Da nicken alle fleißig und brav. Wiewohl schon ein kleiner Schnelldurchlauf zeigt: Die Realität sieht völlig anders aus.

O Bei Vertriebspräsentationen, da geht das eine halbe Stunde lang so: Wir sind … Wir haben … Wir können … Wir wollen … Wir bieten …! Mit anderen Worten: Ich erzähle jetzt erst mal, wie toll wir sind. Auf der allerletzten Seite dann endlich: der Logofriedhof mit den bestehenden Kundenbeziehungen. Aha, der Kunde kommt zum Schluss.

O Die öffentlichen Bereiche produzierender Unternehmen? Ein reines Egoprogramm: Maschinenteile, Miniaturen von Fertigungsanlagen, Luftbildaufnahmen, Gründerporträts, Urkunden und Pokale. Ganz groß an der Wand: eine Weltkarte voller Fähnchen, Symbole für ein territoriales Eroberungsprogramm. Von Kunden keine Spur.

O Der erste Navigationspunkt auf vielen Websites heißt »Wir über uns«. Hört euch an, was wir zu sagen haben, ist die Botschaft, und dann lasst uns in Ruh. Eine Kontaktmöglichkeit zu finden, ist oft wie das Suchen von Eiern zu Ostern. Viele Firmen wollen offensichtlich gar nicht mit Kunden reden. Das kostet nämlich Geld!

»Ein zukunftsfähiges Unternehmen richtet sein Augenmerk und seine Energie statt nach innen, also auf Pläne, Politik, Verhandlung und interne Leistungsdemonstration, verstärkt nach außen – auf Markt, Wettbewerb und Kunden«[24], sagt der Managementberater Niels Pfläging, der dafür den Begriff Beta-Organisation nutzt. Tja, die knappste Ressource eines Unternehmens ist nicht das Kapital, sondern es sind *die* Führungskräfte, die kundenfokussiert denken und handeln. Denn erst wenn das passiert, werden die Mitarbeitenden das Gleiche tun. Customer first! So sollte also der Schlachtruf lauten. Der Kunde gehört an die erste Stelle. Theoretisch kein Thema. Und praktisch? Da brauchen die Chefs öfter mal Kundenkontakt ...

Die knappste Ressource eines Unternehmens sind Führungskräfte, die kundenfokussiert denken und handeln.

Kundennähe in der Chefetage

Von Kunden können Manager eine Menge lernen. Doch vom Schreibtisch aus fällt das sehr schwer. Tauchen Sie also ein ins Konsumentengetümmel, entfliehen Sie dem internen Abschirmprogramm, den Limos mit getönten Scheiben, dem Getto der Senator-Lounge. Betreiben Sie Feldforschung am eigenen Leib. Ein Kunde, der Ihnen mal so richtig die Meinung sagt, kann mehr bewirken als jedes Repräsentativ-Ergebnis aus der Sterilität eines Marktforschungslabors. Repräsentativität ist sowieso Blödsinn, weil man nur nichtssagende Durchschnittswerte erhält. Konzentrieren wir uns lieber auf die Ausreißer. Gerade von denen erfährt man die nützlichsten Dinge: was bei Ihnen absolut klasse läuft und wo es lichterloh brennt. So können gerade »schwierige« Kunden als Leistungstreiber nach innen dienen. Denn da, wo die größten Kundenprobleme sind, schlummert die höchste Rendite.

Also: Woher rühren die Berührungsängste, die viele Manager haben, wenn es um fundierte Gespräche mit Kunden geht? Ich kenne Führungskräfte, die heilfroh sind, seit ihrer Beförderung »endlich den täglichen Kleinkrieg mit diesen Nullcheckern los zu sein«. Sie betrachten es als Rückschritt in ihrer Karriere, wieder mit Kunden konfrontiert zu werden! Ein Großteil der Personaler war noch *nie* mit Kunden in Kontakt. Ich kenne aber auch Marketingleiter, die lieber an gekünstelten Zielgruppendefinitionen basteln, als den Leuten mal aufs Maul zu schauen. Ich kenne Vertriebsleiter, die man eigentlich nur als Verwalter bezeichnen kann. Sie haben zu keiner Zeit selbst verkauft. Um ihre Callcenter machen sie einen weiten Bogen, aus lauter Angst, mal ans Telefon gerufen zu werden. Und dann wiederum gibt es die, die täglich im Kundenservice vorbeischauen und Gespräche selbst führen. So kann man den Mitarbeitern ein kundenorientiertes Vorbild sein.

Topmanagern fehlt es im Alltag fast immer an offenem und ehrlichem Feedback. Da wüsste ich was: Spielen Sie doch mal Undercover-Boss. So erhalten Sie die Chance, die eigene Firma live zu erleben, ohne ständig hofiert zu werden.»Ich wollte wissen, an welchen Stellen sich Prozesse und Arbeitsbedingungen optimieren lassen, um Mitarbeitern das Leben leichter und dem Gast das Leben angenehmer zu machen. Und das war tatsächlich möglich, weil beim Dreh alles echt ist und nichts inszeniert wird«, erzählt mir Marcus Smola, Geschäftsführer der Best Western Hotels, der das Experiment vor laufenden Fernsehkameras wagte. Ja, Unternehmer müssen am eigenen Leib in Erfahrung bringen, was die Kunden wirklich wollen, um in Rekordgeschwindigkeit auf Marktveränderungen reagieren zu können. »Go and see for yourself!« nennen die Amerikaner diesen Kurs.

Doch wie erleben die Mitarbeiter einen solchen Undercover-Boss, wenn die Sache am Ende aufgedeckt wird? Dazu gab es im Personalmarketing-Blog ein Interview mit Jan Zilske, Regionalvertriebsleiter beim Tiefkühl-Heimservice Eismann, das ich hier gekürzt wiedergebe:

»Was war Ihr erster Gedanke, als Sie erfahren haben, dass ›Rico Meissner‹ in Wirklichkeit Ihr Chef Mika Ramm ist?«

»In dem Moment, als ich den Zusammenhang realisiert habe, sind mir wahnsinnig viele Dinge durch den Kopf gegangen. Man fängt dann unweigerlich damit an, die gesamte Szenerie noch einmal durchzuspielen.«

»Kam Ihnen nie der Gedanke, dass es sich um Ihren Chef handeln könnte?«

»Man ist als Laie vor einer Fernsehkamera so stark auf seine eigene Person konzentriert, dass überhaupt keine Zeit für solche Zweifel bleibt.«

»Hatten Sie, nachdem die Undercover-Aktion aufgedeckt wurde, nicht das Gefühl, kontrolliert worden zu sein?«

»Absolut nicht. Wenn man den ganzen Tag von einer Fernsehkamera begleitet wird, sollte einem klar sein, dass diese Bilder später jeder sehen wird.«[25]

Seine TV-Erfahrungen konnte Jan Zilske später dann in einen Workshop einbringen, in dem neue Inhalte für das Eismann-Firmenfernsehen erarbeitet wurden.

Externes Crowdsourcing: der Kunde als Mitentwickler

Nicht alle intelligenten Leute arbeiten bereits bei Ihnen. Da wäre es doch gut, ein paar helle Köpfe ausfindig zu machen, die Ihnen beim Innovieren helfen, ohne dass sie gleich auf die Gehaltsliste müssen. Die Kunden sind die besten Experten! Bei ihnen schlummert das bislang am wenigsten genutzte Kreativpotenzial. Von progressiven Unternehmen werden Konsumenten schon längst in alle Stufen des Wertschöpfungsprozesses aktiv involviert. Für manche ist das nur ein Marketinggag. Andere haben erkannt, dass sie durch Kundenintegration tatsächlich besser werden. Die Flopraten sinken. Und größere Erfolge stellen sich ein. Kundentreue wird quasi einprogrammiert. Und Gesprächsstoff entsteht so ganz wie von selbst. Kunden lieben und loben Produkte umso mehr, je intensiver sie beim Entwicklungsprozess mitreden dürfen. Marktforscher kennen diesen Effekt längst: Wenn man Menschen zeigt, dass man sich für ihre Meinung interessiert, verändert sich deren Haltung zum Unternehmen positiv.

Deshalb muss das externe Crowdsourcing, also das Nutzen der »Weisheit der Kunden«, alle Bereiche im Unternehmen durchdringen. Und dies ist in zahlreichen Varianten möglich: Umfragen, Abstimmungen und Ratings, Prognosebörsen, Diskussionsforen und Feedbacksysteme, Ideencamps und Innovationsworkshops, Kundenbeiräte, Community-Plattformen und User-Groups. Aber kommt sich der Kunde bei all dem nicht ausgenutzt vor? Nein, wie es scheint, ist das nicht der Fall. Menschen lassen sich gerne fürs Helfen gewinnen. So wünschen sich 87 Prozent der deutschen Konsumenten, dass Marken sie stärker einbinden. Dies hat 2013 die Markenstudie *brandshare* der PR-Firma Edelman herausgefunden.[26] Es macht eben viel mehr Spaß, selbst mitzuspielen, als immer nur anderen zuzuschauen. Zum Beispiel haben bei einer Co-Creation-Aktion auf der Facebook-Seite von Joey's Pizza die User über 8500 Rezepte mithilfe eines Konfigurators kreiert. Acht Fan-Pizzen schafften es in die Produktion. Hierfür erhielten die Schöpfer eine Prämie von 5 Cent pro verkaufter Pizza. Dabei verdiente die Gewinnerin Anja 2777 Euro.

Bei den Kunden schlummert das bislang am wenigsten genutzte Kreativpotenzial.

Auf seine Weise kann jedes Unternehmen Ansatzpunkte finden, um die Menschen mitentscheiden zu lassen, wohin es sich in Zukunft bewegt. Und dieser neue Weg macht vor niemandem halt. So hat die NASA, die US-Weltraumagentur, die ganze Welt aufgerufen, ihr zu helfen. Sie will Vergleiche darüber anstellen, wie sich die Körper der Menschen verändern, je nachdem ob sie auf der Erde und im Weltraum leben. Hierzu hat sie Astronauten-Zwillinge ausgewählt, die eineiigen Brüder Scott und Mark Kelly. Der eine soll 365 Tage in der Schwerelosigkeit der Raumstation ISS verbringen, der andere bleibt auf der Erde. Beide sollen zeitgleich identische psychologische Prüfungen und physische Ausdauertests absolvieren. Was sich dabei so alles experimentell vergleichen lässt, dazu gibt es eine ungeheure Vielfalt an Möglichkeiten. So bat die NASA in einem Aufruf die Öffentlichkeit, hierzu Ideen und Testvorschläge einzureichen.[27]

Natürlich kann man sich auch seine eigene Innovationsplattform bauen. Zu den Vorreitern zählt MyStarbucksIdea.com. »Du weißt besser als irgendjemand sonst, wie Starbucks für dich sein soll. Also, erzähl uns davon. Was ist deine Starbucks-Idee? Revolutionär oder einfach, wir möchten sie hören.« Mit diesen Worten lädt der Kaffeespezialitäten-Anbieter seine Fans ein. Über 150 000 Ideen wurden bislang eingereicht. Zum Beispiel hatte kein Mensch bei Starbucks daran gedacht, Sojamilch ins Programm aufzunehmen, bis die Kunden entsprechende Vorschläge machten. Einer der Fans hat vorgeschlagen, die Eiswürfel aus Kaffee herzustellen, damit der Eiskaffee nicht so verwässert.

Doch nicht nur bei kleinen Eiswürfel-Fragen, sondern auch bei großen Goldgruben-Themen kann Crowdsourcing eine Hilfe sein. »Rob McEwen, ein Investor von Goldminen, hatte ein Problem«, berichtet Tristan Horx von der TEDGlobal-Konferenz 2012 in Edinburgh. »Seine Geologen konnten in seiner neuen Goldmine kein Gold finden. Er ahnte, dass er eine völlig neue Herangehensweise brauchte. Also veröffentlichte er alle bisher gesammelten geologischen Daten im Internet und setzte einen üppigen Finderlohn aus. Hunderte von Menschen aus allen möglichen Berufen und Fachrichtungen machten sich auf die Suche. Computergrafiker bauten die Mine als dreidimensionales Objekt nach, durch das man virtuell navigieren konnte, und in Kombination mit dem Fachwissen der Geologen war es dieses Modell, das den Durchbruch brachte.«[28] Wenn man solche Crowdsourcing-Aktivitäten startet, damit Kunden Ideen für neue oder bessere Produkte einbringen, kann natürlich auch jeder Konkurrent die öffentlichen Vorschläge einsehen. »Er sieht aber nicht, wie das Unternehmen die Informationen be- und auswertet, welche Auswahlprozesse es entworfen hat, um die Vorschläge zu verarbeiten, und welche Ideen später realisiert werden«, erläutert Heike Simmet, BWL-Professorin an der Hochschule Bremerhaven, in einem Interview mit der *Computerwoche*.[29]

Übrigens finden Sie auf www.touchpoint-management.de ein kostenloses E-Book zum Thema Crowdsourcing und Co-Creation mit vielen weiteren Beispielen.[30] Und wenn es bei Ihnen mal gar nicht weitergeht, dann stellen Sie Ihre brennenden Fragen doch einfach der ganzen Welt! Open Innovation nennt man das dann. Auf Webseiten wie brainr.de, atizo.com, neurovation.net oder brainfloor.com kann man zum öffentlichen Brainstorming einladen. Auf der internationalen Großplattform InnoCentive stehen aktuell über 300 000 registrierte Ideengeber aus knapp 200 Ländern für kreative Hilfe bereit. Wer sie nutzt, versorgt sich mit der kollektiven Intelligenz quirliger Querdenker von überallher. Niemand kann sich nun noch länger in den Expertenturm zurückziehen und verzaubert von seinem Genius vor sich hin basteln. Denn die wertvollsten Ideen entstehen nicht im behüteten Drinnen, sondern an den Rändern einer Organisation und im wilden Draußen.

Ein neues Berufsbild: der Touchpoint-Manager

Heute werden Unternehmen von außen, also von den Kunden her, nach innen gebaut. Outside-in statt inside-out heißt der Kurs. Die entscheidenden Impulse kommen von draußen. Nicht der hypothetische Businessplan, sondern das, was an den Touchpoints tatsächlich passiert, entscheidet über Top oder Flop. Deshalb brauchen Unternehmen nicht nur ein internes und ein externes Touchpoint-Management, sondern auch (einen) Touchpoint-Manager.

Kernaufgabe des Touchpoint-Managers ist es, an den externen Touchpoints des Unternehmens eine einhundertprozentige Kundenfokussierung zu ermöglichen. Diese Funktion hat sowohl strategische als auch operative Komponenten. Grundsätzlich geht es um eine Transformation des gesamten Unternehmens hin zu einer tatsächlich kundenorientierten Organisation. Hierfür muss der vielfach unkoordinierte und nichtsynchrone kundenbezogene Wildwuchs, der sich in den einzelnen Abteilungen breitgemacht hat, zunächst entflochten werden. Danach geht es um die Hinführung zu einem synchronisierten, ganzheitlich und dauerhaft kundenzentrierten Wertschöpfungsprozess. Insofern unterscheidet sich der Touchpoint-Manager auch von den Customer-Experience-Verantwortlichen, die vor allem punktuell für eine Verbesserung der Kundenerlebnisse sorgen.

Kernaufgabe des Touchpoint-Managers: an den externen Touchpoints eine hundertprozentige Kundenfokussierung zu ermöglichen.

Ein Touchpoint-Manager soll in Sachen Kunde der erste und oberste Anlaufpunkt sein. Er ist mit den kundenrelevanten Entwicklungen draußen und drinnen im Unternehmen bestens vertraut. Er ist derjenige, der intern als Advokat des Kunden agiert. Er nimmt immer dessen Perspektive ein, und das wird so akzeptiert, auch wenn es schon mal unbequem ist. Geht es um kundenbezogene Entscheidungen, hat er das erste und das letzte Wort. Und er hat ein Vetorecht. Er setzt sich mit Herzblut für die Kundeninteressen ein und koordiniert deren Belange. So stellt er auch sicher, dass das unproduktive Silodenken zwischen den einzelnen Abteilungen – zumindest was die Kundenperspektive betrifft – endlich ein Ende hat.

Organisatorisch gesehen ist ein Touchpoint-Manager Knotenpunkt und Drehkreuz für alle Touchpoints, die er vertritt. Er ist also keine Randfigur, sondern steht mitten im Unternehmen. Da jede Abteilung, unabhängig von ihrer Kernaufgabe, auch in Kundenthemen involviert ist, arbeitet der Touchpoint-Manager crossfunktional mit allen eng und gleichberechtigt zusammen. Er benötigt die absolute Rückendeckung der Geschäftsleitung, da sein Weg holprig ist und er sich nicht immer nur Freunde macht. Denn wer als Interessenvertreter des Kunden agiert, deckt zwangsläu-

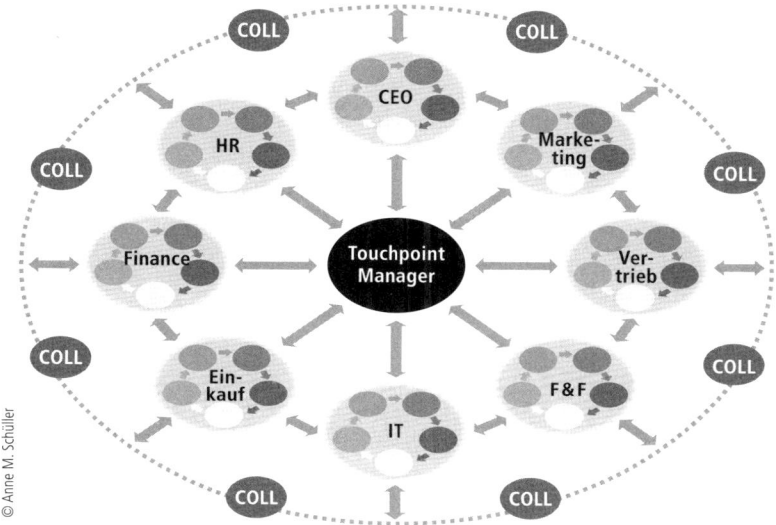

Abb. 6: Die Position des Touchpoint-Managers als Interessenvertreter des Kunden –
er ist mit allen Unternehmensbereichen sowie Externen vernetzt

© Anne M. Schüller

fig Missstände auf. Seine internen Botschafter sitzen im mittleren
Management. Vor allem diese muss er für das Bewältigen seiner
Aufgabe gewinnen. Mit deren Hilfe und einem fortwährenden Ein-
beziehen aller Mitarbeiter kann er sich an das nötige Neudesign des
Touchpoint-Mixes machen.

So kann das Touchpoint-Management zum maßgeblichen Treiber
eines unternehmensweiten Kulturwandels werden: hin zu einer
Vernetzung und hin zu den Kunden von heute und morgen.

In Unternehmen kleinerer und mittlerer Größe bekleidet der
Touchpoint-Manager abteilungsübergreifend eine eigene Funk-
tionsstelle, die an die Geschäftsleitung angedockt ist. In Großorga-
nisationen ist ein neuer Posten im Boardroom gefordert: der Chief

Touchpoint-Management statt Marketing – und die Kundenorientierung ist garantiert.

Touchpoint Officer (CTO). Und nachdem das Marketing, das ursprünglich für eine auf den Markt ausgerichtete unternehmerische Gesamtstrategie stand, sich immer mehr zu einer reinen Werbeschleuder degradiert und zum Datensammelbecken verkommt, kann der CTO den inzwischen an oberster Stelle oft verwaisten Platz übernehmen. Das bedeutet: Touchpoint-Management statt Marketing. Kundenorientierung wäre dann garantiert.

Touchpoint-Manager in der Praxis

Nun die spannende Frage: Gibt es Touchpoint-Manager bereits? Die Antwort ist Ja, einige wenige schon. Eine davon ist Katharina Büeler. Sie leitet das Touchpoint-Management der Basler Versicherungen und ist Mitglied der Direktion. Die Bâloise, viertgrößte Versicherung in der Schweiz, hat europaweit 9000 Mitarbeiter, 3500 davon arbeiten in der Zentrale in Basel. Seit 2010 gibt es im Unternehmen das Touchpoint-Management, eine fünf Personen umfassende Abteilung, die sich gemeinsam mit vierzig Multiplikatoren in allen Geschäftsbereichen um die Optimierung der Kundenbeziehungen kümmert. »Hierarchien und Silodenken wollten wir bewusst aufbrechen«, erzählt mir die Pionierin, die selbst 25 Jahre im Vertrieb tätig war und so manches Mal mit ihren Kunden bei schlechten Erlebnissen mitgelitten hat. Startpunkt ihres Vorgehens war die Frage: Was sollen die Kunden über uns sagen? In der Folge wurden Instrumente und Methoden aufgebaut und eingeführt, um die Kundenbrille ins Unternehmen zu bringen, einen Kulturwandel zu bewirken und ein systematisches Touchpoint-Redesign umzusetzen.

Auch die mittelständische Softwarefirma doubleSlash aus Friedrichshafen hat einen Touchpoint-Manager: Alexander Strobl. Sei-

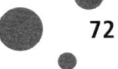

ne Aufgabenstellung? »Einerseits führe ich Touchpoint-Analysen bei unseren Kunden durch. Andererseits unterstütze ich meine Kollegen in Sales und Marketing in enger Abstimmung mit der Geschäftsführung. In dieser Rolle bin ich an keiner konkreten Stelle im Organigramm verortet, sondern helfe den Abteilungen projekthaft bei der Ausarbeitung kundenbezogener Maßnahmen. Dabei beschränken sich meine Aufgaben in der Regel auf den analytischen und organisatorischen Teil. Die eigentliche Durchführung geschieht in den jeweiligen Abteilungen.«

Was war der Grund, weshalb diese Position geschaffen wurde, frage ich ihn. »Auch wir kämpfen mit der wachsenden Anzahl an potenziellen Kanälen und Touchpoints, die gepflegt und betrieben werden müssen. Für uns war es wichtig zu erkennen, welche Touchpoints wirklich relevant für uns sind, um unsere Budgets gezielter einzusetzen. … Die eigene Betriebsblindheit zu überwinden, ist eine der schwierigsten Hürden. Eine wesentliche Aufgabe des Touchpoint-Managers ist es, einen Brückenschlag zwischen den Abteilungen zu schaffen.«

Da drängt sich jetzt geradezu eine weitere Frage auf: Gibt es auch *interne* Touchpoint-Manager, solche also, die sich explizit um das Wohlergehen der Menschen *innerhalb* einer Organisation kümmern, um deren Performance auf Höchststand zu halten? Noch nicht, aber hoffentlich bald. »Was sollen die Mitarbeitenden über uns sagen?« – Mit Blick auf die sich wandelnden Arbeitnehmermärkte kann dies eine geradezu brillante Ausgangsfrage sein. In Schritt drei des CTMP® Collaborator Touchpoint Management Prozesses werden wir dieses ganz und gar neue Berufsbild näher betrachten.

Ganz klar ist in jedem Fall eins: Unternehmen, Mitarbeiter und Kunden rücken immer näher zusammen. Sie vernetzen sich zu einer interaktiven Gemeinschaft. Und nichts darf dieses Dreiecksverhältnis zerrütten.

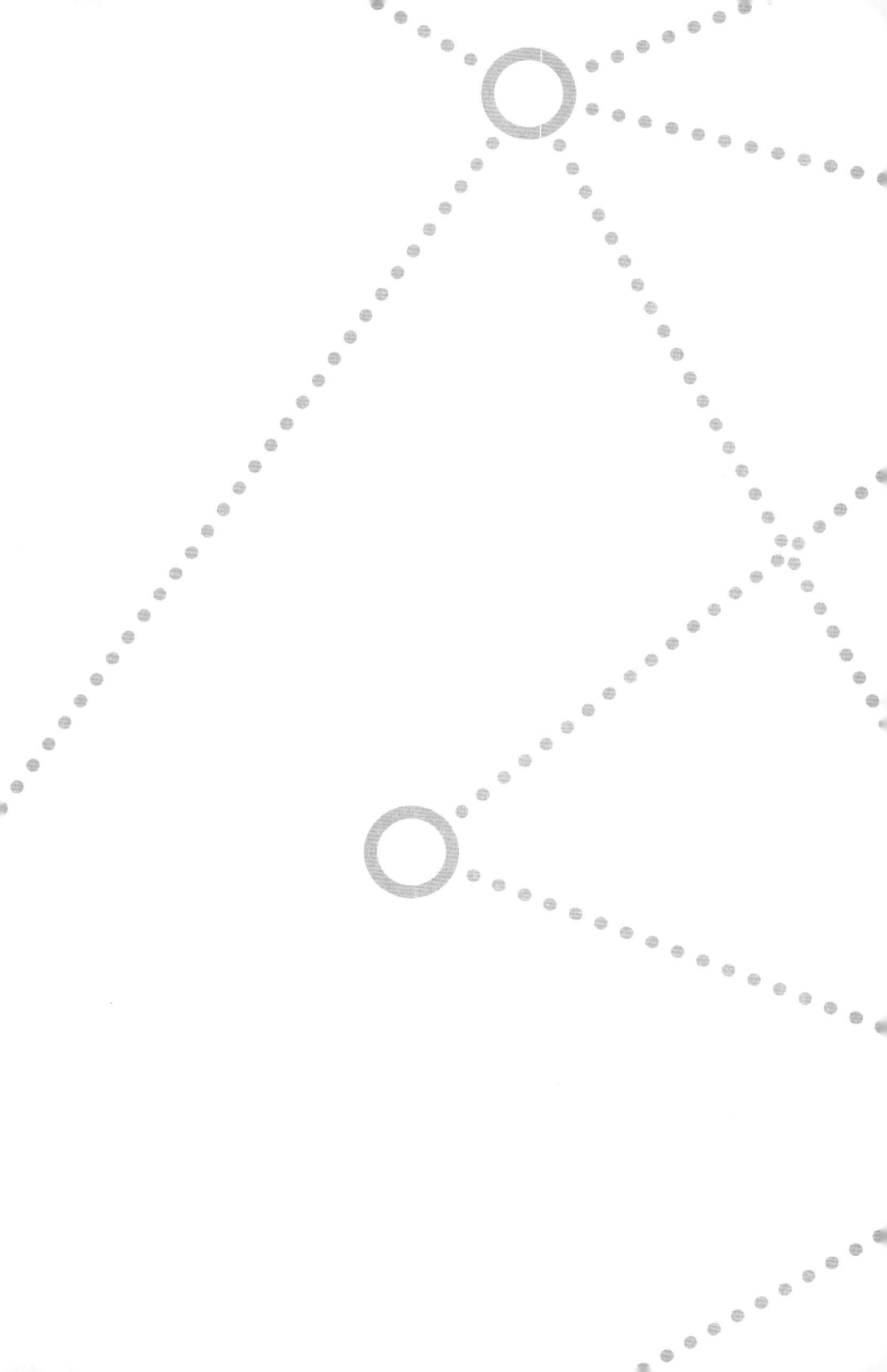

TEIL 2

LEADERSHIP IN UNSERER NEUEN ARBEITSWELT

Die wunderbaren »neuen« Mitarbeitenden

Jede Unternehmensführung ist nur so gut wie die Mitarbeiter, die diese umsetzen. Deshalb brauchen Unternehmen couragierte, motivierte, kundenorientierte, unternehmerisch mitdenkende, loyale, begeisterte, ja geradezu glückliche Mitarbeiter. Mit solchen Mitarbeitern lässt sich Großes vollbringen. Sie sind nicht nur engagierter, sondern auch überzeugender. Und vertrauenswürdiger. Und kreativer. Mit *solchen* Mitarbeitern erreicht man eine Alleinstellung im Markt – und einen deutlichen Vorsprung im Wettbewerb der zunehmend gleichartigen Angebote. Ihr größtes Erfolgspotenzial steckt in *den* Mitarbeitern, die ihre Arbeit *und* die Kunden lieben. Sie sind die wahren Helden eines Unternehmens.

Solche Mitarbeitenden gilt es zu suchen, zu finden und so lange zu halten, wie es irgendwie geht. Neben der Attraktivität des Arbeitgebers spielt dabei eine passende, auf die unterschiedlichen Mitarbeitertypologien ausgerichtete Führungskultur eine entscheidende Rolle. Deshalb muss nun endlich das Führen in den Vordergrund und das Managen in den Hintergrund rücken. Was hingegen die Talente der Manager betrifft, so sagt schon der Name: Sie verstehen viel von Managen und (zu) wenig von Führen. Angesichts der sich zunehmend digitalisierenden und virtualisierenden Arbeitswelt könnte sich dieses Dilemma sogar noch verschärfen. Doch

> **Mitarbeiter wollen *nicht* gemanagt werden. Kunden übrigens auch nicht.**

ist dieses Problem hinreichend erkannt? Theoretisch möglich. Aber in der Praxis kaum sichtbar. Doch zumindest keimt Hoffnung auf.

Denn welche Themen die Personaler in den nächsten Jahren vor allem beschäftigen, zeigt die HR-Trendstudie 2014/2015 des Bundesverbandes der Personalmanager.[31] Sie brachte folgende Topprioritäten zutage:

- Führung stärken (55,4 %)
- Veränderungen meistern (48,8 %)
- Fachkräftemangel begegnen (44,6 %)
- Mitarbeiter an das Unternehmen binden (44,0 %)

Genau mit diesen Themen wollen wir uns in diesem Buchteil befassen – allerdings in umgekehrter Reihenfolge. Getreu dem Outside-in-bottom-up-Ansatz sind nach den Kunden nun die Mitarbeitenden dran.

- Zuallererst wollen wir die Rolle der Mitarbeiter von heute beleuchten und dann eine neue, digitalbasierte Mitarbeitertypologie betrachten.
- Danach werden wir erörtern, warum Mitarbeiterloyalität mehr ist als Bindung, warum sie gerade heute so wichtig ist und wie man sie erhält.
- Im Anschluss daran stellen wir die Frage, wie ein dauerhaftes Mitarbeiterengagement sichergestellt werden kann, denn dann braucht man weniger neue Leute zu suchen.
- Danach geht es um die Mitarbeitenden als Botschafter und darum, wie sie helfen können, neue exzellente Mitarbeiter zu finden.
- Schließlich geht es um die gegenwärtigen und zukünftigen Veränderungen am Arbeitsmarkt, welches neue Führungsverständnis dies erfordert und welche neuen Führungstypen es dazu nun braucht.

Also dann, legen wir los.

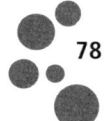

Sind Ihre Mitarbeiter auch »Porsche«?

Die Hälfte aller Arbeitnehmer tappt in Hinblick auf die Ziele »ihres« Unternehmens völlig im Dunkeln. Dreißig Prozent kennen sie vage. Nur bei zwanzig Prozent werden sie regelmäßig kommuniziert, sagt eine Stellenanzeigen-Studie aus dem Jahr 2013.[32] Um Himmels willen! Wie in aller Welt sollen die Mitarbeiter bei solchen Zuständen unternehmerisch mitdenken, mithandeln und in die richtige Richtung laufen? Und wie sollen sie am Ende für die Kunden Großes vollbringen? Zumal deren Erwartungen höher sind als jemals zuvor! In jedem »Moment der Wahrheit« muss es an den Touchpoints tipptopp laufen.

So sollen die Mitarbeiter bitte heute sein:

- ○ Könner (als Fachkraft und Experte)
- ○ Woller (mit der richtigen Einstellung)
- ○ Menschenversteher
- ○ Kundenbegeisterer
- ○ Botschafter des Unternehmens (nach innen und außen)

Jeder Mitarbeitende? Ja, jeder! Ganz egal, ob die Person in einem direkten oder »nur« in einem indirekten Kundenkontakt steht, und egal auch, ob die Person am Montageband, in der Buchhaltung, als Fahrer oder in der Werkstatt ihre Arbeit tut: Draußen kann man sich treffen. Über die sozialen Netzwerke kann heute jeder Kunde mit jedem online aktiven Mitarbeiter direkt in Verbindung treten. Und egal, ob virtuell oder real: Schon wenn ein einziger Mitarbeiter unfreundlich oder inkompetent ist, überträgt sich dies auf die Firma. Und wird auch nur an einer einzigen Stelle gepatzt, war für den Kunden »dieser Saftladen« schuld.

Um hier im grünen Bereich zu sein, braucht es dreierlei: erstens das Wissen, wohin die Firma will, zweitens fachliche Expertise und drittens eine eUSP. Die eUSP (Emotional Unique Selling Proposition) ist die emotionalisierende Alleinstellung, für die die Unternehmensmarke steht. Sie ist nicht nur in die Produkte fest eingebaut, sondern manifestiert sich auch in allem, was die Mitarbeiter sagen und tun. Und genau so wird dies in den »Momenten der Wahrheit«, wenn es an einem Touchpoint zu einer »Berührung« zwischen Kunde und Marke kommt, dann auch wahrgenommen. Nehmen wir etwa Porsche. Die Marke steht für sportliche Perfektion. Und wie wird das gelebt?

Unternehmensmarken brauchen eine eUSP, eine emotionalisierende Alleinstellung.

Dazu ein (leicht gekürztes) Beispiel, das meine Kollegen Anja Förster & Peter Kreuz in ihrem Buch *Spuren statt Staub* erzählen: Wir standen im Foyer von Porsche in Leipzig. Richtig cooles Ambiente. Super Architektur. Businessvolk strömte rein und gönnte sich noch einen Schluck Prosecco vor der Veranstaltung. Alles war entspannt. Bloß dieser Wackelkandidat von Stehtisch trieb uns zum Wahnsinn! Wie gut, dass gerade ein Mitarbeiter von Porsche vorbeikam, den wir nach einem Bierdeckel fragten. Nach gefühlten 30 Sekunden war der junge Mann wieder da. Er warf sich vor uns auf die Knie und begann, den dreiteiligen Tischfuß mit einem Inbusschlüssel zu justieren. Zwischendurch schaute er immer wieder hoch auf ein Glas mit Wasser, das auf dem Stehtisch stand. Der Eichstrich diente ihm als Wasserwaage. Er war erst zufrieden, als der Tisch nicht mehr wackelte und die Tischplatte in einer exakt horizontalen Position war. Wow!, sagten wir. Herzlichen Dank! Da schaute uns der junge Typ einen Augenblick lang schweigend an. Dann sagte er einen einzigen Satz: »Wir bei Porsche arbeiten nicht mit Bierdeckeln.«[33] In der Tat: Wow! Unbezahlbar, ein solcher Moment.

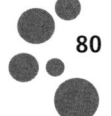

Und? Wie leben Ihre Leute Ihre Marke?

Jetzt sind Sie dran: Wann, wo und wie verschenken Ihre Mitarbeiter solche Momente der Faszination?

Grundvoraussetzungen dafür sind:

1. Sie haben eine eUSP, eine emotionalisierende Alleinstellung.
2. Ihre Mitarbeiter kennen diese genau – und verstehen die Marke.
3. Sie ermöglichen es Ihren Mitarbeitern, den Geist der Marke zu leben.

Höchst exemplarisch macht dies auch die Fünf-Sterne-Hotelkette Ritz-Carlton. Das Produzieren von Wow-Momenten ist dort Programm. »Ausnahmslos jeder Mitarbeiter in jedem unserer 77 Hotels weltweit hat die Aufgabe, nach Anlässen zu suchen, bei denen er die Erwartungen der Gäste übertreffen kann«, erzählt mir Silvia Kahler aus dem Ritz-Carlton in Wien. »Die Gelegenheit dazu ist immer dann besonders günstig, wenn die Gäste ein Problem haben, das nicht ursächlich mit unserem Service zu tun hat. Denn dass dieser perfekt ist, das ist im Premiumbereich selbstverständlich.« Hauptziel ist es, die Gäste zu überraschen, ihnen ein unvergessliches Erlebnis zu bereiten und so ihre lebenslange Loyalität zu gewinnen. Und das Nebenziel heißt Mundpropaganda.

So passierte im Ritz-Carlton Amelia Island in Florida folgende Geschichte, die sich über die sozialen Netzwerke schnell verbreitet hat: Ein kleiner Bub vermisste sein Lieblingsstofftier, eine Giraffe namens Joshie. Ganz schlimm so was, wie jeder weiß, der Kinder hat. Sie war versehentlich in der Hotelwäscherei gelandet. Ein paar Tage später kam Joshie per Päckchen wohlbehalten wieder nach Hause, zusammen mit einem liebevoll zusammengestellten Fotoalbum. Was für eine Überraschung! Es zeigte die Abenteuer der kleinen Giraffe bei ihrem ungeplanten Ausflug: Joshie mit Sonnenbrille auf einem Liegestuhl am Pool, Joshie bei einer Massage im Spa, Joshie zusammen mit dem Hotelpapagei Amelia, Joshie, wie sie ein Golfcart fährt, und Joshie, wie sie im Hotel ein bisschen mitarbeitet. Mit wenigen Mitteln und einer tollen Idee haben die Hotelmitarbeiter nicht nur dem kleinen Gast, sondern der ganzen Familie ein einzigartiges Erlebnis geschenkt – und sicher auch eine Menge Spaß gehabt.

Rituale, damit alles in Fleisch und Blut übergeht

Jeder Tag im Ritz-Carlton beginnt für die Mitarbeiter mit dem Erzählen einer Wow-Story. Insgesamt 40 000 Mitarbeiter erfahren so, wer auf ganz besondere Weise zum Erfolg der Kette beigetragen hat. Jedes Hotel hat die Aufgabe, pro Woche eine Wow-Story in die Zentrale zu melden. Die besten gehen dann um die Welt. In Summe entsteht so ein ganz besonderer Spirit – und eine einzigartige Form von Gastlichkeit. Sie hat Ritz-Carlton berühmt gemacht. Und man spürt sie gleich in *dem* Moment, in dem man ein Hotel der Marke betritt. Damit aber noch nicht genug. Sollte nämlich tatsächlich einmal etwas vorfallen, das sich nicht durch eine kleine Geste beheben lässt, hat jeder Mitarbeiter pro Gast 2000 US-Dollar zur freien Verfügung, die er *ungefragt* investieren darf, um die Sache wiedergutzumachen. Und siehe da: Mit dieser Verantwortung gehen die Mitarbeiter sehr, sehr weise um. Vor allem aber legen sie sich mächtig ins Zeug, damit es gar nicht erst zum Ernstfall kommt.

Übertragen Sie Ihren Mitarbeitern die notwendigen Mittel – und die Ergebnisverantwortung!

Solche Dinge können allerdings nur dort passieren, wo man die Mitarbeiter entfesselt und aus dem Regelkorset befreit. Und nur dort, wo man an die gewaltige Kraft ihres kreativen Wollens glaubt. Ferner muss, ganz wichtig, zusammen mit den notwendigen Mitteln auch die Ergebnisverantwortung übertragen werden. Und damit das Ganze

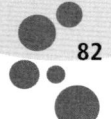

Schule macht, braucht es schließlich ein verstärkendes Ritual: das kontinuierliche Teilen der besten Storys und das ausgiebige Weitererzählen der größten Erfolge.

»Die wichtigste Form der Markenführung ist die Markenführung über die eigenen Mitarbeiter«, meint die Wirtschaftswissenschaftlerin Antonella Mei-Pochtler.[34] Wenn Sie diese Basis geschaffen haben, dann ermitteln Sie den Anteil der Mitarbeiter in Ihrer Belegschaft, die direkten Kundenkontakt haben. Und nun verdoppeln Sie diese Zahl. So verdoppeln sich auch die Chancen, Kunden zu begeistern, zu loyalisieren und zu aktiven Empfehlern zu machen.

Virtuell und real: dem Kunden ganz nah

Wer echte kundenfokussierte Problemlösungen verkauft, verabschiedet sich von seiner selbstzentrierten Sichtweise und taucht tief ein in die Kundenwelt. »Was ist Ihr brennendstes Problem?«, wird er fragen, und: »Wovon träumen Sie?« Und sich selbst: »Welche Lösungen bieten nur wir diesem Kunden – und was können wir deutlich nachvollziehbar besser als alle anderen?« Das Ziel: Differenzierungsleistungen parat zu haben und bester Problemlöser für seine Kunden zu sein. Und weil ein solcher Lösungsanbieter als langfristig wertvoller Partner gesehen wird und nicht als austauschbarer Lieferant, fördert der Lösungsverkauf die Kundenloyalität und das Weitererzählen.

Dazu wird gemeinsam betrachtet, wie man die Touchpoint-Interaktionen mit seinen Kunden besser gestalten, ihr Leben vereinfachen und ihren Nutzen vergrößern kann. Oder wie man sie emotional berühren, ihr Dasein versüßen, ihnen Zeit schenken und sie immer wieder neu überraschen kann. *Nicht* Geld, sondern Zeit und Vergnüglichkeit, Sicherheit und Geborgenheit, Ruhe, Freiraum und Wohlergehen sind für viele der größte Luxus. Kunden bezahlen die Unternehmen für die Fähigkeit, genau das zu verstehen.

Wie die Kunden zu den Mitarbeitern kommen

Wer Kunden verstehen will, muss diesen begegnen. Also gilt es, zu planen, wie man die eigenen Mitarbeiter zu den Kunden und die Kunden zu den Mitarbeitern bringt. Hierzu können zum Beispiel die Werksleiter, Techniker und Ingenieure ihre Zelte beim Kunden aufschlagen oder sich dort anstellen lassen und mitarbeiten, um zu erleben, was Sache ist. Kunden können in die Forschungs- und Entwicklungslabore des Anbieters kommen, um Hinweise zu geben und Anliegen zu äußern. Oder Leute aus dem Vertrieb, dem Service und dem Callcenter treffen sich regelmäßig mit ihren Kollegen aus der Produktion, dem Personalwesen und der Verwaltung bei einem ausgiebigen Frühstück, um sich darüber auszutauschen, wie es den Kunden geht und was sich gemeinsam optimieren lässt.

Überlegen Sie auch im Kreis der Kollegen, wie man die Kunden vor allem dort stärker präsent machen kann, wo es von Haus aus keine persönlichen Kontakte gibt. So können Sie täglich die schönsten Kundenstimmen aus dem Web auf Bildschirmen im Mitarbeiterbereich zeigen. Sie können Kunden zum Geschichtenerzählen einladen und diese der Belegschaft als Videobotschaften vorspielen. Dann geben die Bilder den Vorgängen nicht nur einen Namen, sondern auch ein Gesicht. All dies wirkt jedenfalls viel glaubwürdiger als ein Chef, der die immer gleichen Motivationspredigten hält. Und die Belegschaft erhält im wahrsten Sinne des Wortes lebendige Beweise dafür, welche Wirkung ihre Arbeit hat und wofür sie von den Kunden geschätzt wird. Solche Begeisterung ist ansteckend und spornt zu immer neuen Heldentaten an. Außerdem lernt man mit jeder Kundenstimme mehr darüber, was gut funktioniert und wovon man besser die Finger lässt.

Wie Marken, Mitarbeiter und Kunden sich auf amüsante Weise näher kommen können, zeigte im Sommer 2013 die Mühlen Allstars Tour des Wurstherstellers Rügenwalder Mühle. Dabei tourten zehn Angestellte der Firma sechs Wochen lang durch die Republik und

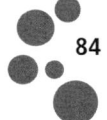

maßen sich mit Fans bei lustigen Wettkämpfen wie dem Wurst-wahnsinn im Wurstwasser-Flieger, dem Frikadellen-Sumo oder dem Schinken-Spicker-Twister. Das Ganze wurde mit aufwendigen Social-Media-Aktivitäten verknüpft.

Die Mitarbeiter wurden vorher durch ein Trainingslager geschickt und für ihre Aufgabe »gedrillt«.[35] »Wie haben Sie denn den direkten Kontakt zum Kunden erlebt?«, will ich von Nevzet, einem Mitarbeiter aus der Produktion, wissen. »Ich fand den Kontakt zu den Kunden sehr gut. Es gab viele Fragen über das Unternehmen, und als Mitarbeiter konnten wir die direkt beantworten. Mir hat das sehr viel Spaß gemacht.«

»Und wie fanden das die Kunden, mal echte Mitarbeiter einer Marke kennenzulernen, einer Marke, die man ja sonst nur aus dem Fernsehen oder aus dem Kühlregal kennt?«, frage ich Daniela aus dem Innendienst. »Manche fanden es super, wenn man gesagt hat, dass man wirklich bei der Rügenwalder Mühle arbeitet und was man genau dort macht. Andere sagten: ›Ihr seid doch gekauft‹, aber die konnten wir ja gut überzeugen.« »Und hat das geholfen, die Produkte noch besser machen zu können?« Da erklärt Nadine aus der Personalabteilung: »Ich denke, wir haben schon sehr gute Produkte, und es ist schwer, die besser zu machen. Aber die Hinweise, die da waren, hab ich weitergegeben.«

Über Kundenbegegnungen im Cyberspace

Auf modernen Websites reden nicht nur die Unternehmen; die Kundschaft und die eigene Mannschaft reden ebenfalls mit. Auf der Startseite geht es gleich los: Die Mitarbeiter erzählen selbst, wie sie mit den Wünschen der Kunden umgehen. Und die Kunden berichten darüber, wie die Zusammenarbeit klappt. Neuen Bewerbern erklärt nicht die Personalabteilung, sondern ein Mitarbeiter an seinem jeweiligen Arbeitsplatz, wie alles funktioniert und was es mit der Stelle so auf sich hat. Kein Profisprecher, sondern eine

Fachkraft aus dem Versand erläutert den Verpackungsprozess und die lückenlose Lieferkette. Nicht durch die Presseabteilung, sondern über einen eingebundenen Azubi-Blog wird Interessantes aus dem Betriebsalltag nach draußen getragen.

Hat jemand in sozialen Netzwerken Fragen zur Funktion einer Maschine, kann einer direkt aus dem Konstruktionsteam im Kommentarfeld Auskunft geben. Geht es um den Fertigungsprozess, wird veranlasst, dass ein Arbeiter per Video direkt vom Montageband aus Rede und Antwort steht. Und will jemand etwas über die chemische Zusammensetzung eines Produktes erfahren, dann kommt die Laborfachkraft zu Wort. Keine Sorge dabei! Die Fähigkeit, sich in einer netzwerküblichen Sprache zu äußern, bringen die Jüngeren schon von Haus aus mit. Und den anderen, die mitmachen wollen, bringt der Social-Media-Manager, den wir weiter hinten näher kennenlernen, die notwendigen Kenntnisse bei. Wie er zu Freiwilligen kommt? Er macht einen Mitmach-Aufruf und führt entsprechende Castings durch. Solche Auswahlverfahren sind durch die vielen Fernseh-Castingshows inzwischen weitläufig bekannt. Und Spaß machen sie auch.

Die Eins-zu-eins-Kommunikation über Social-Media-Präsenzen hat viele Vorteile. Bei den beteiligten – und auch bei vielen nicht unmittelbar beteiligten – Mitarbeitern führt sie zu einem Plus an Wertschätzung, Motivation, Engagement und Loyalität. Wer auf solche Weise »offiziell« für sein Unternehmen sprechen darf, wird es nicht hinterrücks sabotieren. Darüber hinaus gibt jeder Mitarbeiter, der auf diese Art eingebunden wird, dem Unternehmen auch Persönlichkeit. In jeder Firma gibt es »Originale«, die uns zum Schmunzeln und zum Staunen bringen. Sie sagen mehr über den Spirit eines Anbieters, als jede Hochglanzbroschüre das könnte.

So lassen Sie Ihr Unternehmen endlich offener, freundlicher, menschlicher, vertrauensvoller und glaubwürdiger erscheinen. Dies stärkt nicht nur Ihre Reputation in der Öffentlichkeit und

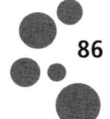

bei (potenziellen) Kunden, sondern auch den Wert Ihrer Arbeitgebermarke (Employer Brand). Ganz nebenbei erhöhen Sie Ihre
Suchmaschinen-Sichtbarkeit wie auch den Traffic auf Ihrer Seite.
Die ganze Welt kann nun erkennen: Ein anonymes Unterneh-
menskonstrukt mit seinen sterilen Verlautbarungen hat sich in
ein lebendiges Ensemble voll greifbarer, authentischer Menschen
verwandelt, mit denen man klasse reden kann. Und das ist auch
gut so. Denn Menschen kaufen von Menschen – und nicht von
Unternehmen.

Dem Mitarbeiter-Individuum auf der Spur

- »Also, ich kann gar nicht verstehen, wie man auf eine so
  absurde Idee kommen kann.«
- »Mir würde so was jedenfalls nicht gefallen.«
- »Das ist doch kein Grund, sich so anzustellen.«

So oder ähnlich tönt es von Führungskräften, wenn sie über ihre
Leute reden.

Ja, wir alle neigen gerne dazu, zu glauben, andere sähen die Welt
ein wenig wie wir. Und sind dann bass erstaunt, wie jemand eine
so völlig andere Sicht haben kann. Doch die Menschen sind alle
verschieden. So wie jedes Gesicht einzigartig ist, so ist auch das
Gehirn bei jedem Individuum anders gebaut. Deswegen denkt,
fühlt, handelt und entscheidet jeder Mensch auf seine einzigartige
Weise. Und eben oft ganz anders als Sie. Doch das ist okay, sogar
eine Chance. Diversität erweitert nämlich den Blickwinkel. Und
sie bereichert. Sie professionalisiert eine Gruppe. Und sie lässt ganz
neue Kompositionen entstehen.

Die Menschen sind alle verschieden

Wie wird man aber zu dem, der man ist? Manches hat mit Erziehung zu tun, anderes mit der Kultur, die einen sozialisiert. Und auch in der eigenen Verantwortung liegt so manches, was uns als Persönlichkeit ausmacht. »Use it or lose it«, so funktioniert unser Gehirn. Was immer wieder gedacht und gemacht wird, bewirkt zerebrale »Trampelpfade«, die vorzugsweise begangen werden. So verfestigt sich Verhalten. Schließlich, und das scheint der Hauptgrund zu sein, gibt es eine genetische Disposition. So sehen manche in jedem »Neu« eine Verheißung. Andere sehen darin nicht Chance, sondern Gefahr. Derartige Grundeinstellungen werden im Wesentlichen durch Neurochemie dirigiert. Sie ist die übermächtige Mitgift einer jahrmillionenlangen Vergangenheit.

Übrigens verändert sich im Laufe des Lebens die Struktur des Gehirns. Dabei wird mit fortschreitendem Alter die Ausschüttung des aktivierenden Botenstoffs Dopamin dezimiert, wohingegen die Ausschüttung des Stresshormons Cortisol steigt. Dies alles sorgt für mehr Vorsicht, begünstigt Routinen und erweckt das, was wir beschaulich als Altersmilde erkennen.

Auch geschlechterspezifische Aspekte sind zu betrachten. So verstärkt das »weibliche« Östrogen die Sozialmodule Fürsorge und Bindung. Das »männliche« Testosteron hingegen ist mehr auf Eroberung aus. Dieser Hinweis sagt viel über das, was in den Teppichetagen passiert, und auch über die fehlende Weiblichkeit dort. Und er ist wichtig für einen weiteren Aspekt: die Genderführung. Damit ist nicht gemeint, wie Männer und Frauen führen, sondern wie männliche und weibliche Mitarbeiter zu führen sind. Die Unterschiede können erheblich sein. Sie wurden allerdings in der Praxis bislang noch so gut wie gar nicht ausführlich betrachtet. In meinem Buch *Touchpoints* habe ich meine Gedanken dazu niedergeschrieben.

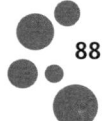

Über Menschen und verschlagwortete Datenpakete

Seit Jahren sind in der Wirtschaft die verschiedensten analytischen Persönlichkeitsstrukturmodelle bekannt. Auf Basis der modernen Hirnforschung kamen die »limbischen Typen« des Neuropsychologen Hans-Georg Häusel hinzu. Die Wissenschaftlerin Sylvia Löhken hat uns mit den Extros, den Intros und den Neutros näher vertraut gemacht. Und Marktforscher setzen dem Ganzen die Krone auf, indem sie die Menschen clustern und auf immer neue Weise verschlagworten. So spricht das Zukunftsinstitut aus Kelkheim im *Trend-Update* zum Thema Workstyles unter anderem vom Corporate Highflyer, vom kreativen Downshifter, vom Working Middle, von der digitalen Boheme, den Intermediären und von Prekaristen.[36]

Auch in der einschlägigen Führungsliteratur gibt es die unterschiedlichsten Raster, nach denen die Mitarbeiter eingeteilt werden. Beim Vergleichen mit Tieren mag man ja noch schmunzeln. Andere sind da weniger zimperlich. So tauchen, meist in Zusammenhang mit Mitarbeiterbefragungen, neben den Leistungsträgern gern folgende Begriffe für Beschäftigte auf: Verweigerer, Verirrte, Bewohner, Gefangene, Mitläufer, Söldner, Verräter, Terroristen, Saboteure. Solche Begriffe sind nicht nur entwürdigend – sie sind auch gefährlich. Man sollte seine Worte besser etwas weiser wählen, denn Worte erzeugen Denke. Und Denke erzeugt Verhalten.

Worte erzeugen Denke. Und Denke erzeugt Verhalten.

In manchen Unternehmen sind Mitarbeiter nichts als Datenpakete – und »heißen« so: FX-RES-SHM-SAL-R3-BER oder MC-CEB-CUC-RCC-CH-ODM-1. Anderswo nennt man sie Untergebene, Kleinvieh oder – völlig entmenschlicht – Humankapital. In der Temporärindustrie spricht man gar abfällig von Body-

Menschen verstärken Verhalten, für das sie Aufmerksamkeit, Anerkennung und Wertschätzung erhalten.

leasing. Ein besser nicht namentlich genannter Abteilungsleiter berichtete mir, dass sein Chef die versammelten Führungskräfte im Meeting schon mal als »augenlose Würmer« bezeichnet. »So was Idiotisches habe ich lange nicht mehr gehört! Bin ich denn hier von lauter Deppen umgeben«, tobt ein anderer herum. »Und mit solchen Nieten muss ich mich abgeben«, klagt ein Dritter während der Vorstandssitzung.

So sehen die Reaktionen schwacher Chefs aus, die Angst um ihren Status haben und andere erniedrigen und fertigmachen müssen, damit ihre eigene Kleinheit nicht so auffällig ist. Doch wer seine Mitarbeiter zu kleinen Würstchen macht, wird von ihnen nichts Großes erwarten können! Und wer nicht loben kann, wird feststellen, dass es in seinem Bereich bald keine lobenswerten Leistungen mehr gibt. Das sollte doch ganz offensichtlich sein: Menschen verstärken Verhalten, für das sie Aufmerksamkeit, Anerkennung und Wertschätzung erhalten.

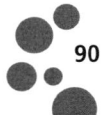

Die digitalbasierte Mitarbeiter-typologie

Um sich von jeder psychologisierenden Wertung und allen damit verbundenen Gefahren zu lösen, möchte ich hier eine neue Mitarbeitertypologie einbringen, die auf Arbeitsverhalten basiert. Sie ist für das Führen in neuen Businesszeiten insofern von hohem Belang, als sie sich an der fortschreitenden Digitalisierung und den neuen Arbeitsformen orientiert.

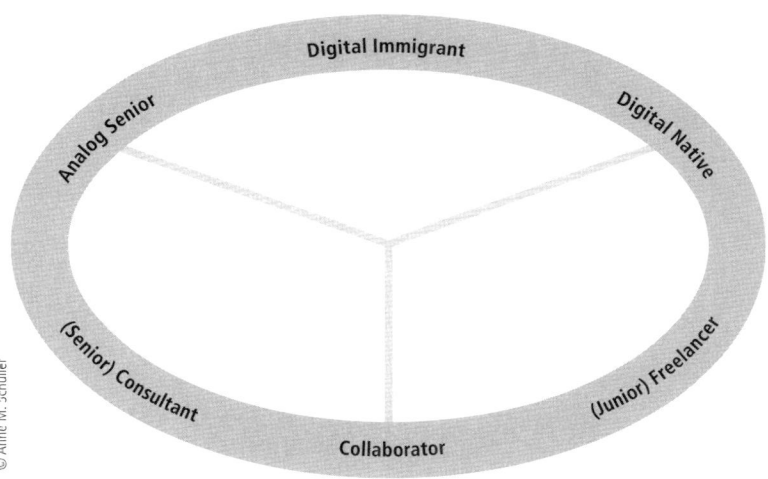

Abb. 7: Mitarbeitertypologie in unserer neuen Businesswelt – mit Blick auf die Digitalisierung und neue Formen der Zusammenarbeit

Die drei Grundtypen sind die:

○ Digital Natives
○ Analog Seniors
○ Collaborators

Hinzu gesellen sich drei Zwischenstufen:

○ Digital Immigrants
○ (Junior) Freelancer
○ (Senior) Consultants

Mit all diesen Typen kommen Organisationen und ihre Führungs-kräfte, unabhängig von Unternehmensgröße und Branche, bereits heute und in Zukunft noch mehr in Berührung. Aus diesem Grund ist es gut zu wissen, wie sie ticken, um profitabel mit ihnen zusammenarbeiten zu können.

Die neue Workforce: Digital Natives

»Ich bin hier sehr zufrieden, aber natürlich sondiere ich den Arbeitsmarkt regelmäßig. Ich habe auch Angebote mit besserer Bezahlung auf dem Tisch. Aber ich bleibe erst mal noch hier, weil ich hier einfach mehr lernen kann«, erzählt mir Jan, 26, den ich in einer Softwareschmiede treffe. Profilierte Digital Natives sind latent immer auf der Suche nach Jobperspektiven, und ihnen flattern auch ständig Angebote ins Haus. Doch sie sind wählerisch. Sie streben nicht vorrangig nach hohen Verdienstmöglichkeiten, sondern nach Entfaltungsperspektiven, individueller Freiheit und Selbstorganisation. Vordefinierte Karrierewege sind für sie *nicht* attraktiv.

»Lebenslang beim gleichen Arbeitgeber? Das ist spießig«, erklärt mir mein Neffe Alexander, 24. Er ist in Landsberg geboren, hat Abi in England gemacht, dann ein Jahr bei Disney in Florida gearbeitet,

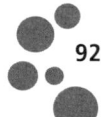

in Wien studiert, und gerade macht er ein Praktikum in Peru. »Die Generation Y ist die erste wirklich vernetzte, globalisierte Generation und hat ein tiefes Verständnis für kulturelle Unterschiede. Dies versetzt sie eher in die Lage, sich in andere hineinzudenken und auf breiterer Basis mitmenschliche Solidarität zu entwickeln«, schreibt Lynda Gratton in einem Beitrag für *GDI Impuls*.[37]

Die Gen Y favorisiert wechselnde Positionen, in denen sie sich genauso intuitiv ausprobiert, wie sie es mit digitalen Anwendungen tut. Wohlergehen sei ihnen wichtiger, als wohlhabend zu sein, sagt der Zukunftsforscher Horst Opaschowski.[38] Lernen, leisten, leben, so laute ihre Wertewelt. Sie haben für alles ein offenes Ohr, sind wissbegierig und konsensbereit. Sie »verkaufen« sich selbstbewusst bis zur Selbstüberschätzung. Gute Selbstdarstellung – das haben sie auf ihrer Profilseite bei Facebook gelernt. Kollaborative Selbstorganisation ist ihr Weg. Und Selbstoptimierung das Ziel.

»An Bedeutung gewinnen Fragen zu Sinn, Spaß, Weiterentwicklung und Weiterbildung. Anforderungen an den Arbeitsplatz sind Abwechslung, Mitbestimmung, keine Langeweile, ein spannendes Unternehmen, mit dem man sich identifizieren kann«, erläutert Iris Gordelik, CEO der Gordelik AG, in einem Interview mit der Kommunikationsfachzeitschrift *Intre*. Sind diese jungen Leute denn faul und dumm, wie manche meinen? Sie habe nicht das Gefühl, dass diese Generation weniger leisten will. Sie sehe eher, dass *die Unternehmen* für diese Young Professionals mehr leisten müssen, sagt die renommierte Personalberaterin.[39]

Wie sie sind und warum

Qualifizierten Digital Natives geht es vor allem um spannende Aufgaben, experimentelle Freiräume und bereichernde Erfahrungen, jedoch kaum darum, wie viele Mitarbeiter man unter sich hat. Hierarchische Unternehmenslandschaften mit Drill und Order sind für sie unattraktiv. Führungsverantwortung verliert bei ihnen an

Attraktivität. Autorität per se wird sofort hinterfragt. Altüblicher Statuskram und Insignien der Macht sind von wenig Belang. Wertvoll ist nicht der, der einen dicken Dienstwagen fährt, sondern der, der die Community durch seine Impulse bereichert. Wer den wertvollsten Content liefert, wird von ihnen am meisten geschätzt – und findet sich im Zentrum ihrer Netzwerke wieder. Im Web hat *derjenige* Einfluss, dem viele folgen. »Autorität« wird dort verdient und nicht von oben ernannt.

Millennials sind es gewohnt, dass Informationen offen zugänglich sind und von allen geteilt werden. Herrschaftswissen, das gefiltert und ausgesiebt die Silos hinunterwandert, ist ihnen fremd. Werden Informationen benötigt oder muss Wissen aufgebaut werden, um an eine neue Aufgabe heranzugehen, dann fragen die Digital Natives nicht ihre Führungskraft, sondern sie starten eine Onlinerecherche. Denn wer ständig vernetzt ist, sucht auch im Web. Und die, für die das Browsen, also das Herumstöbern im Web, ein permanenter Zeitvertreib ist, sind im Finden sehr flott. Warten, bis der Chef seine Sprechstunde hat oder zwischen all seinen Meetings eine freie Minute findet, kommt für sie nicht in Betracht.

»Command and control« ist für Digital Natives unattraktiv.

Die zunehmende Komplexität des realdigitalen Lebens erfordert einen recht hohen zeitlichen Aufwand. Privatzeit wird dabei zu einem wertvollen Gut, das man nicht leichtfertig dem Arbeitgeber opfert. Rund 56 Prozent aller Benutzer von sozialen Netzwerken, so eine Erhebung der Website MyLife.com, sind außerdem von einem Syndrom betroffen, das als »Fear of Missing Out« (FOMO) bezeichnet wird.[40] Darunter versteht man die Angst, etwas Wichtiges zu verpassen, den Anschluss zu verlieren oder nicht dauernd auf dem neuesten Stand zu sein. So ist das Gehirn der Ypsiloner auf kurz und schnell kalibriert. Sie lieben das Lernen in kleinen Einheiten. Ihr Arbeitsstil ist fluid,

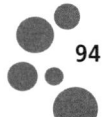

das heißt, sie hüpfen gern von einer Aufgabe zur nächsten, und dann, ohne frühere ganz beendet zu haben, schon zur übernächsten. Das Mehr von allem kann nur noch bewältigt werden, indem man es auf Kürzelcodes zusammenstaucht. »Tl,dr« ist einer davon. »Too long, didn't read« heißt das ausgeschrieben, und es bringt die ganze Thematik genau auf den Punkt.

Doch warum sind die Digital Natives so, wie sie sind? Oft sind sie als Einzelkinder groß geworden und haben viel Aufmerksamkeit bekommen. In familiäre Entscheidungen waren sie gleichberechtigt integriert. Wer auf diese Weise Kooperation und Dezentralisierung von Macht erlebte, will sich nicht in betonierten Hierarchien einengen lassen. Viele von ihnen haben auch die Trennung der Eltern erlebt oder die Fürsorge eines intakten Umfelds verloren. So haben sie Selbstorganisation und Eigenverantwortung unausbleiblich gelernt. Ihr online organisiertes Netzwerk ersetzt nun die traditionellen Strukturen. Sie wollen soziale Bande mit vielen Menschen, damit der einzelne Verlust nicht so schmerzhaft ist. Manche jungen Leute fahren allein deshalb kein Auto mehr, weil sie währenddessen nicht ins Internet können. Netzwerk-Reputation ist ihnen wichtig, und sie wird penibel gepflegt. Digital Natives sind geradezu feedbacksüchtig und können gar nicht genug davon bekommen, zu erfahren, wie andere über sie denken.

Dass sie auch eine andere Art von Führung verlangen, versteht sich fast wie von selbst. Dazu der »Vorstandsflüsterer« Philipp Riederle, 18, in einem Interview mit *ChangeX*: »Was uns vorschwebt, ist ein Chef, der nicht direkt anweist, sondern die richtigen Rahmenbedingungen schafft, der nicht seine Autorität ausspielt, sondern motiviert, die Richtung weist, Feedback gibt – nicht ein- oder zweimal im Jahr, sondern ständig. Die Dinge in die Hand nehmen – das tun wir selbst.«[41] Und in seinem Buch schreibt er auch: »Wenn Ihr uns kriegen wollt, müsst wir erst Eure Fans werden können.«[42]

Transformer der Unternehmenskultur

Auch *das* hat sich inzwischen gewandelt: Heute bewerben sich die Arbeitgeber bei den aussichtsreichsten Kandidaten. Eine Standardfrage im Einstellungsgespräch klang früher wie folgt: »Was wissen Sie über unsere Firma?« Jetzt, so erzählen mir die Rekrutierer, drehen die Spitzenbewerber den Spieß einfach um, und das geht so: »Ich habe mich über die Reputation Ihres Managements und das Betriebsklima in Ihrem Unternehmen informiert, nun erklären *Sie mir* mal, weshalb ich bei Ihnen arbeiten soll!«

Ohne Zweifel: Die Generation Y verändert unsere Arbeitswelt. Das Web ist die Erweiterung ihrer Wirklichkeit und ein sozialer Lebensraum. Sie integrieren die dort geltenden Prinzipien der Zusammenarbeit in den Arbeitsalltag und fordern dies auch von der Führungscrew ein. Sie lassen sich nichts befehlen, sondern wollen verstehen und angemessen beteiligt werden. Sie verlangen ein hierarchiearmes Umfeld und Experimentierfelder anstelle eines Regelkorsetts. Sie haben ihre Wertestrukturen selbst entwickelt, und diese entsprechen ihrem dynamischen, mobilen Leben. Sie engagieren sich stärker sozial und wollen Sinnstiftendes leisten. Und von ihrem Arbeitgeber erwarten sie, dass er gesellschaftliche Verantwortung zeigt.

Die Digital Natives zeigen den Analog Seniors, wo es ab sofort langgeht.

Auf ihre Weise transformieren die Millennials auch die Unternehmenskultur und sorgen dafür, dass die Businesswelt mit der sozialen Entwicklung Schritt halten kann. Dabei geht es im modernen Miteinander vor allem darum, soziale Abstände zu reduzieren, Gemeinsamkeiten zu betonen und sich auf die gleiche Stufe zu stellen. Peer-to-Peer-Kommunikation (P2P), Kommunikation unter Gleichrangigen, nennen sie das. Die Werte, für die sie also stehen, werden die Zukunft der Arbeit maßgeblich prägen.

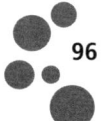

Die Werte der Digital Natives

○ Kooperation statt Konfrontation
○ Gleichrangigkeit und Selbstorganisation
○ Dialog und Interaktion
○ Teilen und Partizipation
○ Transparenz und Wahrhaftigkeit
○ Kreativität und Schnelligkeit

So zeigen die Digital Natives den Analog Seniors, wo es ab sofort langgeht. Gleichzeitig wird die nachrückende Generation dort, wo ihr Leadership-Aufgaben anvertraut werden, unter anderem auch lernen müssen, wie die »älteren Semester« zu führen sind.

Die alten Hasen: Analog Seniors

»Kürzlich haben wir einen Zwanzigjährigen eingestellt, der hat noch nie eine E-Mail geschrieben«, hat mir neulich ein stark Ergrauter erzählt. Tja, da hatten die beiden etwas gemeinsam. Doch während für manch einen Digital Native das Mailen schon Schnee von vorvorgestern ist, weil er nur noch über WhatsApp & Co. kommuniziert, türmt sich in den Teppichetagen noch jede Menge ausgedrucktes Papier. Und ob man es glaubt oder nicht: Eine Bitkom-Studie von 2013 ergab, dass achtzehn Prozent aller Firmen keine eigene Website haben.[43]

Die Kluft könnte derzeit größer nicht sein: Während die junge Netzgemeinde ohne Internet gar nicht mehr kann und mit ihren Smartphones förmlich verschmilzt, begeben sich andere gerade erst auf Entdeckungsreise. So durchforsten derzeit viele »Silversurfer« ganz begeistert Facebook auf der Suche nach Jugendfreunden, die dort schon auf sie warten. Einigen sitzt der Schock noch im Nacken, den der FAZ-Herausgeber Frank Schirrmacher mit seinem Buch *Payback* und 2012 der Hirnforscher Manfred Spitzer mit *Digitale Demenz* ausgelöst haben. Beide Bücher versuchen einen Rundumschlag gegen alles, was die digitale Transformation vermeintlich hervorgebracht hat, und erklären uns, wie wir dabei angeblich den Verstand verlieren. Dazu gesellte sich im Sommer 2013 Angela Merkels Bemerkung, dass das Internet wohl »für uns alle Neuland« sei. Damit hat sie mit hoher Medienwirkung und einer Menge #Neuland-Twittergeschrei in den Augen vieler mal eben schnell ganz Deutschland zum digitalen Neandertal erklärt. Also, neu ist das alles schon lange nicht mehr. Das Internet gibt es seit den 1970er-Jahren, soziale Netzwerke seit Ende der 1990er-Jahre und das iPhone seit 2007.

Wie dem auch sei: Die digitale Transformation ist in vollem Gange, doch die Analogen sind auch noch da, ob man das will oder nicht. Das bedeutet für die jungen Führungskräfte der Generation Y: Sie müssen lernen, auch diejenigen zu führen, die in der vordigitalen Welt einer industriell geprägten Arbeitskultur sozialisiert worden sind. Zu der Zeit wurde der Job noch als Pflichterfüllung gesehen. Für alles und jedes gab es Arbeitsanweisungen, die ohne groß zu fragen treu und brav zu erledigen waren. Geführt wurde nach dem Zuckerbrot-und-Peitsche-Prinzip: Auf der Schönwetterseite gab es monetäre Anreize und Aufstiegschancen, an der Schlechtwetterfront Abmahnungen und Kündigung. Die Leute wurden systematisch an extrinsische Motivationsauslöser gewöhnt. Und über allem schwebte ein permanentes Drohpotenzial aus Druck und Kontrolle.

O »Jeder ist hier ersetzbar.«
O »Wenn Ihnen was nicht passt, können Sie ja gehen.«
O »Das wird so gemacht, weil ich es sage.«
O »Kümmern Sie sich um Ihre Arbeit, und überlassen Sie das Denken mal mir.«

Solche Sätze hörte man zu jener Zeit oft.

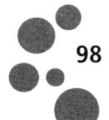

Gewünscht waren Pflichtbewusstsein, Hierarchiehörigkeit, Gehorsam und Fleiß. Für acht Stunden hat man seine Selbstbestimmung abgegeben und Dinge getan, die der Arbeitgeber verlangte. Die Folgen: Dienst nach Vorschrift, ein generell unambitioniertes Verhalten und eine Motivationslage, die auf Angst beruht: auf Angst vor Sanktionen und / oder vor dem Verlust von Sicherheit, Geld oder Arbeitsplatz. Karrierewege wie auch Besoldung ergaben sich vor allem aufgrund von Betriebszugehörigkeiten und weniger aufgrund von Können und Wollen. Man war »dran« und durfte nicht übergangen werden. Ob fähig oder unfähig zu höheren Weihen, diese Frage stellte sich kaum.

Die Krux an der Sache ist die: Viele Analog Seniors, die ihrerseits so geführt worden sind, pflegen diesen Führungsstil heute aktiv weiter. Und diejenigen, die heute noch so geführt werden, können höchstens ganz langsam an selbstständiges Arbeiten und Eigenverantwortung gewöhnt werden. Sie haben es ja nie anders gelernt.

Die Inbetweens: Digital Immigrants

Als Digital Immigrants werden diejenigen bezeichnet, die vor 1980 geboren sind. Freiwillig oder notgedrungen haben sie sich mit der fortschreitenden Digitalisierung vertraut gemacht. Sie sind die Brückenbauer zwischen Alt und Neu, weil sie beide Welten verstehen. Sie können als Mediatoren fungieren, wenn das analog-digitale Miteinander mal gar nicht klappt.

Natürlich gibt es nicht *den* Digital Immigrant, genauso wenig wie es *den* Digital Native gibt. Es gibt jede Menge Ältere, die sind nicht nur jung im Kopf, sondern digital auch topfit. Und es gibt reichlich Junge, da ist es genau umgekehrt. Schließlich spielt auch eine Rolle, mit welcher Intensität man Digitales in sein berufliches und privates Leben lässt. Allerdings erschließt sich den Immigrants das Digitale nicht so leichtfüßig und intuitiv wie den Natives. »Sie ha-

Fachkarriere und Führungskarriere müssen in Zukunft als gleichwertig gelten.

ben immer noch den Klingelton auf dem Handy, der beim Kauf eingestellt war«, schreibt der Ex-IBM-Cheftechnologe Gunter Dueck in seinem Buch *Professionelle Intelligenz*.[44] Und das »Pling« am Computer, wenn etwas Neues kommt, lassen sie von einem Servicemitarbeiter des Rechenzentrums ausschalten.

Die Angst, den (digitalen) Anschluss zu verlieren, kann zu zusätzlichem Stress, zur Abschottung, zum Rückzug und zwangsläufig auch zum Burnout führen. Vor allem die Angestellten in mittleren Führungspositionen werden – neben dem sowieso weiter steigenden Druck – auf dreifache Weise zwischen zwei Welten aufgerieben:

○ zwischen ganz oben und unten, also der Führungsspitze und den Mitarbeitern,
○ zwischen real und digital, wobei alles Digitale nicht ihr angestammter Lebensraum ist,
○ zwischen den unglaublich schnellen jungen Wilden und der eigenen altersbedingten Verlangsamung.

Gott sei Dank erschließen sich den Digital Immigrants in immer zahlreicheren Unternehmen zwei als absolut gleichwertig anerkannte Karrierewege: eine Führungskarriere oder eine Fachkarriere. Dieses auch als »Dual Ladder« bekannte Prinzip impliziert, dass nicht jeder gute Fachmann zwangsläufig eine gute Führungskraft ist. Eigentlich logisch. Doch paradoxerweise heißt Beförderung vielerorts nach wie vor: Gute Leistungen werden mit einer Führungsaufgabe belohnt. Da wird dann jemand besser bezahlt, damit er etwas aufgibt, was er gut kann, um etwas zu tun, was er weniger gut kann. Stellt sich dies erst im Nachhinein heraus, dann muss der Betroffene ohne jeden Gesichtsverlust in eine Fachkarriere umsteigen können. Dies ist schon allein deshalb sinnvoll, weil Spitzenfachkräfte immer dringender benötigt werden.

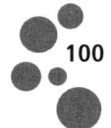

Vor allem aber: Die Führungskarriere darf *nicht* länger zwangsläufig als der bessere Weg gelten. Sie sollte ausschließlich den Menschenspezialisten vorbehalten werden. Und sie darf *nicht* länger der einzige Weg sein, der an die Spitze führt. Statt Aufstieg nach oben ermöglicht man Fachspezialisten neue Herausforderungen in der Breite der Unternehmenslandschaft. Zumal jeder Fachmann in Projekten »sanfte« Führungserfahrungen sammelt, wenn er eine Moderatorenrolle einnimmt. Der wichtigste Vorteil aber ist der: Wo *nicht* um die knappe Ressource Beförderung gebuhlt werden muss, hat man mehr Zeit für inhaltliche Arbeit und braucht keine schmutzigen Tricks.

Die neue Mehrheit: Kollaborateure

Das Normalarbeitsverhältnis ist auf dem Rückzug. Schon bald wird der größere Teil der arbeitenden Bevölkerung den Kollaborateuren zuzurechnen sein, Menschen also, die in zeitlich befristeter Form bei einem Unternehmen mitarbeiten. Sie jonglieren zwischen Projekten, Auftraggebern und Arbeitsorten. Phasen intensiven Eingebundenseins wechseln mit Phasen ganz ohne Arbeit ab. Man organisiert sich über eigens dafür geschaffene Plattformen, in Netzwerken oder mithilfe von Agenturen. Virtuelle Agenten und Stellvertreter-Avatare werden ihnen dabei schon bald zur Seite stehen.

Auf die Unternehmen kommen damit ganz neue Management- und Führungsaufgaben zu. Sie werden lernen müssen, diese freien Mitarbeiter auf Zeit einzubinden, zu motivieren und so zügig wie möglich auf ein Performance-Hoch zu bringen. Dabei spielen ein gutes Briefing sowie fest installierte Feedbackprozesse eine ganz entscheidende Rolle. Für all das werden die Unternehmen bewertet werden. Wer bei Bezahlung, Fairness und Arbeitsatmosphäre nicht punkten kann, wird die Spitzengarde der global agierenden Projektarbeiter gar nicht erst anlocken können. Die mangelnde

Redlichkeit, die viele Unternehmen heute zum Beispiel im Umgang mit kreativen Zulieferern zeigen, wird damit wohl (hoffentlich) so langsam ein Ende haben. Denn alles wird in Zukunft öffentlich gemacht.

Die Top-drei-Entscheidungskriterien der Projektarbeiter für oder gegen einen Auftraggeber, so Zukunftsforscher Sven Gábor Jánszky, sind diese:

○ Ist das Projekt eine persönliche Herausforderung?
○ Hat das Projekt einen größeren Sinn für die Welt?
○ Arbeite ich dort mit exzellenten Menschen zusammen?

Die Patchwork-Biografien guter Projektarbeiter sind der sicherste Weg, sich auf inhaltliche Brillanz zu konzentrieren. »Und sie sind«, so bekräftigt Peter, 33, ein Hochbauspezialist, »ein idealer Zufluchtsort, um sich den unfruchtbaren Machtspielen in klassischen Organisationen zu entziehen.«

Freelancer und Knowledge-Worker

Jenseits der klassischen freien Berufe wie Rechtsanwalt, Steuerberater, Architekt und Unternehmensberater hat sich eine neue Klasse von Solo-Unternehmern etabliert: die Freelancer und selbstständigen Knowledge-Worker. Sie arbeiten vornehmlich in der IT-Wirtschaft, als Softwareentwickler, im Onlinebusiness sowie in kreativen und beratenden Berufen. Insofern können sie in gewisser Weise auch den Kollaborateuren zugerechnet werden. Viele von ihnen haben das Innenleben eines Unternehmens über Praktikantenverträge oder kurze Festanstellungen kennengelernt. Und oft haben sie während ihres Studiums ein erstes kleines Start-up gegründet. So haben sie an beiden Seiten der Medaille geschnuppert und sich dann für die Selbstständigkeit entschieden. Auch im Laufe ihres Arbeitslebens können sie sich immer mal wieder in ein

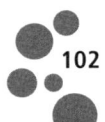

unbefristetes Arbeitsverhältnis begeben, doch ihr Herz schlägt für Vielfalt, Freiraum und berufliche Autonomie.

Zu den neuen Freelancern zählen auch Frauen, die mit leichten Nebenbei-Arbeiten für einen Zuverdienst sorgen oder sich das Leben verschönern. Doch zunehmend finden wir hier auch weibliche Professionals, die der Härte männerlastiger Managementetagen entfliehen. Diese Frauen sind (sich) viel zu schade, um im »Menschenschach« verheizt zu werden. Sie wollen keine Siebzigstundenwoche, kein Burnout, kein Mobbing und keine schlechtere Bezahlung. Bestens ausgebildet können sie sich als Selbstständige endlich entfalten und auf hohem Niveau unternehmerisch tätig sein. Künftig werden das noch viel mehr Frauen als heute sehr erfolgreich tun, unterstützt durch schlagkräftige Netzwerke. Dieser selbst verschuldete Aderlass wird allzu männlich dominierte Organisationen zusätzlich schwächen. Denn leider kann selbst die Quote nichts daran ändern: Da, wo Frauen der Preis des Siegers sind, kommen diese als Ebenbürtige einfach nicht vor. Schon für ein kleines Bubenhirn war es die schlimmste Schmach, von einem Mädchen im Wettkampf besiegt zu werden. Und selbst ein erwachsenes Männerhirn lässt sich nicht gern von Frauen belehren.

Egal, ob männlich oder weiblich: Knowledge-Worker, die hoch qualifizierten Wissensarbeiter unserer fortschreitenden Netzwerkökonomie, erschaffen gerade ein Paralleluniversum am Arbeitsmarkt. Auch sie gibt es in zwei Varianten: Auf der einen Seite die technologieaffinen »Nerds«, die sich eher isoliert in seriellen Projekten bewegen. Auf der anderen Seite die kollaborativen Teamworker, die als spezialisierte Experten ihre Talente mit bedürftigen Unternehmen auf Zeit verknüpfen. »Sie sind Träger, Verbreiter und Vermehrer von Wissen, Mittler zwischen Wissenschaft und Wirtschaft«, schreibt das Zukunftsinstitut. Im Zentrum ihrer Motivation »steht die Idee der Selbstverwirklichung im kreativen Prozess, wofür ein hohes Maß an Zukunftsunsicherheit und eine große Volatilität beim Einkommen bewusst in Kauf genommen werden.«[45] Auch Selbstausbeutung ist eine Gefahr, der die freiberufliche Wissenselite ausgesetzt ist.

Sie organisiert sich, zusammen mit Mentoren, Investoren und Inkubatoren, in virtuellen Netzwerken und an Coworking-Orten, wie wir sie eingangs schon kennengelernt haben. Kollaboration statt Wettbewerb, also miteinander statt gegeneinander, heißt ihr Erfolgsprinzip. Die zunehmende »Projektifizierung« der Arbeit verspricht den Guten unter ihnen eine rosige Zukunft. Anbieter und Nachfrager kommen auf den unterschiedlichsten Freelancer-Plattformen zusammen, auf denen es vor Angeboten geradezu wimmelt. Hier entstehen auch neue Bewertungsverfahren, die der innerbetrieblichen Mitarbeiterevaluierung als Vorlage dienen können: Sterne, Punkte, Siegel und Rankings für erfolgreich durchgeführte Projekte. Der geschönte Lebenslauf von einst und das aufgehübschte Profil auf einschlägigen Portalen werden abgelöst durch ein öffentlich sichtbares Portfolio mit mehr oder weniger positiven Projektreferenzen. Der Aufbau einer positiven Reputation ist ein unabdingbares Kernelement, um in einem solchen Umfeld erfolgreich zu sein. Sie wird zur neuen Businesswährung.

Erfahrung zählt: Senior Consultants

»Meine Bank beauftragt mich regelmäßig, die Grundstücke an der Züricher Goldküste zu schätzen«, erzählt mir Urs, Mitte sechzig, einer dieser unruhigen Ruheständler, den ich im Urlaub traf. »Kein Computerprogramm kann so präzise deren Wert ermitteln, wie mir das mit meiner Erfahrung möglich ist.« Und Digital Natives können das auch (noch) nicht. Das liegt unter anderem an der Differenz zwischen fluider und der kristalliner Intelligenz (Raymond Bernard Cattell).[46] Fluide Intelligenz umfasst Fähigkeiten wie schnelle Auffassungsgabe, flexibles Handeln und das Hervorbringen origineller Problemlösungen. Diese fluide Intelligenz nimmt mit dem Alter ab. Die kristalline Intelligenz hingegen

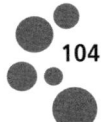

nimmt zu. Zu ihr gehören ein breites Wissen, Erfahrung und der Blick für Zusammenhänge.

Senior Consultants sind oft aus einem erfahrungsreichen Berufs-leben ausgestiegen und haben sich selbstständig gemacht. Für High Potentials und junge Führungskräfte können sie perfekte Mentoren sein. Zum Beispiel können sie ihnen nahebringen, unter welchen Umständen die Analog Seniors gut »funktionieren«. Übrigens: 33 Prozent der unter Dreißigjährigen wünschen sich ein Mentoringprogramm, schreibt Birgit Gebhardt in der Trendstudie *New Work Order*.[47]

Inzwischen werden in manchen Unternehmen genau *die* älteren Menschen wieder eingesetzt, von denen man sich noch vor wenigen Jahren überhastet und unbedacht mit einem »goldenen Handschlag« getrennt hat. Eine gigantische Menge an unersetzbarem Erfahrungswissen ist dabei verloren gegangen. Nun fehlt es an allen Ecken und Enden. Denn Erfahrungswissen lässt sich selbst in den Weiten des Webs nicht finden. Und schon gar nicht in Datenpaketen. Es sitzt tief im Oberstübchen derjenigen, die es haben. Und es manifestiert sich als Intuition.

Erfahrungswissen ist unersetzbar und manifestiert sich als Intuition.

Intuition ist die Summe aller emotional markierten Erlebnisse, die im Laufe eines Lebens im episodischen Erfahrungsspeicher gesammelt wurden. Je größer das Repertoire an Erkenntnissen, Vorgehensweisen, Strategien, Methoden und Wegen, aus dem unser Gehirn schöpfen kann, desto besser ist der Lösungsansatz, den es uns dann präsentiert. Intuition ist wie eine Abkürzung, die nur die Einheimischen kennen. Sie ist eine Schnellstraße zum Ziel. In Zeiten, in denen Komplexität Tagesgeschäft und das Managen des Ungewissen die Regel ist, können Senior Consultants deshalb eine große Bereicherung sein. Und dort, wo die Zeit nicht reicht, um ausschweifend zu analysieren, können sie für mehr Entscheidungssicherheit sorgen.

Senior Consultants, Experten und Spezialisten, die langjährige Erfahrungen haben und den Mut besitzen, Entscheidungen auch aus dem Bauch heraus zu treffen, sollten deshalb in keinem größeren Projekt fehlen. Sie sind ein wertvoller Gegenpart zu den bedingungslosen Empirikern, die sich durch eine rein zahlenbasierte Faktenlage nicht selten in den Sumpf statt in die Zukunft leiten lassen.

Intuition ist schneller als der Verstand, denn sie arbeitet simultan. Der Verstand hingegen arbeitet sequenziell und seriell, also häppchenweise nacheinander und vergleichsweise langsam. Gerade komplexe Entscheidungen werden, wie Studien zeigen, besser, wenn man nicht ewig darüber nachdenkt, sondern seinen Geistesblitzen folgt. »Große Entscheide fällt man im Bauch, kleine im Kopf«, sagt der Philosoph Hans Magnus Enzensberger.

Es macht also Sinn, die Schleusen zu seinen emotionalen Zentren weit offen zu halten. In einem gut funktionierenden Zusammenspiel zwischen sichtender Ratio und wertender Emotio liegen wohl die größten Chancen. Doch selbst dann gibt es noch Stolpersteine genug. Welche Denkfehler uns so alles passieren und in welche Fallen wir ungewollt tappen können, darüber hat Rolf Dobelli zwei sehr intelligente Bücher geschrieben: *Die Kunst des klaren Denkens* und *Die Kunst des klugen Handelns.* Auch in den Schriften des Wirtschaftsnobelpreisträgers Daniel Kahneman sowie bei Dan Ariely und Robert B. Cialdini findet sich eine Fülle von Hinweisen darauf.

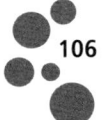

Mehrklassengesellschaft am Arbeitsplatz

»Bist du *nicht* fest angestellt, dann bist du zweite Klasse!« Das sagte mir einer, der's wissen muss. Er verlor seine Festanstellung und kam über eine Zeitarbeitsfirma an seinen alten Arbeitsplatz zurück. Nicht nur das geringere Gehalt tat ihm weh. An vielen kleinen Zeichen merkte er, dass er nicht mehr wirklich dazugehörte. Dieser Verlust an Identifikation und Sozialprestige machte ihm mehr zu schaffen als der Verlust von Geld.

Die Zerfaserung der Arbeitsmodelle bringt beiden Seiten Vorteile und Nachteile zugleich. Soziologisch betrachtet entsteht so etwas wie eine neue Mehrklassengesellschaft: auf der einen Seite die Stammbelegschaft mit festem Arbeitsvertrag, auf der anderen Seite die Truppe der externen Mitarbeitenden, die entweder sehr gut oder sehr schlecht bezahlt wird. Der irische Wirtschafts- und Sozialphilosoph Charles Handy hat diese Entwicklung schon vor Jahren beschrieben. Er verwendete dafür als Symbol das irische Nationalemblem, ein dreiblättriges Kleeblatt (Shamrock). Die Shamrock-Organisation basiert auf drei wesentlichen Elementen: der Kernmannschaft rund um das Management, externen Experten und outgesourcten Bereichen sowie bei Bedarf zugekauften »einfachen« Mitarbeitern.[48]

In produzierenden Unternehmen wird das zunehmend die Regel sein: Ein Festangestellter mit übertariflicher Bezahlung arbeitet Hand in Hand mit einem Werkvertragler auf unterstem Vergütungsniveau. Das ist schon paradox: Derjenige, der das höchste Kündigungsrisiko trägt und dem Unternehmen die größte Flexibilität schenkt, wird am schlechtesten bezahlt. Mehr noch: Der Feste hat Zugang zu allen betrieblichen Annehmlichkeiten, der Externe nicht. Schon durch seine andere Arbeitskleidung ist Letzterer als »keiner von uns« zu erkennen. Vor allem Routinearbeiten werden, soweit sie nicht automatisierbar sind, an Dienstleister ausgelagert und billig zurückgekauft. Was sich Führungskräfte – ganz abgesehen vom Problem der Fairness – fragen müssen: Wie integriert und motiviert man solche Mitarbeiter? Und wie stellt man sicher, dass es im Team nicht zu einer unguten Hackordnung kommt?

Zündstoff pur: das interne »Kastenwesen«

»Mit zunehmender Volatilität in der Arbeitsgesellschaft wächst der Anteil der Abrutschgefährdeten, Randständigen und Unterprivilegierten – mit einem Wort Prekären«, analysiert das Zukunftsinstitut. »Auch wenn sie sich mühen, als fleißige Mitarbeiter zu erscheinen, sind sie die ersten, die bei Umstrukturierungen und Rationalisierungsmaßnahmen auf der Abschussliste stehen. Und die prekäre Situation reicht bis ins mittlere Management.«[49] Alles, was Computer erledigen können, wird systematisch wegrationalisiert. Nur das Schwierige, das Individuelle, das Maßgeschneiderte und das Spezielle verbleiben im Arbeitsbereich des Menschen. Selbst ehemalige Experten, deren Wissen nun jeder im Internet findet, werden zu Handlangern degradiert. So geht die Schere zwischen beruflich gut und schlecht Situierten immer weiter auf. Und während sich oben einer für sein pseudogelungenes Kostensparprogramm feiern lässt, entsteht ganz unten ein neues Kastenwesen. Wird jedoch die soziale Kluft allzu groß, sind Tumulte eine mögliche Folgegefahr.

Eine zweite Kaste – neben den Prekären – ist die mit den befristeten Arbeitsverträgen, die bei Bedarf kurzfristig eingestellt und wieder entlassen wird. Auf solchen Stellen herrscht ein ständiges Kommen und Gehen. Diese Fluktuation belastet bald jeden in der Abteilung. Dauernd müssen neue Leute eingearbeitet werden. Natürlich passieren denen allerhand Fehler, die von den Langjährigen auszubügeln sind. Kunden werden vergrault, weil die Fachkompetenz fehlt oder weil es bei der Zuverlässigkeit hakt. Eine Übergabe zwischen denen, die nach kurzer Zeit wieder gehen, und den jeweils Neuen findet nicht statt. Irgendwann hat niemand mehr Lust, immer wieder die gleichen Sachen zu erklären. Und die zunehmend frustrierten Kunden wenden sich endgültig ab – von ei-

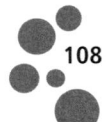

nem sich verschlechternden Ruf im Markt ganz zu schweigen. Bei Licht betrachtet wiegen die kurzzeitigen Kostenspareffekte aus befristeten Arbeitsverträgen die langfristig zu kalkulierenden Opportunitätskosten meistens nicht auf. Haben Sie von den Verantwortlichen klipp und klar verlangt, dass das mit eingerechnet wird? Und wie stellen Sie sicher, dass temporär Mitarbeitende möglichst schnell produktiv werden können?

Eine dritte Kaste sind die externen Spezialisten, die sich zeitweilig dazustöpseln und in Projekten mitarbeiten. Der Mehrwert, den sie einbringen, ist teilweise enorm. Manche Altvordere haben mit solchen Leuten aber auch schlechte Erfahrungen gemacht. Da surrten Beraterhorden wie ein Hornissenschwarm durch die Firma und haben alles auf Redundanzen, Prozessverschlankung und Kosteneffizienz gecheckt. Hinterher musste doppelt so viel Arbeit mit halb so vielen Leuten erledigt werden. Das wurde dann Arbeitsverdichtung genannt. Die Learnings aus solchen Fällen: Mit Externen kann man nicht vorsichtig genug umgehen. Am besten gibt man nur das Nötigste preis und hält sich mit Informationen bedeckt. Angeforderte Zuarbeit wird zweitrangig und drittklassig erledigt, Zeitlinien werden missachtet. Man kooperiert nur zum Schein und hofft, dass der Spuk bald vorüber ist. Solche Vorerfahrungen können die Zusammenarbeit zwischen Internen und Externen massiv belasten. Da muss also vorgesorgt werden.

»Wir hier« und »die da«

Beobachten Sie das mal bei einem nächsten Event: Sobald mehrere Menschen zusammenkommen, werden sie sofort eine Gruppe bilden. Innerhalb einer Gruppe gibt es verschiedene Rollen: Laute, Leise, Wortführer, Kontrahenten, Fürsprecher und neutrale Personen. Dabei kann es auch zu internem Gerangel kommen. Doch tritt eine weitere Gruppe auf, formiert sich jede Gruppe als Einheit. Und sofort beginnt ein Sondierungsprozess: Freund oder Feind? Die Spielregeln sind immer die gleichen, und sie klingen generell so: »Hilf den Leuten aus deiner Gruppe! Steh für sie ein! Sei stolz auf sie! Sprich gut über sie! Sei loyal!«

Nach außen grenzt man sich ab, was nicht selten mit heftiger Aggression gegenüber anderen Kohorten verbunden ist. Doch im Innenverhältnis steht man verlässlich füreinander ein. Solange keiner von »oben« eingreift, findet soziale Kontrolle über die Gruppe statt. Das Kollektiv ist das Korrektiv. Und Reputation ist die Valuta. Wer die Gruppe verlässt, wird mit übler Nachrede bestraft. Er wird »klein« gemacht, damit der Verlust nicht so schmerzlich ist. Je exklusiver die Gruppe, desto aufwendiger ist auch das Eintrittsritual. Und mit welchen Mitteln »Nestbeschmutzer« und »Verräter« geächtet werden, das ist bisweilen brutal.

Je stärker sich die eigene »Wir-hier-Gruppe« von der »Die-da-Gruppe« abhebt, desto intensiver ist das Gefühl sozialer Identifikation im eigenen Verbund. Manche Firmenfeindschaften sind geradezu legendär, wie etwa die zwischen Coca-Cola und Pepsi oder die zwischen McDonald's und Burger King. Sie haben sicher viel Kraft an der falschen Stelle gekostet, aber wahrscheinlich auch eine Menge Energie mobilisiert.

Interne Feindbilder sind lebensgefährlich. Und eine ausgeprägte Abteilungsdenke ist tödlich.

Innerhalb einer Organisation hingegen sind Feindbilder lebensgefährlich. Und ausgeprägte Abteilungsdenke ist tödlich. Ränkespiele und interne Dauerrivalitäten zerstören das »Wir«. Das Pflegen großer Unterschiede manifestiert sich durch Abstand, Abwehr und ein Sichverschließen. Ähnlichkeiten hingegen sorgen für Öffnung und Annäherung. Es ist also gut, wenn Oben und Unten wie auch die einzelnen Bereiche zusammenrücken und sich auf gleicher Ebene entlang der abzuarbeitenden Prozessschritte gemeinsam organisieren.

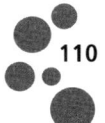

Deshalb hier schon gleich ein ganz konkreter Tipp: Führen Sie Zielvereinbarungsgespräche *nicht* mit allen Mitarbeitern einzeln, sondern als Teamgespräch durch – auch über Abteilungsgrenzen hinweg. Damit holen Sie alle ins Boot, und Zielerreichungsoptionen können gemeinsam abgestimmt werden. So steigen die Erfolgsaussichten enorm. Denn einer Gruppe fällt auf dem Weg zum Ziel mehr ein als einer Einzelperson – und alle rudern in die gleiche Richtung. Gleichzeitig entledigen Sie sich einer aufgeblähten Zielvorgaben-Kontrollbürokratie und sparen somit viel Zeit. Zudem beugen sie Egoismen vor. Werden nämlich Einzelziele an finanzielle Vorteile gekoppelt, geht es den Leuten vor allem darum, mit geringstem Aufwand die höchstmögliche Vergütung zu ergattern, selbst wenn dies auf Kosten anderer geschieht oder dem Unternehmen insgesamt schadet.

Gerade in unserer satellitenhaften und zunehmend virtuellen Arbeitswelt gehört es zu den wichtigsten Aufgaben der Führungsriege, Zugehörigkeit und Zusammenhalt unternehmensweit zu fördern. Dass Konfrontation und interner Massenwettbewerb auf Dauer die besten Ergebnisse bringen, das sind Kopfgeburten vereinsamter Alphatierchen im obersten Stock. Das Gegenteil ist der Fall: Wissensarbeit kann nur durch Kollaboration reiche Früchte tragen. Wer also ständig mit bunt zusammengewürfelten Projektteams agiert, sollte besonders gut darin sein, eine konstruktive Gruppendynamik zu fördern. Sind die Verbindungen nämlich zu schwach, dann beginnen die Leute sehr schnell, sich stabilere, besser funktionierende Gruppen zu suchen. Und zwar in einem anderen Projekt, in einem anderen Team oder in einer anderen Organisation.

Mitarbeiterloyalität:
heute ein Muss

»Loyale Mitarbeiter? Also, Frau Schüller! Das können Sie doch nun wirklich vergessen!« Dies rief mir kürzlich ein Manager bei einem Workshop zu. Ja, richtig, Loyalität ist inzwischen ein rares Gut. Jahrzehntelange gute Beziehungen sind zu einer bestaunenswerten Rarität geworden. Tagesabschnittsbegleiter liegen im Trend. Und über Festanstellungen schwebt eine permanente Vorläufigkeit. Längst ist der ständige Wechsel Normalität. Die erwartungsfrohe Lust auf Neues ist stärker als die erlahmende Freude am Alten. So nähert sich in manchen Branchen die Fluktuationsrate schon der eines typischen Schnellrestaurants: Komplettaustausch der Belegschaft einmal im Jahr.

Auch in den meisten Führungsetagen geht es zu wie im Taubenschlag. Die durchschnittliche Bleibezeit eines CEO beträgt weniger als fünf Jahre. Sales- und Marketingleiter gehen im Schnitt schon nach zwei Jahren wieder von Bord. Kein Wunder, dass bei solch permanenten Veränderungen auch die Mitarbeiterloyalität auf der Strecke bleibt. Denn Loyalität entsteht zwischen Menschen. Sie braucht Zeit, um wachsen zu können. Sie ist keine Einbahnstraße, sondern beruht auf Gegenseitigkeit. Und durch falsches Führungsverhalten ist sie in Sekunden zerstört.

Wenn das also alles so misslich ist, sollten wir über Loyalität dann noch reden? Unbedingt! Ist sie denn noch zu bekommen? Klar, wenn man weiß, wie das geht! Und wird sie überhaupt noch gebraucht? Ganz bestimmt! Denn wenn es immer schwieriger wird, gute neue Mitarbeiter zu gewinnen, dann sollte man vor allem auf

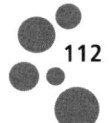

diejenigen setzen, die man schon hat. »Personalentwicklung vor Neurekrutierung« heißt das Prinzip. Auch mit Blick auf die Demografie wird die Loyalisierungskraft eines Unternehmens in Zukunft eine herausragende Rolle spielen. Dabei zeichnen sich bei den HR-Strategien grundsätzlich zwei Richtungen ab, wie das Fraunhofer-Institut und Sven Gábor Jánszky zeigen: Organisationen werden sich entweder zu »Caring Companies« oder zu »fluiden Unternehmen« entwickeln.[50]

Personalentwicklung geht vor Neurekrutierung.

O *Caring Companies* arbeiten mit einem hohen Anteil fest angestellter Mitarbeiter. Sie müssen mit allen Mitteln versuchen, *die* Mitarbeiter, die sie behalten wollen, so lange wie möglich an das Unternehmen zu binden. Gleichzeitig werden sie danach streben, die ungewollte Mitarbeiterfluktuation auf ein Minimum zu reduzieren. Die Kernfrage dabei ist die: Wie machen wir unsere Firma nicht nur dauerhaft leistungsfähig, sondern auch lebenswert, liebenswert und loyalitätswürdig?

O *Fluide Unternehmen* arbeiten mit einer relativ kleinen Kernbelegschaft und einem hohen Anteil an Mitarbeitenden in befristeten Arbeitsverhältnissen. Auch hier gilt es, Loyalität für die Zeit der Zusammenarbeit aufzubauen und die Besten dazu zu bringen, bei Bedarf für weitere Projekte wiederzukommen. Die Kernfrage hierbei ist die: Wie machen wir unsere externen Mitarbeitenden nicht nur schnellstmöglich leistungsfähig, sondern auch zu Fans und zu Multiplikatoren am Markt?

Weil Loyalität also für die Leistungskraft eines Unternehmens immer wichtiger wird, will ich hier näher beleuchten, wie Loyalität heute zu definieren ist, welche Formen es gibt, wie man sie erhält, womit man sie zerstört und was sie den Unternehmen bringt.

Was Loyalität heute bedeutet

Loyalität zählt zu unseren edelsten Werten. Sie ist nicht an einen Arbeitsvertrag gebunden. Man kann sie nicht erkaufen, nicht einfordern und schon gar nicht erzwingen. Man bekommt sie aus freien Stücken geschenkt. Sie ist eine starke innere Haltung. Loyale Mitarbeiter sind ihrem Arbeitgeber nicht nur physisch, sondern vor allem im Herzen treu. Sie gehen engagierter und produktiver zur Sache. Sie machen sich Gedanken um das Wohl und Wehe der Firma. Sie identifizieren sich mit ihr und machen deren unternehmerische Interessen zu ihren eigenen. Sie sprechen oft, gut und gerne über ihre Firma – drinnen und draußen. Sie empfehlen deren Angebote und das Unternehmen als Arbeitgeber vehement weiter. Solchermaßen tiefenloyalisierte Menschen sind zweifellos die wertvollsten Mitarbeiter. Und Achtung: Ihre Konkurrenz wünscht sich diese am meisten.

Mitarbeiterloyalität bedeutet:

O freiwillige, anhaltende Treue
O hohes Engagement und Freude an der Arbeit
O Ambitionen und unternehmerisches Handeln
O Identifikation und emotionale Verbundenheit
O aktive positive Mund-zu-Mund-Werbung

Solche Loyalität entsteht durch Vertrauen und Anziehungskraft und nicht durch Druck oder Zwang. Sie zeigt sich auf vielfache Weise: Leistungsbereitschaft, Fairness, Verlässlichkeit, Aufrichtigkeit gehören genauso dazu wie Leidenschaft und Integrität. Dies alles bekommt ein Arbeitgeber freilich nicht wie von selbst. Mitarbeiterloyalität muss man sich, genauso wie Kundenloyalität, immer wieder neu verdienen.

Falsch verstandene Loyalität hingegen beruht auf blindem Gehorsam – bis hin zur Selbstaufgabe. Sie deckt unlautere Machenschaf-

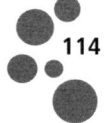

ten und vertuscht unkorrektes Verhalten. Sie erduldet jede Mühsal und sitzt alles aus. Unreflektierte Ja-Sager sind für jedes Unternehmen gefährlich. Solche Loyalität ist hier also *nicht* gemeint.

Der in unserem Sinne loyale Mitarbeiter tritt sogar für die Interessen seines Arbeitgebers ein, wenn er dabei persönlich anecken kann. Und er verzichtet auf das Verfolgen eigener, egoistischer Ziele, wenn diese dem Unternehmenszweck widersprechen.

Warum Loyalität mehr wert ist als Bindung

Bei der Mitarbeiterbindung, zunehmend auch Retention-Management genannt, geht es um Maßnahmen, die ein Unternehmen aktiv einleitet, um die Mitarbeiter, die man halten will, an das Unternehmen zu binden. Schon allein das Wort »Bindung« birgt in sich etwas Erzwungenes, fast möchte man an Fesseln denken. Loyalität hingegen ist ein ungeschriebener Vertrag, der auf ethischen Werten basiert. Wird dieser Vertrag gebrochen, spricht man von innerer Kündigung, die lange unsichtbar bleibt, während sie schon ihre unheilvollen Bahnen zieht.

Gebunden werden kann ein Mitarbeiter grundsätzlich in drei Richtungen:

O emotional
O faktisch
O monetär

Eine emotionale Bindung kann auf zweierlei Weise entstehen: normativ und behavioral. Bei der behavioralen Bindung geht es um äußere emotionale Aspekte wie etwa der kurze Weg zum Arbeitsplatz oder die flexiblen Arbeitszeiten. Nur die normative Bindung entspricht der aus einer inneren Verpflichtung heraus entstehenden Loyalität, wie wir sie hier beleuchten.

Schon die nächste in der Aufzählung genannte Bindungsform, nämlich die über den juristischen Arbeitsvertrag geregelte faktische Bindung, kündet von Abhängigkeit und An-die-Kette-Legen. Eine Unterform davon wird als kalkulative Bindung bezeichnet, bei der sich der Mitarbeiter zum Beispiel Weiterbildungsmöglichkeiten und Aufstiegschancen erhofft.

Bei der dritten Form, der monetären, stehen finanzielle Interessen im Vordergrund. Klar kann man sich fast alles erkaufen, also auch die Liebe und Treue seiner Mitarbeiter. Doch selbst die berühmten goldenen Handschellen in Form von Boni, Optionen und Gratifikationen können am Ende keine Loyalität erzwingen. Diese funktioniert ja wie eine Freundschaft: Man bekommt sie von Herzen. Und dazu muss es funken zwischen Arbeitgeber und Mitarbeiter.

Loyalität braucht also keine überflüssigen Geldgeschenke, sondern vor allem ein positives Beziehungskonto. Für leistungsstarke Arbeitnehmer ist – eine vernünftige Bezahlung vorausgesetzt – das rein Pekuniäre sowieso meistens zweitrangig. Zunächst werden vielmehr zu den faktischen Gegebenheiten die emotionalen Werte, die eine Arbeitsbeziehung besitzt, hinzuaddiert. Und beides zusammen bestimmt dann das Engagement, das man aufzubringen bereit ist. Fehlen faktische oder emotionale Alleinstellungsmerkmale, dann muss das Arbeitsentgelt alleine begeistern. Denn dann macht das Monetäre den einzigen Unterschied. Es ist dann unser emotionales Ersatzprogramm. »Schmerzensgeld« sagen wir auch.

Schließlich soll nicht vergessen werden, dass die unterschiedlichen Mitarbeitertypen, die wir im vorherigen Kapitel kennengelernt haben, auf unterschiedliche Weise zu loyalisieren sind. Dies trifft ebenso auf die Geschlechter zu. Dabei haben Frauen tendenziell ein höheres Verbundenheitspotenzial. Sie sind außerdem meist die aktiveren Mundpropagandisten, geradezu personifizierte Schneeballsysteme.

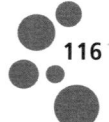

Die Mitarbeiterreise: kommen, bleiben, gehen

Loyalität fängt mit der Auswahl der richtigen Leute an. Wer Menschen mit niedrigem Loyalitätspotenzial rekrutiert, braucht sich nicht zu wundern, wenn diese schnell wieder das Weite suchen. Der für seine hohe Kundenorientierung bekannte US-amerikanische Onlinehändler Zappos klärt das zum Beispiel so: Nachdem neue Mitarbeiter ihre Trainingswoche im Callcenter, dort übrigens Kundentreueteam genannt, absolviert haben, bietet man ihnen 4000 Dollar an, wenn sie das Unternehmen verlassen wollen. So wird sichergestellt, dass die Leute wegen der Liebe zum Job und nicht des Geldes wegen bei Zappos arbeiten werden.

Tja, wer Leute wählt, die nicht zur Kultur des Unternehmens passen, und wer sich weigert, die Teammitglieder in den Entscheidungsprozess einzubeziehen, der darf nicht klagen, dass bei ihm ein ständiges Kommen und Gehen herrscht. Analysieren Sie deshalb einmal genau, welches Ihre wertvollsten loyalen Mitarbeiter sind, auf welchen Wegen Sie an diese gekommen sind, was sie auszeichnet und wie sie sich verhalten. Welche Muster sind zu erkennen? Und welche davon lassen sich reproduzieren? So können Profile und Prozesse erstellt werden, mit deren Hilfe man systematisch auf die Suche nach neuen loyalen und engagierten Mitarbeitern gehen kann. Man lernt dabei auch, solche zu meiden, bei denen alle Loyalisierungsbemühungen zwecklos sind. Mit entsprechenden Programmen lassen sich zu all dem dann Kennzahlen bilden.

Doch Loyalität lässt sich nicht bei allen und jedem erreichen – und schon gar nicht auf die gleiche Weise. Je nach Menschentyp und auch nach Branche, Funktion und Hierarchieebene sind die persönlichen Verbundenheitsprioritäten verschieden. Nie darf man dabei den Fehler machen, von sich selbst auszugehen. Passgenauigkeit ist vielmehr gefragt. Außerdem sind es nicht die gleichen Faktoren, die einen Mitarbeiter jeweils dazu bewegen, in ein Unternehmen einzutreten, dort zu bleiben beziehungsweise wieder zu gehen. Kreuzen Sie einmal spontan und intuitiv in der folgenden

Skala die Kriterien an, die Sie jeweils für relevant halten – und ergänzen Sie die Liste um Kriterien, die bei Ihnen für ausgewählte Leistungsträger oder bestimmte Hierarchiestufen besonders wichtig sind.

Kriterium	Kommen	Bleiben	Gehen
Aufgabenstellung / Position			
Arbeitsplatzausstattung			
Wettbewerbsfähiges Gehalt			
Geldwerte Vorteile			
Karrierechancen			
Weiterbildungsangebote			
Arbeitgeberattraktivität			
Verhalten des Vorgesetzten			
Grad der Eigenständigkeit			
Betriebsklima			
Anerkennungskultur			
Arbeitsumfeld			
Arbeitszeitmodelle			
Work-Life-Integrität			
Gesundheitsprogramme			

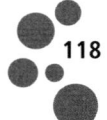

Frage ich Personaler, was man bei ihnen für die Mitarbeiterloyalisierung tut, so höre ich ständig das Gleiche: Gratisobst, Gratisgetränke, Essensgutscheine, Sportangebote, Gesundheitschecks. Hey, Leute, niemand bleibt wegen Trivialitäten, die es inzwischen fast überall gibt. Und auch Monetäres belegt keinen der vordersten Plätze. In Umfragen zu den Wechselgründen ausgeschiedener Spitzenkräfte kam zum Beispiel das Einkommen als maßgebliches Ausstiegsmotiv vergleichsweise selten vor. Ausschlaggebend waren vielmehr das Betriebsklima, die Arbeitszufriedenheit und das Führungsverhalten des direkten Vorgesetzten. Bei vielen »einfachen« Mitarbeitern hingegen ging es oft um mangelnde Wertschätzung und eine fehlende Anerkennungskultur. Bei einer eigenen internen Analyse ist entscheidend, die wahren und nicht die vorgegaukelten Austrittsgründe zu finden. Gut gemachte, systematische Exit-Interviews bringen diese zum Vorschein. In Teil 3 komme ich darauf zurück. Dort finden wir außerdem eine Reihe von Kennzahlen, die auf die Motivation eines Mitarbeiters und damit auch auf seine Loyalität rückschließen lassen. Ferner finden wir dort eine Menge Konkretes zu den drängenden Fragen:

O Was können wir tun, um Loyalität und Engagement unserer
  Mitarbeiter zu stärken?
O Was müssen wir meiden, damit ungewollte Fluktuation erst
  gar nicht entsteht?

Hierzu sollten Betriebszugehörigkeit und Fluktuationsraten für die verschiedenen Berufsgruppen, Abteilungen und Sparten, aber auch für Geschlechter, Altersgruppen, Nationalitäten und so weiter ermittelt werden. Schließlich lässt sich über entsprechende Parameter ein Frühwarnsystem installieren, das frühzeitig vor Wechselwilligkeit warnt.

Das ultimative Ziel lautet: null Prozent *ungewollte* Fluktuation. Sollte dies nicht immer gelingen, gibt es eine weitere Möglichkeit: die Rückgewinnung der Mitarbeiter, die man wiederhaben will. Dies gelingt aber nur, wenn die Trennung fair verlaufen ist. Dann sind

Mitarbeiter nicht verloren, sondern sie arbeiten nur gerade woanders. Und ganz sicher ist: Die sind *nicht* immer glücklich dort, wo sie gelandet sind. Also heißt es, in Verbindung zu bleiben und im rechten Moment ein passendes Angebot vorzulegen. Im Vergleich zur Neurekrutierung ist es oft einfacher und fast immer kostengünstiger, verlorene Mitarbeiter zurückzuholen. Danach geht es um den Aufbau einer erneuten, tieferen Loyalität. Und das muss dann sitzen. Eine dritte Chance bekommt man so gut wie nie.

Das ultimative Ziel lautet: null Prozent *ungewollte* Fluktuation.

Wem wir loyal verbunden sind

Wer seine individuellen Werte, seine Bedürfnisse und seine persönlichen Ziele am Arbeitsplatz aufgeben muss und wer sich ständig verbiegen soll, kann keine Loyalität entwickeln. Loyalität zeigt sich am ehesten, wenn die Werte eines Unternehmens und die persönlichen Werte seiner Mitarbeiter ein hohes Maß an Übereinstimmung zeigen. Sich voll und ganz mit einem Unternehmen identifizieren zu können heißt auch, sich selbst treu zu sein.

Grundsätzlich können wir hier zwei Formen der Loyalität unterscheiden: die Loyalität gegenüber sich selbst, also nach innen, und die Loyalität gegenüber anderen, also nach außen. Wenn wir dann die Außensicht betrachten, lassen sich zunächst vier Loyalitäten erkennen:

O Loyalität zum Unternehmen als solchem
O Loyalität zur direkten Führungskraft
O Loyalität zu Kollegen und Ansprechpartnern
O Loyalität zur eigenen Arbeit

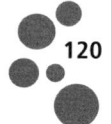

Das Karriereportal Monster hat dazu vor einiger Zeit eine Onlineumfrage gemacht, an der knapp 25 000 europäische Arbeitnehmer teilgenommen haben.[51] Die Frage »Wem gegenüber sind Sie bei der Arbeit am loyalsten?« erbrachte folgende Antworten:

○ Mir selbst: 33 %
○ Meinem Team: 32 %
○ Meinem Unternehmen: 19 %
○ Meinem Chef: 10 %
○ Niemandem: 6 %

Vor allem die deutschen Arbeitnehmer zeigten einen auffallenden Mangel an Loyalität gegenüber ihren Vorgesetzten. Mit sieben Prozent kommen sie auf den niedrigsten Wert in Europa. Ist aber doch logisch: Wenn die Führungskräfte in schnellen Karriereschritten durchs Unternehmen gejagt werden, wie soll da Loyalität nach oben entstehen? Und wenn man Teams, die sich gerade erst zusammengerauft haben, zwangsweise immer wieder auseinanderreißt, wie soll da Verbundenheit wachsen? Die unaufhörlichen Strukturveränderungen und die ständigen Change-Projekte, mit denen die Leute oft ohne jede Wahlmöglichkeit konfrontiert werden, sind Gift für den Loyalitätsaufbau. Nach Phasen der Hektik muss also ausreichend Ruhe einkehren, damit die Leute sich aneinander gewöhnen können. Um eine Gruppe langfristig zusammenzuhalten, müssen deren Mitglieder ihre sozialen Beziehungen zueinander pflegen. Und das wird in Zukunft noch wichtiger werden. Denn neuerdings kommt noch eine fünfte Loyalität hinzu: die Loyalität zu den eigenen Netzwerken.

Ein neues Phänomen: die fünfte Loyalität

Generell sind wir lieber eingebettet in die Gemeinschaft eines gut geführten, renommierten Unternehmens, als ständig »auf der Flucht« zu sein. Klar, in uns allen steckt der Wunsch nach Abwechslung, vielfach auch der unbändige Drang, zu neuen Ufern aufzubrechen. Und die heutige Arbeitswelt macht für viele das »nomadische Jobben« unumgänglich. Gleichzeitig teilen wir aber auch das tiefe Bedürfnis nach Zugehörigkeit zu einer Gruppe Gleichgesinnter. Die Massenattraktivität populärer Fußballklubs und die Netzwerkbildung im Web sind sichtbare Zeichen dafür. Auch im Onlinegaming setzt sich dies fort. Die populärsten Spiele sind Gemeinschaftsspiele. Und meist geht es nicht nur darum, Badges und höhere Level zu erreichen, sondern es gilt auch, in renommierte Gemeinschaften und Gilden aufgenommen zu werden.

Die Sippen und Stammesverbände von früher, das sind die Communitys von heute und morgen. Soziale Netzwerke sind nichts anderes als neue Zufluchtsorte und moderne Formen des Herdentriebs. In Zeiten der Vereinzelung, der schleichenden Vereinsamung und des sozialen Autismus können kollaborative Unternehmen die früheren Kollektive und auseinanderbrechenden Familienstrukturen ersetzen und so den Menschen eine Heimat geben. Gerade die junge Generation, in der es so viele Schlüssel- und Patchworkkinder gibt, sucht nach neuen Formen des Miteinanders. Und in digitalen Netzwerken werden diese gefunden. Die Verbundenheit zu solchen »Wahlverwandten« stellen Millennials über andere Werte. Mit ihnen fühlen sie sich über gleiche Lebenseinstellungen, ähnliche Weltanschauungen und gemeinsame Erfahrungen verbunden. Sie helfen einander mit guten Ratschlägen und stehen füreinander ein. Sie beeinflussen einander bei ihren Lebensentscheidungen und tun die gleichen Dinge. Status ergibt sich aus dem, was man tut, und nicht aus dem, wer man ist.

Früher gab es solche Loyalitäten auch, doch sie waren vertikaler Natur. Man war zum Beispiel ein eingefleischter Siemensianer –

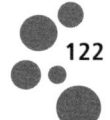

ein Mitarbeiter der Firma Siemens also – und dem Unternehmen ein Leben lang treu. Solche Top-down-Loyalitäten erodieren derzeit massiv. Das Misstrauen gegenüber Institutionen ist groß. Und die bedingungslose Obrigkeitsloyalität von einst gibt es nicht mehr. Horizontale Loyalitäten sind an ihre Stelle getreten. Netzwerke haben die Hierarchie als Ordnungsprinzip abgelöst. Und sie werden überall da zum Sicherheitsnetz, wo herkömmliche Sicherheitsnetze versagen.

Netzwerke haben die Hierarchie als Ordnungsprinzip abgelöst.

Denn die sogenannten »strong ties«, zu denen traditionelle Familienverbünde und lebenslange Anstellungen gehörten, sind vom Aussterben bedroht. An ihre Stelle sind die »weak ties«, die lockeren Bande getreten. Unsere Loyalität gehört heute den Gleichrangigen, dem Freundeskreis, den lockeren Beziehungen im beruflichen und privaten Bereich. Ihnen gegenüber sind wir verbundenheitssüchtig.

Insgesamt müssen alle fünf Loyalitäten entwickelt werden. Bleibt eine auf der Strecke, dann wirkt sich dies auf das Treueverhalten der Mitarbeitenden nachteilig aus. Welche dabei im Vordergrund steht, das ist von Mensch zu Mensch verschieden. Während zum Beispiel die Loyalität der Analog Seniors vor allem der Firma gehört, gehört die Loyalität der Digital Natives ihrem Netzwerk. Für sie ist der eigene Arbeitgeber nichts anderes als eines von mehreren Netzwerken, in denen man sich parallel bewegt. Oder so eine Art Volksstamm, dem man sich anschließt oder eben auch nicht. Firmen, die in der Lage sind, netzwerkartige Strukturen nachzubilden, sind für sie einen längeren Aufenthalt wert. Solche hingegen, die ihnen verbieten, ihre Netzwerk-Loyalitäten zu leben, kommen für Digital Natives nicht in Betracht.

Warum Loyalität immer wichtiger wird

Noch nie war es so einfach wie heute, einen Überblick über das Angebot auf dem Arbeitsmarkt zu gewinnen. Früher war man auf den Stellenmarkt der Zeitungen und Zeitschriften angewiesen, heute sucht man ganz einfach im Web. Vor allem die hoch qualifizierten Leistungsträger werden heftig umworben, und sie sind ruckzuck absprungbereit, wenn ihnen etwas nicht passt. Sich für einen scheidenden Mitarbeiter bei Bedarf einen neuen zu »kaufen« oder – wie bei einer Maschine – einen verschlissenen durch einen unverbrauchten Leistungsträger auszutauschen: Die meisten Firmen können sich solchen »Luxus« schon längst nicht mehr leisten. Seine Mitarbeiter als reine Ausführungsgehilfen zu sehen und bis zum Burnout auszubrennen, auch das geht künftig nicht mehr. Der beschleunigte Wandel und die zunehmende Komplexität stellen die Arbeitgebermarke vor ganz neue Herausforderungen. Loyalität und ihre kleinen großen Schwestern, die Reputation und das Vertrauen, sind der Klebstoff, der alles zusammenhält.

Loyale Mitarbeiter sind viel eher bereit, die vom Markt geforderten laufend notwendigen Veränderungsprozesse mitzutragen. Gerade bei kollaborativen Arbeitsverhältnissen geht es um eine innere Verpflichtung, also um Loyalität. Projektteams, die sich ständig neu formieren, benötigen Loyalität von Anfang an. Sie muss quasi aus dem Stand gelingen. Vor allem für das zunehmend virtuelle Miteinanderarbeiten braucht es eine loyalitätsbasierte Vertrauenskultur. Und es braucht Mitarbeiterpersönlichkeiten, die Loyalitätsintegrität in sich tragen. Loyalität wird auch deshalb in den Unternehmen so dringend gebraucht, weil Netzwerkstrukturen mehr und mehr die einst linearen Anweisungsszenarien ersetzen. Und für die Sinnsucher unter den Arbeitnehmern ist Loyalität unumgänglich.

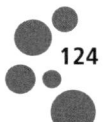

Die wichtigsten Vorteile einer hohen Mitarbeiterloyalität

○ Arbeitswille, Engagement, Effizienz und Produktivität steigen.
○ Die Lern- und Weiterbildungsbereitschaft wächst.
○ Es wird mehr Verantwortung übernommen.
○ Mehr Ideen und Verbesserungsvorschläge werden eingebracht.
○ Eine Vertrauenskultur kann entstehen.
○ Es gibt positive Gespräche sowie Mundpropaganda drinnen und draußen.
○ Der Arbeitgeber wird weiterempfohlen.

Eine niedrige Fluktuation wirkt sich vor allem in kundennahen Bereichen loyalitätsförderlich aus. Zu manch austauschbarem Dienstleister geht man ja nur wegen dieses einen freundlichen Ansprechpartners, der einen schon so lange kennt. Dementsprechend nehmen Verkäufer gerne ihre Kunden mit, wenn sie das Unternehmen wechseln. Neue Kunden wird man schwerlich zu Stammkunden machen, wenn diese immer nur auf Anfänger treffen. Langjährige, gut geschulte Mitarbeiter verstehen es viel besser, Kunden zu loyalisieren. Und Kunden, die immer wiederkommen, bestätigen den Mitarbeitern, im richtigen Unternehmen zu sein. Schließlich weigern sich immer mehr Kunden gezielt, bei einem Unternehmen zu kaufen, das seine Mitarbeiter schlecht behandelt und mit miesen Arbeitsbedingungen »glänzt«. So hängen Mitarbeiter- und Kundenloyalität eng zusammen. Sie stärken oder schwächen einander. Mitarbeiterloyalität ist dabei die Vorbedingung.

Die schlimmsten Loyalitätszerstörer

Wenn es immer schwerer wird, neue gute Mitarbeiter zu finden, dann heißt es, sich stärker auf die zu konzentrieren, die man schon hat. Doch leider liegt da eine Menge im Argen. Während vorne die Recruiter ihr Möglichstes tun, um Kandidaten anderswo loszueisen, laufen einem hinten die eigenen Leute weg. »Warum sollte ich mich loyal verhalten«, fragen sich die, »wenn ich von meiner Firma keine Loyalität erwarten kann?« Ja, Unternehmen müssen loyalitätswürdig sein. Dies sind sie aber nur dann, wenn sie Loyalitätswerte gegenüber Mitarbeitern und Kooperationspartnern leben. Tun sie das nicht, haben sie auch kein Recht, deren Loyalität einzufordern. Viele Unternehmen haben die Loyalität ihrer Mitarbeiter systematisch verspielt. Und immer dann, wenn es der Wirtschaft besser geht, bekommen sie die Quittung: Alte Rechnungen werden beglichen. Die unzufriedenen, frustrierten und enttäuschten *besten* Mitarbeiter wandern in Scharen ab.

Okay, eine moderate Mitarbeitermigration ist in unserer neuen Arbeitswelt ganz normal. Und solange nur die weniger Guten gehen, ist sie zwecks Blutauffrischung hie und da auch erwünscht. Doch meistens sind die Ursachen für hohe Fluktuationsraten hausgemacht. Die Gründe sind vielfältig und reichen von einer schlechten fachlichen Passung über zwischenmenschliche Unverträglichkeiten bis hin zu einer problematischen Führungskraft. Die größten Loyalitätszerstörer aber sind:

○ emotionale Kälte und Mangel an Menschlichkeit
○ Vertrauensschwund und Kontrollitis
○ ständige Wechsel und Umstrukturierungen
○ ein schlechtes Trennungsmanagement

Wer nur allein an diesen Punkten ansetzt, kann die Verbundenheit beträchtlich erhöhen. Doch vielfach werden die Mitarbeiter wie Ware von einem Bereich in den anderen verschoben, neu zusammengewürfelt oder einfach abserviert. Gerade in den zurückliegen-

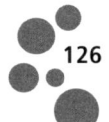

den Jahren hat ein Großteil der Arbeitnehmer mit ansehen müssen oder am eigenen Leib erfahren: Loyalität lohnt sich nicht. Dass Mitarbeiterabbau manchmal unausbleiblich war und auch zukünftig hie und da notwendig sein wird, sei unbestritten. Doch das *Wie* war und ist bisweilen absolut inakzeptabel: Mancher hat aus der Presse erfahren, was sein zukünftiges Schicksal ist. Im Intranet konnte man nachlesen, wer bleibt und wer geht. Andere haben per E-Mail einen Dreizeiler erhalten. Selbst Entlassungen per SMS vom Golfplatz aus kamen vor. So wird den Betroffenen ein Abgang in Würde unmöglich gemacht. Und Menschlichkeit wird mit Füßen getreten. Nur: Die Mitarbeiter haben bei so was ein Elefantengedächtnis.

Personalabbau ist für alle Beteiligten eine sehr belastende Situation. Jede Trennung hat ja Einfluss auf das Beziehungsgeflecht im Unternehmen. Immer wird sehr genau beobachtet, wie die Firmenleitung mit gekündigten oder freigesetzten Kollegen umgeht. Wird Wertschätzung ausgedrückt für das in der Vergangenheit gezeigte Engagement? Verhalten sich die Vorgesetzten souverän oder zeigen sie unterkühlte Sachlichkeit? Schieben sie fadenscheinige Gründe vor? Oder rechtfertigen sie die Trennungsmaßnahme mit unbegründeter Kritik an der scheidenden Person? Werden Mitarbeiter, die von sich aus kündigen, in den Dreck gezogen oder zum Tabuthema erklärt? Fairness im Umgang mit Scheidenden sorgt automatisch für eine größere Loyalität der Bleibenden.

Doch wie sollen Mitarbeiter, die nicht (länger) daran glauben können, dass ihre Firma vollstes Engagement verdient, volles Engagement für die Kunden bringen? Können »kleine« Angestellte überhaupt Loyalität entwickeln, wenn sich ihre Chefs in Positionskämpfen öffentlich demontieren? Oder Besitzstandswahrung vor dem Wohl der Firma steht? Oder der Boss der ganzen Welt erzählt, wie schlecht seine Leute sind? Kann ein Mitarbeiter überhaupt noch Loyalität schenken, wenn er selbst schon einmal, zweimal, dreimal vom Unternehmen enttäuscht worden ist? Wer also Loyalität will, muss diese – beim Topmanagement beginnend – aktiv leben, fördern und fordern. Von dort muss der Loyalitätsfunke auf alle in der Firma überspringen. Denn Mitarbeitende orientieren sich an der Führungsspitze.

Illoyalität und die Folgen hoher Fluktuation

»Es gibt Firmen«, hat mir einmal ein Headhunter gesagt, »da brauche ich es erst gar nicht zu versuchen. Und dann gibt es andere, da sind die Leute froh, wenn man sie erlöst.« Da drücke ich die Daumen, dass Ihr Unternehmen zur ersten Sorte gehört. Denn die Fluktuationskosten, die ausscheidende Arbeitskräfte verursachen, sind exorbitant hoch. Haben Sie diese überhaupt schon einmal berechnet? Außerdem wandert Experten-Know-how zum Wettbewerb ab – und es fehlt vorübergehend im eigenen Haus. Darunter können Kundenbeziehungen sehr leiden. Oder sogar zerbrechen.

Noch teurer kann es werden, wenn Mitarbeiter emotional nicht mehr gebunden sind und dennoch bleiben. Solche Kosten, die den sogenannten weichen Faktoren zuzurechnen sind, werden nur selten beziffert, von Controllern meist übersehen und nie bilanziert. Doch daran kann kein Zweifel sein: Unengagierte, im Herzen illoyale Mitarbeiter sind die größten Umsatzvernichter eines Unternehmens. Sie sind zwar physisch noch da, leben aber bereits in der inneren Emigration. Sie sind nicht nur öfter krank, sondern auch bummelig, unzuverlässig, gleichgültig und gedankenlos. Hierdurch wird ihre Arbeit fehleranfällig. Die auf diese Weise entstehenden Produktivitätseinbußen schätzt man auf mindestens zwanzig Prozent. Und weil solche Mitarbeiter durch ihr ständiges Klagen einen Negativstrudel in ihrem Umfeld erzeugen, sinkt die Produktivität der Kollegen, die dieses Gejammer erdulden müssen, um geschätzte zehn Prozent.

Illoyale Mitarbeiter halten auch ihre Verschwiegenheitsverpflichtung nicht ein. Sie tratschen über schlechten Service, über die Inkompetenz ihrer Kollegen und über Köpfe, die demnächst rollen

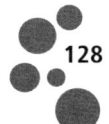

werden. Auch ungebetene Ohren hören solchen Lästermäulern gern zu: einfach aus Neugier, um sich vor Schaden zu schützen oder um ihr Wissen an passender Stelle vorzutragen und damit Pluspunkte zu sammeln. Egal! Anstatt in der Passivität zu bleiben, schlagen frustrierte Mitarbeiter heute voll zurück. Ihr Ziel: Vergeltung für (subjektiv) erlittene Ungerechtigkeit. Denn unser Hirn will immer im Gleichgewicht sein, was Mediziner Homöostase nennen.

Frustrierte (Ex-)Mitarbeiter nutzen Foren und Blogs, um sich über das unerträgliche Betriebsklima und die Machenschaften der Managementcrew so richtig auszutoben.

Geht man nicht gut mit ihnen um, werden Verärgerte und Verdrossene im Gegenzug beginnen, ihre Chefs massiv zu mobben: Sie lügen und betrügen, sie intrigieren und sabotieren und werden so zum Racheengel. Dazu brauchen sie keine Gewerkschaften und keinen Betriebsrat, im Web geht das viel wirkungsvoller. So nutzen sie Foren und Blogs, um sich über das unerträgliche Betriebsklima und die Machenschaften der Managementcrew mal so richtig auszutoben. Tja, im Internet lassen sich frustrierte Mitarbeiter keinen Maulkorb umhängen, selbst wenn es dafür Guidelines gibt. Zu beziffern ist also auch der Schaden, der Firmen durch üble Nachrede entsteht, da auf diese Weise nicht nur potenzielle Bewerber verscheucht, sondern auch Kunden vom Kaufen abgehalten werden.

Ich bin dann mal weg

Illoyale Mitarbeiter sind vor allem dann destruktiv, wenn sie das Unternehmen tatsächlich verlassen. Sensible Daten, die dabei mitgenommen werden, sind Legion. Diese landen nicht nur beim Wettbewerb, sondern auch in grauen Kanälen. Und Fälle, bei denen verprellte ITler mal eben die Computer zum Abstürzen brachten oder einen schädlichen Virus einpflanzten, sind auch keine Seltenheit mehr.

Doch wo liegen die Grenzen zwischen Loyalität und illoyalem Verhalten? Ganz klar: Wer von Geschäfts wegen in seiner Freizeit berufliche Mails checken soll, dem muss auch erlaubt sein, in der Firma für Privatzwecke zu surfen. Doch wie sieht das bei Firmeneigentum aus? Wann ist da der Rubikon überschritten? Ist schon das Einstecken von Kugelschreibern als fehlgeleitetes Verhalten zu deuten, oder wird es erst bei Vandalismus, Verrat und Veruntreuung ernst? Im Rahmen des Schweizer HR-Barometers 2012 haben 13 Prozent der Befragten angegeben, ab und an Firmeneigentum zu entwenden. Schon 23 Prozent haben vertrauliche Firmeninformationen mit nichtautorisierten Personen geteilt.[52]

Die Versicherungsbranche redet von einem »Vertrauensschaden«, wenn am Arbeitsplatz Dinge verschwinden, Spesenabrechnungen frisiert werden oder Firmengeld unterschlagen wird. Auf drei Milliarden Euro jährlich schätzt die Kripo die Sachschäden, die deutschen Unternehmen durch die Betrügereien ihrer eigenen Mitarbeiter entstehen. Die Hermes Kreditversicherung hat 9000 der von ihnen versicherten Vertrauensschäden genauer untersucht. Alter, Geschlecht und Betriebszugehörigkeit der Täter wurden erfasst. Zwei Drittel der Schadenstifter waren männlich, ein Drittel weiblich. Und je länger die Betriebszugehörigkeit, desto seltener die Veruntreuung, so der Bericht.[53]

Als Auslöser für solche Fehlentwicklungen ist auch die mangelnde Loyalität vieler Unternehmen gegenüber Kunden, Partnern und Lieferanten zu nennen. Mitarbeiter sehen zwangsläufig zu oder sind aktiv mitinvolviert, wenn Dritte über den Tisch gezogen werden. Schon Azubis in der Gastronomie werden gezwungen, bei solchen »Spielchen« mitzumachen. Es sei »ein Horror«, zu sehen, wie Firmen ihre Kunden ausnähmen, wird Matthias Uhrig, Gerichtsgutachter bei IT-Streitsachen, im *Manager Magazin* zitiert.[54] In der Januar-Ausgabe 2013 befasst es sich unter der Überschrift »Tatort Büro« mit einer Vielzahl von Fällen aus allen möglichen Branchen. Wie außen, so innen, und wie oben, so unten, kann ich dazu nur sagen. Was Unternehmen durch ihr unsauberes Verhal-

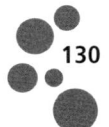

ten am Markt gewinnen, wird ihnen von den eigenen Mitarbeitern wieder abgenommen.

Die Managementriege hat nur eine Chance, aus all dem heil herauszukommen: indem sie ein ethisch korrektes Verhalten an den Tag legt und ihr Führungsverständnis überdenkt. Für jeden Menschen gilt: Wem es an Positivem mangelt, wer also statt Aufmerksamkeit, Anerkennung und Respekt vor allem Desinteresse, Demütigungen und Enttäuschungen erlebt, und wer nichts mehr zu verlieren hat, der mutiert schließlich zur tickenden Zeitbombe. Die Gefahr ist übrigens dort am größten, wo es keine Fairness, keine Nähe und aufgrund der ständigen Wechsel keine Bindungen gibt.

Ein schwieriger Fall: Loyalitätskonflikte

»Also, *das* ist noch gar nichts. Wenn Sie wüssten, was bei uns sonst noch so alles …«, sagt die Mitarbeiterin, als sich ein Kunde über schlechte Abläufe beschwert. Und dann werden munter weitere Interna ausgeplaudert. »*Ich* war ja gleich dagegen, aber die im obersten Stock wollten das so«, sagt der Abteilungsleiter bei der Teambesprechung, als Zweifel an der Durchsetzbarkeit einer Entscheidung aufkommen. Und dann erzählt er ein paar pikante Details, wie das in den Führungssitzungen so läuft. Beide Personen waren in einem Loyalitätskonflikt. Sie haben sich selbst aus der Schusslinie genommen und mit dem Finger auf andere gezeigt.

Loyalitätskonflikte entstehen auf drei Ebenen:

○ Introspektiv: mit sich selbst und seinem Gewissen
○ Horizontal: gegenüber Kollegen
○ Vertikal: zwischen oben und unten

Natürlich findet auch die Loyalität einer Führungskraft auf diesen drei Ebenen statt. Immer muss sie deshalb die Frage beantworten, worauf sich ihr Loyalitätsverständnis bezieht: Auf das Topmanagement? Die Anteilseigner? Das Unternehmen? Die Verantwortung für die Mitarbeiter? Auf das eigene Gewissen? Und wie gehe ich mit dem Konfliktfall dann um? Einerseits ist Loyalität eine Prinzipienfrage, andererseits aber auch sehr konkret. Wie reagiert also ein Vorgesetzter, wenn er unpopuläre Managemententscheidungen an die Mitarbeiter weitergibt? Und wie verteidigt er seine Mitarbeiter, wenn die ins Kreuzfeuer der Kritik geraten?

Loyalitätskonflikte entstehen vor allem auf offener Bühne. Gerade männliche Führungskräfte erwarten, dass die eigenen Leute geschlossen zu ihnen halten. Stellt sich etwa ein Mitarbeiter im Meeting gegen seinen Chef oder beweist diesem, dass er unrecht hat, fürchtet dieser, dass seine Position beschädigt und seine Macht geschwächt wird. Genauso problematisch ist es, wenn sich ein Mitarbeiter am Vorgesetzten vorbei an dessen Chef eine Etage höher wendet, um seine Ziele erreichen zu können. Ebenso schlimm kann es sein, wenn Leute aus den eigenen Reihen mit »Abteilungsfeinden« sympathisieren. So was grenzt schon fast an Hochverrat. Vor allem Frauen tappen oft in solche Loyalitätsfallen, denn sie sind in erster Linie der Sache zugetan. Positionenschach und territoriales Gehabe sind ihnen oft fremd.

Gefragt ist keine Nibelungentreue, sondern eine reflektierende Loyalität auf Augenhöhe.

Doch neben der Leistungsebene gibt es immer auch eine Machtebene, die Loyalität verlangt. So nehmen Katastrophen mit millionenschweren Schäden ihren Lauf: Jeder weiß, dass der Chef auf dem Holzweg ist, aber keiner hat die Traute, ihm das zu sagen. In Krankenhäusern sterben Tausende von Menschen, weil niemand dem behandelnden Arzt die Leviten liest. Flugzeuge sind abgestürzt, weil der Kopilot keinen Widerspruch wagte. Ja, falsch verstandene Loyalität hat oft die übelsten Folgen. Und das große Unheil beginnt meist bei den Details. Die sagenumwobene Nibelungentreue hat also in der heutigen Realität

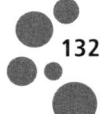

nichts mehr zu suchen. Wir brauchen eine reflektierende Loyalität auf Augenhöhe. Denn nur wer dem Unternehmen, wenn nötig, auch mal die Meinung sagt, tut ihm gut.

Leider passiert es aber noch immer, dass bei der Aufdeckung von Mauscheleien der »Verräter« in die Bredouille kommt, und nicht der eigentliche Bösewicht. Vor allem dann, wenn der »Verräter« ein Kleiner, der »Ertappte« aber ein Großer ist. Heute bezeichnet man solche Enthüller als »Whistleblower«. Mit Petzen hat das rein gar nichts zu tun. Denn Whistleblower decken inakzeptables Fehlverhalten, gravierende Missstände und illegales Handeln auf. Wenn sie dabei an das Allgemeinwohl denken, gehen sie sogar persönliche Risiken ein. Vor solcher Zivilcourage habe ich den größten Respekt. Um Übel einzudämmen und Schaden abzuwenden, ist es ganz klar die Pflicht eines Unternehmens, solche überaus loyal handelnden Mitarbeiter zu schützen. Hierzu muss es interne oder externe Vertrauenspersonen geben, an die man sich wenden kann.

Alles in allem ist zu definieren, wie Loyalität im Unternehmen gesehen wird und gelebt werden soll. Diskutieren Sie miteinander, was das für jeden bedeutet. Speziell da, wo es um ein besonderes Vertrauensverhältnis geht, wie etwa zwischen Führungskraft und Assistent, muss in beiderseitigem Interesse auch geklärt werden, wo die Loyalitätsgrenzen liegen. Vornehmlich aber sollte gemeinsam erarbeitet werden, wie sich eine Loyalitätskultur im Unternehmen entwickeln lässt. Denn Loyalität ist die Basis für eine Hochleistungsorganisation, in die jeder Einzelne sein ganzes Engagement einbringt. Und zwar, weil er will – und nicht, weil er muss.

Mitarbeiterengagement und Motivation

Motivation! Dieser faszinierende innere Antrieb, etwas zu tun, weil es notwendig, sinnvoll, unterhaltsam, spannend oder herausfordernd ist. Motivation scheint ein ausschlaggebender Aspekt zu sein, wenn es um Mitarbeiterperformance und Unternehmenserfolg geht. In der Literatur wird sie ständig beschworen. Und in Studien wird sie akribisch gemessen. Jeder zweite Chef demotiviert seine Leute, und nur jeder dritte sorgt für ein leistungsförderndes Arbeitsklima. Zu diesem Ergebnis kommt eine internationale Hay-Befragung aus dem Jahr 2013.[55] Der Hauptgrund? Laut Thomas Gruhle, Geschäftsleitungsmitglied der Hay Group, dominiert nach wie vor der direktive Führungsstil, bei dem der Vorgesetzte erwartet, dass die Mitarbeiter seinen Anweisungen uneingeschränkt folgen. »Für die Kreativität und die Eigeninitiative der Mitarbeiter ist ein ausschließlich direktiver Führungsstil Gift. Er killt jegliche Motivation.«

Auch das Gallup Institut erschreckt die Managerzunft jährlich aufs Neue, weil in deren Untersuchungen die Mitarbeitermotivation immer so niedrig ist – und seit Jahren einfach nicht steigt. Tatsächliche oder selbst erkorene Fachleute streiten trefflich darüber, ob Motivation nun intrinsisch oder extrinsisch sei, also im Inneren eines Menschen in ausreichendem Maße vorkomme oder aber von außen zu befeuern sei. Die einen sind vehement für extrinsische Aktivitäten und zitieren flugs entsprechende Untersuchungen herbei, die solches Tun untermauern sollen. Die anderen sind konsequent dagegen und legen zum Beweis ihrer Meinung ebenfalls passende Studien vor. Die Lager sind also gespalten. Und die Wahrheit? Sie liegt, wie so oft, in der Mitte. Und sie ist nuanciert zu betrachten.

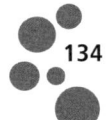

Dringend gesucht: die intrinsische Motivation

»Alles Motivieren ist Demotivieren.«[56] Dieser oft zitierte Satz zählt zu den Todsünden im Management, selbst wenn er von Reinhard Sprenger stammt, von dem wir auch viel Schlaues kennen. Oft genug kommen Führungskräfte aus Seminaren zurück und plappern unreflektiert solchen Unsinn nach. »Es reicht ja schon, wenn wir nicht demotivieren«, papageien sie auch. Und wenn man einfach mal die Zielgruppe fragt, um die es hier geht?

Wunsch Nummer eins der meisten Mitarbeiter an ihre Führungskraft ist es, öfter ein ehrliches, wertschätzendes Lob zu bekommen. Und die Praxis? Im Rahmen einer Stepstone-Studie unter 1500 Mitarbeitern gaben 42 Prozent an, dass sie für ihre Arbeit nur sehr selten gelobt werden. 14 Prozent erhalten überhaupt keine Anerkennung. Nur 16 Prozent finden ihre Leistungen angemessen wertgeschätzt. Und nur drei Prozent der Befragten gaben an, dass ihnen fehlendes Lob nichts ausmache.[57]

»Ein zentrales, neurobiologisch (!) begründetes Motiv für die Bereitschaft des Menschen zu arbeiten ist der Wunsch nach direkter oder indirekter Anerkennung«, schreibt der Neurobiologe, Psychotherapeut und Arzt Joachim Bauer.[58] Und auch das: »Geld kann nur begrenzt leisten, was soziale Anerkennung, Wertschätzung und ein gutes Arbeitsklima vermögen: das Motivationszentrum des Menschen und die Ausschüttung seiner Motivationsbotenstoffe in Fahrt zu bringen.«[59]

Das Motivieren hat viele Gesichter: Es kann Ansporn, Ermutigung, Trost und Zuspruch sein. Es kann sich in Bestätigung, Beifall und Bewunderung äußern. Es kann sich als gut oder schlecht gemachtes Lob verkleiden. Es kann emotionale und monetäre Belohnungsanteile enthalten, himmlischen oder teuflischen Zwecken dienen, steuern, befruchten, ködern, manipulieren, verführen. Motivieren manipuliert? An sich ist beides weder gut noch böse. Es kommt vielmehr darauf an, welchen Zweck man damit verfolgt und welcher Anlass dem Ganzen zugrunde liegt. Man kann jemandem aufrichtig Respekt zollen für einen klugen Gedanken oder eine mutige Tat, ohne ihn dabei benutzen zu wollen. Jede Kommunikation, egal ob verbal oder durch körpersprachliche Zeichen geäußert, und sogar jede Nichtkommunikation manipuliert. So ist am Ende auch ein hochverdientes, aber nicht ausgesprochenes Lob pure Manipulation.

In jedem Job gibt es (hoffentlich) viele Dinge zu tun, die uns von Haus aus Freude machen, weil wir solche Aufgaben lieben. Oft ist aber auch Arbeit da, die wir ein bisschen weniger mögen. In beiden Fällen kommt es darauf an, wie stimulierend man uns das dann serviert. Bei einer Mahlzeit ist es genauso. Wir müssen essen, das ist intrinsisch. Was uns schmeckt oder auch nicht, das ist von Mensch zu Mensch verschieden. Die Lust am Essen hat aber auch damit zu tun, wie appetitlich es zubereitet wurde und wie ansprechend es auf den Teller kommt. Was uns ekelt, das rühren wir nicht an, selbst wenn wir richtig Hunger haben. Stimmt hingegen die Aufmachung, dann läuft uns das Wasser im Munde zusammen – und unser gemäßigter Appetit schlägt in Heißhunger um.

Der größte Motivierer ist das Dopamin.

Der größte Motivierer sitzt übrigens in unserem eigenen Kopf. Mächtige zerebrale Strukturen und biochemische Prozesse motivieren uns ohne Unterlass, alles Unangenehme penibel zu meiden und Angenehmes engagiert in Angriff zu nehmen. Wir sind die Nachfahren von Menschen, deren Hirn besonders gut darin war. Biologen nennen das Evolution. So werden wir für Leistung, Lernen und das Meistern von Herausforderungen ständig belohnt: mit der süßesten Droge, die die Natur je erfunden hat. Ihr Name? Dopamin. Dopamin ist der Freudentaumel, das aufgekratzte Beflügeltsein, der siebte Himmel, Glückseligkeit pur.

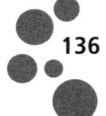

Im Reigen mit weiteren zerebralen Substanzen befeuert Dopamin unter anderem Arbeitsfreude, Wagemut und Leistungskraft. Außerdem stärkt es unser Immunsystem und schützt die Firmen so vor hohen Krankenständen. Dazu hat der Schweizer Soziologe Johannes Siegrist nachweisen können, dass eine Dysbalance zwischen Verausgabung und Wertschätzung am Arbeitsplatz zu erhöhten Gesundheitsrisiken führt.[60] Anerkennungsgespräche explizit in die Zielvereinbarungen einer Führungskraft aufzunehmen, ist also eine gute Sache. Doch einige Firmen haben inzwischen damit begonnen, Lobtage einzuführen: Freitag, 10 Uhr – Loben auf der Agenda! So wird Lob zur Pflichterfüllung. Und genauso kommt das dann bei den Mitarbeitern an – was einen bitteren Nachgeschmack weckt und kontraproduktiv ist.

Übrigens wird Dopamin, wie jeder andere Botenstoff auch, je nach Anlass und Menschentyp in unterschiedlicher Dosis erzeugt. Was uns motiviert, das eine zu tun und das andere zu lassen, ist bei jedem verschieden. Und nicht in jedem Genpool ist intrinsische Motivation en masse eingebaut. Vielfach reicht das innere Quantum, doch bisweilen tut ein wenig Aufmunterung gut. Einerseits kann es hilfreich sein, wenn von außen beharrlich bestärkt und mit Eifer ermutigt wird. Vom Sport wissen wir alle, welche Leistungswunder das nicht selten bewirkt. Andererseits wird man Übermotivierte mitunter auch bremsen müssen, damit kein Unheil geschieht. Den größten Fehler, den Führungskräfte bei all dem machen können, ist der, von sich selbst auszugehen.

Extrinsische Motivation

Es gibt Menschen, die laufen vor allem dann zur Hochform auf, wenn der Applaus von außen kommt. Wir finden sie in den Teppichetagen der großen Konzerne, auf Bühnen in Scheinwerferkegeln – und in Stadien auf dem Siegerpodest. Zu ihren Lebenszielen gehört es, auf die Titelbilder wichtiger Medien zu gelangen, denn ihre Herrlichkeit soll sichtbar sein. Sie wollen beklatscht, umjubelt und vergöttert werden. Sie sonnen sich selig im Rampenlicht der bewundernden Öffentlichkeit. Wird dieses ausgeknipst, verkümmern sie kläglich. Das kraftvolle »Porschehormon« Testosteron ist die Dampfmaschine, die sie im Großen und Ganzen befeuert.

Bewunderung macht süchtig. Und Sucht ist stärker als Moral.

Ein hoher Testosteronwert scheint sich gut anzufühlen, weshalb die, die das brauchen, ständig auf der Suche nach passender Außenstimulation sind. Möglichkeiten dazu gibt es genug, das braucht hier nicht vertieft zu werden. Wo Testosterongesteuerte das Sagen haben, gibt es überall Rankings, Rennlisten, Pokale, Statussymbole und Zeichen der Macht. Gratifikationen und dicke Bonuszahlungen sind für sie wie kapitale Zwölfender, die es, Halali, zu erjagen gilt. Weil sich nur die Besten mit solchen Trophäen schmücken können, sind sie eine faszinierende Beute. Dabei sind Auszeichnungen oft so begehrenswert, dass legale Grenzen keinen Einhalt bieten. Denn Bewunderung macht süchtig. Und Sucht ist stärker als Moral.

Menschen dieses Schlags, nennen wir sie Alphas, sind sehr leistungsbetont. Sie sprechen mit lauter Stimme, meist in der Ich-Form, effekthaschend und durchsetzungsstark. Sie wirken arrogant, aggressiv, selbstsicher und hart. Ohnmacht, also im wahrsten Sinne des Wortes ohne Macht zu sein, macht solche Typen ganz krank. Sie wollen beherrschen und kontrollieren. Ihre emotionale Kompetenz ist gering. Sie sind sachorientiert und kennen nur ein Ziel: nach oben! Sie ziehen in den Kampf und wollen den Sieg. Sie brauchen möglichst viele Leute *unter* sich und locken Ja-Sager geradezu an. An vielen kleinen Zeichen lässt sich erkennen, dass die ganze Firma ihre Eitelkeit pflegt. Huldigen-Programme nenne ich das. Sie hassen andere Götter neben sich, lieben Mitarbeiter als »Dekorationsmaterial« und verachten jene mit geringem Wider-

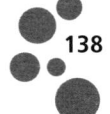

stand. So hemmen sie die Entwicklung all ihrer Leute. Weil nur ihre eigene Meinung zählt, wird fast nie die bestmögliche Entscheidung getroffen. Und wenn sie einen falschen Plan im Kopf haben, läuft das ganze Unternehmen in Richtung Untergang.

Daraus folgt: Die monetäre Anreizgläubigkeit in den Führungsetagen hängt ursächlich mit der eigenen Motivationsdisposition zusammen. Leider übersehen solche Alphas, bei denen Wettbewerb wie ein Turbo wirkt, dass nicht jeder tickt wie sie selbst. Weil ein Alpha niemanden gern neben sich hochkommen lässt, drängt es ihn, andere zu demütigen und ihre Minderwertigkeit sichtbar zu machen. Lob und Anerkennung sind deshalb auch überhaupt nicht ihr Ding. »Meine Mitarbeiter machen einfach nichts Gutes. Wofür soll ich sie denn loben?«, sagte mir so einer kürzlich.

Treten Fehler auf, werden Schuldige gesucht und vor aller Augen bestraft. So sind Alphas zwar auch von Helden, vor allem aber von einem Schlachtfeld Demotivierter umgeben, die sich nichts trauen und höchstens ihre Standardleistungen abrufen können. Deshalb ein Tipp: Wenn Sie von Bestenlisten nicht lassen können, dann zeigen Sie die drei ersten Plätze, nicht aber den Rest, damit man die Verlierer nicht sieht. Was es bedeutet, sein Gesicht zu verlieren, das weiß doch wohl jeder. Unerfreulicherweise brauchen Testosterongesteuerte solche Triumphe.

Intrinsische Motivation

Intrinsisch gesteuerte Menschen brauchen keinen funkelnden Zuspruch von außen, denn sie tragen ein Maximum an Motivation wie ein loderndes Feuer genetisch in sich. Schon als Kinder sind sie fast nicht zu halten vor lauter Bewegungsdrang. Neugierde und Abenteuerlust, Optimismus und Unbekümmertheit sind ihre Markenzeichen. Sie sind experimentierfreudig, lösungsorientiert, unkompliziert, flexibel, tolerant, kreativ. Sie sind Frohnaturen mit quasi eingebauter Glücksfähigkeit. Und fast ständig in einem

Zustand, den der Verhaltensforscher Mihály Csíkszentmihályi als Flow bezeichnet. Ihr Hirn arbeitet schnell. Sie suchen nach Abwechslung und nehmen das Leben leicht. Ihre Disposition sorgt für Pioniergeist, Innovationen und Spaß, aber auch für unkalkulierbare Risikobereitschaft und Chaos. Sie sind ungeduldig, flatterhaft, rastlos, unzuverlässig. Für ruhigere Zeitgenossen können sie deshalb recht anstrengend sein.

Sie sind Visionäre, Bekehrer, Heiler, aber auch Menschenfänger. Sie tragen den Funken der Begeisterung bis ans Ende der Welt. Mit ihrem Überschwang gelingt es ihnen, selbst müde Krieger wieder hochzureißen. Sie werden von einem Hormoncocktail befeuert, der vor allem aus dem schon erwähnten Dopamin besteht. Dopamin-Euphorie sorgt für Vitalität, für einen hochgradigen Energielevel und für den Chancenblick. Sie macht uns unternehmungslustig, leistungsfähig, wagemutig und siegesgewiss. Kommt eine motivierende Befeuerung von außen hinzu, dann wachsen solche Charaktere über sich selbst hinaus. Allerdings werden in diesem Zustand hirninnere Kontrollzentren zurückgefahren, weshalb eine Überdosierung gefährlich sein kann. Eine Notbremsung ist dann lebensnotwendig. Und mitunter muss man sie vor sich selbst retten.

Alles in allem sind Dopamingesteuerte wie wilde Pferde, manchmal geradezu besessen von einer Idee und anderen schnell um Meilen voraus. Leider übersieht der derart Gestrickte, dass bei Weitem nicht jeder so begnadet ausgestattet ist wie er selbst. Schlimmer noch: Er merkt nicht einmal, dass viele nicht den Hauch einer Chance haben, bei seinem Tempo mitzuhalten. Und er übersieht, dass sich andere bei der Hatz, die für ihn ein Leichtes ist, bis zum Burnout zerreiben – oder entmutigt das Handtuch werfen.

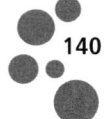

Gemischt gesteuerte Motivation

Schließlich gibt es eine dritte Spezies. Eigenmotivation, Antrieb und Willenskraft sind bei ihnen eher gering. Sie neigen zu Pessimismus, Selbstmitleid, Phlegma und mangelnder Resilienz. Manche verlöschen bis an den Rand der Depression. Um auf volle Drehzahl zu kommen, benötigen sie Zuspruch von außen. Zuwendung und Akzeptanz sind zwar für jeden von uns elementar, für diesen Typ aber ein biologisches Grundbedürfnis. Im Grunde wollen diese Menschen stolz sein können auf das, was sie im Rahmen ihrer Möglichkeiten zu leisten in der Lage sind. Und das ist oft ganz schön viel. Vor allem sind sie zuverlässig, fürsorglich, beharrlich und penibel genau.

Doch ihr Selbstbewusstsein leidet und sie sind von Zweifeln geplagt. Deshalb können sie nicht immer zeigen, was in ihnen steckt. Sie neigen zur Vorsicht und sind zögerlich, wenn es um Entscheidungen geht. Routinen und ein vertrautes Umfeld geben ihnen Sicherheit. Sie mögen Schritt-für-Schritt-Aufgaben – und leisere Varianten der Anerkennung. Bei aufgesetzten Lobattacken werden sie misstrauisch. Begeisterungsstürme machen sie skeptisch. Und öffentlicher Beifall ist ihnen peinlich.

Manche Führungskräfte würdigen nur herausragende Verdienste und vergessen dabei die vielen kleinen Performancesteigerungen solcher Mitarbeiter im Leistungsmittelfeld und darunter. Vor allem, wem der Glaube an sich fehlt, braucht wohldosiertes, begründetes, regelmäßiges Lob. Es ist das Elixier, das gerade stille, zurückhaltende und weniger talentierte Menschen beseelt, endlich Mut zu fassen und vollen Einsatz zu bringen. Für *den* Chef, der ihre Leistungen würdigt, ohne gleich überschwänglich zu werden, werden sie kleine Heldentaten vollbringen. Und für das Wohl der Kunden wachsen sie dann über sich selbst hinaus.

Die richtige Dosis entscheidet

Eine Führungskraft muss dieses Gefüge verstehen, um Motivation typgerecht zu befeuern. Das Feedback anderer Menschen ist eine Voraussetzung dafür, dass wir überhaupt ein Gefühl für die eigene Identität bekommen können. Deshalb fordern wir mit unserem Verhalten unser Umfeld *immer* zu Reaktionen auf. Positive beziehungsweise negative Verstärkungen sorgen dann dafür, dass das gezeigte Verhalten entweder fortgesetzt oder aber eingestellt wird. Und unabhängig davon, wie hoch die intrinsischen und extrinsischen Anteile sind: Ein Mitarbeiter erbringt seine Leistungen (fast) nie nur für sich selbst, sondern auch für die Menschen in seinem Umfeld, also zugleich für den Chef. Und er will, dass der das nicht nur sieht, sondern am Ende auch würdigt. Tut er dies nicht, beginnt der Mitarbeiter, herumzueiern, probiert mal dieses, mal jenes, um doch noch eine Reaktion zu ergattern. Und das kann leider durchaus in die falsche Richtung laufen. Oder man zieht sich völlig zurück. Denn Anstrengungen müssen lohnenswert sein, sonst fällt unser Hirn sofort in den Energiesparmodus.

Sowohl Lob als auch Kritik kommen übrigens bei Menschen immer auf zwei Ebenen an: auf einer Sachebene und einer Beziehungsebene. »Der Chef schätzt meine Arbeit (nicht)« heißt dann auch: »Er schätzt mich (nicht)«. Und die Beziehungsteile lassen sich aufrechnen. »Man kann sich das vorstellen wie ein Beziehungskonto. Jedes Lob ist eine Einzahlung, jede Kritik eine Abbuchung«, erklärt die Diplom-Pädagogin Heidrun Vössing in einem Beitrag für das Fachmagazin *ManagerSeminare*. »Ist das Konto im Minus, ist die Beziehungsebene gestört. Dann wird selbst die konstruktivste Kritik sofort persönlich genommen.« Deshalb rät die Trainerin den Führungspersonen zum Drei-zu-eins-Sparen: »Wer pro Kritik dreimal lobt, hat immer ein ordentliches Polster.«[61] Setzen Sie also öfter die Fehlersuchbrille ab und die Lobsuchbrille auf. Wer Gutes sucht, wird Gutes finden. *Zu* viel des Lobs soll es aber auch wieder nicht sein, sonst tritt ein Gewöhnungseffekt ein, und das Belohnungssystem springt nicht mehr an.

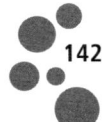

Der Schriftsteller Daniel Pink weist in seinem Buch *Drive* darauf hin, dass belohnendes Motivieren je nach Aufgabenstellung unterschiedlich ausfallen muss.[62] Dabei unterscheidet er zwischen algorithmischen und heuristischen Aufgaben. Bei Ersteren handelt es sich um einfache Routinearbeiten mit vorgezeichnetem Lösungsweg. Hier können vorauseilende Wenn-dann-Belohnungen (»Wenn Sie bis morgen …, dann …«) sinnvoll sein, da sie die Aufmerksamkeit auf die Zielverfolgung lenken. Sie erzeugen allerdings Abhängigkeit und müssen deshalb immer wieder dargeboten werden.

Wenn-dann-Belohnungen sind nicht in allen Situationen sinnvoll.

Heuristische Aufgaben sind komplexer. Eine passende Lösung muss erst noch gefunden werden. Hier sind vorab in Aussicht gestellte Belohnungen kontraproduktiv, da sie den Fokus verengen und deshalb das kreative Denken blockieren. Ferner können sie die intrinsische Motivation auslöschen oder zu unkorrektem Verhalten verleiten, da nun der Bonus zum eigentlichen Ziel wird. Deshalb sind in diesem Fall Nun-da-Belohnungen (»Nun, da das Projekt so erfolgreich umgesetzt wurde, …«) sinnvoller, solche also, die unerwartet kommen und erst angeboten werden, nachdem eine Aufgabe erfüllt ist. Inhaltliches Feedback ist dabei wertvoller als Geld.

Zu ähnlichen Ergebnissen kam auch der Verhaltensökonom Dan Ariely in seiner Forschung. In einem Test ging es um Geld als Bonus für Leistung. Kleine Beträge waren durchaus ein Ansporn. Hohe Boni hingegen führten zu einer deutlichen Verschlechterung der Ergebnisse, weil die Studienteilnehmer sich aus Angst vor einem möglichen Scheitern und dem damit verbundenen Geldverlust völlig verkrampften. In einem weiteren Fall ging es um drei Versuchsgruppen, die auf vollgeschriebenen Blättern bestimmte Buchstaben anzustreichen hatten. Die Teilnehmer der ersten Gruppe sollten ihren Namen auf jedes Blatt schreiben. Sobald eines fertig war, übergaben sie es dem Versuchsleiter, der es von oben bis unten durchsah, anerkennend nickte und es auf einen Stapel legte. Diese Gruppe bearbeitete durchschnittlich 9,0 Blätter. Die Personen aus der zweiten Gruppe beschrifteten die Blätter nicht. Der Versuchsleiter legte sie beiseite, ohne einen Blick darauf zu werfen. Diese Gruppe gab durchschnittlich 6,8 Blätter ab. Bei den Teilnehmern der dritten Gruppe wurden die ausgefüllten Blätter sofort in einen Reißwolf gegeben, ohne sie vorher durchzusehen. Diese Gruppe schaffte durchschnittlich 6,3 Blätter. Ja, es ist ganz erstaunlich, wie viel mehr an Motivation schon ein klein wenig emotionale Anerkennung bringt.[63]

Die US-amerikanische Wissenschaftlerin Carol Dweck untersuchte verschiedene Arten des Lobens und kam zu folgendem Schluss: Wer für seine Intelligenz gelobt wurde, mied in der Folge anspruchsvolle Aufgaben eher, um nicht hinter den Erwartungen zurückzubleiben. Wer jedoch für seine Anstrengungen gelobt worden war, verstärkte bei Folgearbeiten seinen Einsatz. Die Teilnehmer der zweiten Gruppe meisterten schließlich die Aufgaben um dreißig Prozent besser als die der ersten Gruppe.[64]

Schließlich hat ein Experiment am Zentrum für Europäische Wirtschaftsforschung (ZEW) gezeigt, dass eine Arbeitsgruppe Auftrieb erhält und ihre Leistungen deutlich steigert, wenn drei Personen aus ihrer Mitte gelobt werden. Nur eine Person lobend herauszuheben, brachte wenig. Ein Lob an alle steigerte den Gruppenoutput leicht. Mehrere Topleister zu würdigen, motiviert offensichtlich am meisten.[65] Das *Wie* ist also wie immer entscheidend. Und eines ist klar: Eine maßgeschneiderte Motivation ist die unerlässliche Vorstufe zu dem, was im Touchpoint-Management und für den Erfolg eines Unternehmens noch sehr viel wichtiger ist: nämlich Lust auf Leistung und damit Engagement. Schauen wir uns also nun die fünf wesentlichen Faktoren, die Lust auf Leistung bewirken, mal an.

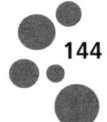

Wie Lust auf Leistung entsteht

Viele Berufstätige arbeiten gar nicht – sie gehen ihrem Vergnügen nach! Denn wir Menschen, so der Verhaltensbiologe Felix von Cube, sind nicht auf Schlaraffenland programmiert, sondern auf Leistung.[66] Der eine oder andere, der einer Theorie vom grundsätzlich faulen Menschen anhängt, mag jetzt ungläubig staunen. Weil er an all *die* Mitarbeiter denkt, die von Leistung nicht allzu viel zu halten scheinen. Da wäre es doch gut, die Stellschrauben zu kennen, unter denen Lust auf Leistung und Mitarbeiterengagement und damit schließlich Spitzenergebnisse entstehen können. Hier sind sie:

○ Sinnhaftigkeit
○ Wertschätzung
○ Vertrauen
○ Begeisterung
○ Verbundenheit

Ein ergebnisorientiertes Management wird also stets danach streben, im innerbetrieblichen Miteinander diese fünf elementaren Faktoren zu fördern und miteinander zu verknüpfen. Dies kann in Form eines Diagramms sichtbar gemacht werden, wobei auf einer Skala von null bis hundert die Führungskraft und die Mitarbeiter getrennt dargestellt werden. Doch alle Werte unterliegen einer gemeinsamen Verantwortung. Miteinander wird auch überlegt, was konkret zu tun ist, um erstens Selbstbild und Fremdbild besser anzugleichen und zweitens alle Werte gemeinsam Schritt für Schritt zu verbessern.

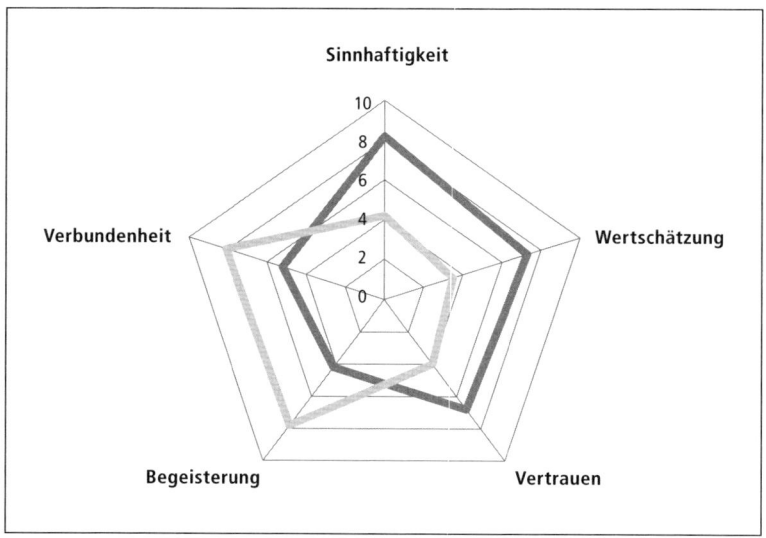

Abb. 8: Wie die Führungskraft (dunkelgrau) und der Mitarbeiterkreis (hellgrau)
den Istzustand der Kriterien für Lust auf Leistung bewerten

Sinn in der Arbeit bieten

Wer Engagement fordert, muss Sinn bieten. Denn Menschen arbeiten, um etwas zu bewirken. Sinn und das damit verbundene Glückserleben entstehen, wenn befähigte Mitarbeiter möglichst konkrete Aufgaben erledigen können, bei denen sie sich als wesentlich erleben. Wir sind beseelt von dem Wunsch, einen Beitrag zu leisten, und fürchten die Vorstellung, ein bedeutungsloses Leben gelebt zu haben. Es gibt Menschen Genugtuung, sich auf eine im Rahmen ihrer Fähigkeiten liegende Art und Weise weiterentwickeln und entfalten zu können.

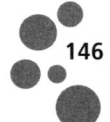

Hierzu benötigen Mitarbeiter immer wieder neue Aufgaben – seien es andersartige oder schwierigere –, um sich diesen mit Kreativität, Konzentration und Hingabe eigenverantwortlich widmen zu können. Sie brauchen dabei mehr oder weniger hohe, vor allem aber sinnvolle Ziele und eine Rückmeldung über die Qualität ihrer Arbeit. So macht man sich mit Neuland vertraut, und aus Unbekanntem wird schließlich Bekanntes. Dies verschafft uns die Sicherheit, eine Situation zu beherrschen – und das wiederum gibt uns ein gutes Gefühl. Ein weiteres Plus: Woran man selbst beteiligt ist, das unterstützt man mit Engagement und Zielstrebigkeit.

Ohne sinnvolle Herausforderungen hätten wir keine Möglichkeit, uns zu bewähren, auf uns stolz zu sein und die so wertvolle wie notwendige Aufmerksamkeit und Anerkennung unserer Mitmenschen zu erlangen. Unsere Motivationssysteme werden erst hochgeschaltet, wenn wir uns um eine Sache verdient gemacht haben. Und bei jedem Lernerfolg schüttet unser inneres Belohnungssystem eine kleine Dosis Glückseligkeit aus. Für das aber, was uns einfach so in den Schoß fällt, gibt es keine Momente des Glücks. Herausforderungen hingegen beflügeln.

> **Wir brauchen sinnvolle Herausforderungen, um uns bewähren zu können, auf uns stolz zu sein und Aufmerksamkeit sowie Anerkennung zu erlangen.**

Die Evolution belohnt uns vor allem dann, wenn wir uns als wertvolles Mitglied einer Gruppe zeigen, wenn wir Sinnhaftes und Wertstiftendes tun und dabei unsere Sache möglichst immer noch ein wenig besser machen. Der kurzzeitig damit verbundene Stress hat keine negativen Auswirkungen, ganz im Gegenteil, er bringt uns in Hochform. Der Lohn dafür ist eine mächtige Droge: das erhabene Gefühl, über sich selbst hinausgewachsen zu sein. Dies gilt nicht nur für körperlich agierende Menschen, sondern insbesondere auch für Kopfarbeiter: Geistesblitze und Schöpferkraft werden ebenfalls mit Dopamin belohnt. Dies führt zu einer weiteren Aktivierung des Gehirns, zum Mehr-machen-Wollen, zum Aufbau von Millionen von Hochleistungsneuronen und zu einer stärkeren Vernetzung der Lerninhalte.

Führungskräfte, die von ihren Mitarbeitern Großes wollen, versorgen sie also am besten mit derartigen Kicks. Sie stellen ihre Mitarbeiter vor immer neue Herausforderungen. Sie delegieren auf richtige Weise und lassen die Mitarbeiter dann machen – ohne sie freilich alleine zu lassen. Sie fordern viel und bringen ihre Mitarbeiter immer wieder dazu, sich selbst zu übertreffen. Am Ende ist es wirkungsvoller, mit herausfordernden Zielen zu führen, statt mit der Geißel des Scheiterns zu drohen. Anhaltende Frustration sorgt nämlich dafür, dass Menschen ihren Ehrgeiz verlieren, weil die Dopaminproduktion verebbt.

Nur wer frei ist, kann sich entscheiden. Wer sich hingegen überfahren oder in eine Statistenrolle gedrängt fühlt, reagiert darauf mit einem lähmenden Ohnmachtsgefühl. Ohnmächtig, also fremdbestimmt und ohne Macht zu sein, das macht uns ganz klein. Hingegen blühen die Mitarbeitenden auf und beginnen, eigenverantwortlich zu handeln, wenn man ihnen Spielraum im wahrsten Sinne des Wortes gibt. Spielräume sind Territorien zum beruflichen Überleben. Und jeder Mensch braucht – so wie auch jedes Tier – ein Territorium, auf dem er sich sicher und heimisch fühlt.

Wir alle sind als einzigartige Individuen mit einem mächtigen Gestaltungswillen geboren worden, um ein Leben voller Sinn zu führen. Und nicht, um im Menschenschach verheizt zu werden. Sinn ist die ruhige, besonnene Schwester der Begeisterung. Während Begeisterung eine lustvolle, extrinsische, maximierende Färbung trägt, steht Sinn für einen intrinsischen Zustand autonomer Gelassenheit. Sinn trägt weder einen Maximierungszwang noch eine Konkurrenzkomponente in sich. Sinn ist sich selbst genug. Und Sinn macht uns frei.

Gerade die Elite der Digital Natives sucht verstärkt danach, ihre Individualität zu leben und Fremdbestimmung zu minimieren. Sie

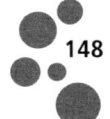

will Selbstwirksamkeit spüren und nicht zum Spielball Dritter, der Umstände oder des Schicksals werden. Sie hat sich an ein eigenverantwortliches Leben sehr frühzeitig gewöhnt. Sie lässt sich nichts willenlos auferlegen. Und sie fragt (sich) ständig, ob das, was sie tut, sinnvoll ist. Die Arbeitswelt der Zukunft muss also vor allem eines ermöglichen: durch Selbstbestimmung zu Selbstverwirklichung und zu Sinn gelangen.

Wertschätzung zeigen

Um es noch einmal mit Joachim Bauer zu sagen: Kern aller menschlichen Motivation ist es, Aufmerksamkeit, Wertschätzung und Zuneigung zu finden und zu geben. Die Motivationssysteme schalten ab, wenn keine Chance auf soziale Zuwendung besteht, und sie springen an, wenn Anerkennung oder Liebe im Spiel sind. Berufliche und persönliche Wertschätzung, gegenseitiger Respekt und situative Erkenntlichkeit sind maßgebliche Treiber für Mitarbeiterengagement und Spitzenperformance. All dies verschafft nicht nur ein gutes Gefühl, sondern verhindert auch negative Formen von Aggression wie Niedertracht, Mobbing und Verweigerung. Heike Bruch, Direktorin des Instituts für Führung und Personalmanagement der Uni St. Gallen, hat den empirischen Nachweis erbracht: In Organisationen, in denen Mitarbeiter sich wertgeschätzt fühlen, sind die Burnout-Quoten gering.[67]

Wertschätzung ist somit eine permanente Führungsaufgabe. Sie drückt sich auf vielfältige Weise aus: durch einen Dank, den freundlichen Augenkontakt, ein interessiertes Hinhören, ein wohlwollendes Kopfnicken, ein anteilnehmendes Lächeln, eine liebenswürdige Bitte, eine ehrliche Entschuldigung, eine wissbegierige Frage, ein immer neues Verstehen. So wollen Mitarbeiter als Fachkraft *und* als Mensch wahrgenommen werden.

Durch Tadel macht man die Menschen klein. Durch Wertschätzung macht man sie groß. Selbst der Größte fühlt sich klein, wenn er keine Zuwendung erfährt. Staunende Beachtung, bewundernde Aufmerksamkeit und tobender Applaus sind wie reiner Sauerstoff. Sie lassen Leistungen katapultartig nach oben schnellen. »Wenn jemand Anerkennung bekommt für eine Leistung, die ihm schon Flow beschert hat, dann ist das eine zusätzliche Motivation, sich das nächste Mal wieder voll anzustrengen«, ergänzt Felix von Cube.[68] Das Gegenteil von solcher Aufmerksamkeit? Einschüchterung, Entwürdigung und Missachtung oder – schlimmer noch – manipulative Lobhudelei und verbal oder nonverbal gezeigte Verachtung. All dies erstickt jedes Wollen im Keim.

Wertschätzung ist einer unserer stärksten Motivatoren. Nach Wertschätzung als Mensch und als Profi – und nicht nach Geld – trachten wir ohne Unterlass. Vor allem die Manager an der Spitze und High Performer mit einem reichen Talenteschatz heizen ihren Energiehaushalt, wie wir schon sahen, durch Anerkennung von außen an. Wen wir am meisten schätzen, dessen Beachtung brauchen wir übrigens am dringendsten. Diese nicht zu bekommen, das tut besonders weh. Wenn dies passiert, dann kann Bewunderung in Verbitterung umschlagen. Rachegefühle und Bösartigkeiten stellen sich ein, wenn die Hassliebe Einzug hält. Mit übler Nachrede zahlen wir's denen heim, die uns die ersehnte Aufmerksamkeit verwehren. Ist doch klar: Wer andere kleinredet, macht damit sich selbst groß. Und schon ist alles wieder im Lot. Jede Form von Wertschätzung ist wohl letztlich ein Tauschgeschäft: Wir teilen Komplimente aus, in der Hoffnung, welche zu erhalten.

In »Wertschätzung« steckt »Schatz«. Zeigen Sie den Menschen um sich herum, welchen Wert, ja welchen Schatz sie darstellen. Wertschätzung sich selbst und anderen gegenüber ist der Schlüssel zur Führung. Wer Wertschätzung erhält, verändert sich. Und wer Wertschätzung gibt, führt die Menschen überall hin. Wenn die Wertschätzung für Kunden und Mitarbeiter bei Ihnen ganz oben auf der Werteskala steht, haben Sie die Basis für den unternehmerischen Erfolg schon in der Tasche.

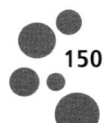

Vertrauen aufbauen

Menschen wollen und müssen vertrauen. Gerade in Zeiten lockerer Bindungen nimmt die Bedeutung von Vertrauen als Basis tragfähiger Beziehungen zu. Die einzige Chance im Umgang mit Komplexität, so der Soziologe Niklas Luhmann, sei Vertrauen.[69] Dort, wo Führungspersonen mit ihren Mitarbeitern vorwiegend per Mail kommunizieren, weil Distanzen nur noch virtuell überbrückbar sind, verbindet sie vor allem Vertrauen. Wo die Zeit nicht reicht oder das Wissen fehlt, um eine Sache zu durchleuchten, ist Vertrauen der beste Kitt. Und dort, wo wir von Fremden auf dem globalen Marktplatz Internet kaufen, gibt es nur eine Chance: Vertrauen.

Vertrauen steigert das Tempo, sein feiger Gegenspieler, die kleinliche Kontrolle, verlangsamt es. Aus diesem Grund sind Bürokratien und Hierarchien auf verlorenem Posten. Sie werden den Wettlauf um die Zukunft verlieren. Vertrauen macht Unternehmen kreativ, schnell und gut. Denn für Innovationen und konstruktive Verbesserungsprozesse braucht es den Austausch von Wissen. Mitarbeiter teilen ihr Wissen aber erst dann, wenn sie einander vertrauen. »Zentrale Voraussetzungen für die optimale Arbeit von Hochleistungsteams sind vor allem frei verfügbares geistiges Eigentum und ein hohes Maß an Vertrauen«, diagnostiziert der Organisationspsychologe Michael Kastner von der Technischen Universität Dortmund. Nur in Vertrauenskulturen können ganz große Würfe gelingen.

Vertrauen macht Unternehmen kreativ, schnell und gut.

Vertrauen ist ein Tauschgeschäft. Vertraust du mir, dann vertrau ich dir. Doch eine Vertrauensspirale beginnt – wie Geben und Nehmen – mit einem Vertrauensvorschuss. Man traut dem anderen. Und man traut ihm etwas zu. Zutrauen ist eine gegenseitige Bringschuld, aus der sich, wenn es gut läuft, Vertrauen verdichtet. Wer den Schritt ins Vertrauen wagt, hat die Angst vor der eigenen Verwundbarkeit besiegt und zeigt damit Selbstvertrauen. Wer vertraut, wirkt vertrauenswürdig. Wer hingegen zu Misstrauen neigt, weckt Misstrauen bei den Menschen in seinem Umfeld. Diese nehmen sich nun selbst in Acht. Deshalb sollte die folgende Regel gelten: Jedem ist so lange zu vertrauen, bis er bewiesen hat, dass er es nicht verdient.

Selbstverständlich kann Vertrauen nur in angstfreien Räumen gedeihen. »Wo das Vertrauen fehlt, spricht der Verdacht«, hat schon Laotse gesagt. In Misstrauenskulturen regieren Unsicherheit, Argwohn und Kleinmütigkeit. Vorsicht macht sich weitläufig breit. Und ein Absicherungswettrüsten beginnt. Da sieht man den Feind um jede Ecke kommen, wittert überall böse Machenschaften und ist permanent auf der Hut. Wer also Lebensqualität bei der Arbeit will, sollte den Sprung ins Vertrauen wagen. »Wenn wir andere ängstlich überwachen, überwachen wir uns schließlich selbst, weil die Mauern, die wir für andere bauen, uns selbst umgeben«, schreibt Reinhard Sprenger.[70]

Vertrauen schenken ist nicht ohne Risiko, erfordert also Mut. Doch damit meine ich nicht Blauäugigkeit und blindes Vertrauen. Denn blindes Vertrauen ist naiv. Dem wachsamen Vertrauen eine Chance zu geben, das ist klug. Spieltheoretische Analysen zeigen, dass am erfolgreichsten mit anderen zusammenarbeitet, wer zunächst vertrauensvoll in eine Beziehung investiert – und sich danach immer so verhält wie das Gegenüber. Das bedeutet aber auch: Je größer das Vertrauen, desto feindseliger reagiert, wer sich getäuscht oder betrogen fühlt. Vertrauen ist ein zartes Pflänzchen. Es braucht lange zum Wachsen und ist in Sekunden zerstört. »Für verlorenes Vertrauen gibt es kein Fundbüro«, sagt der Aphoristiker Ernst Ferstl.

Vertrauen bedeutet sich trauen, neues Terrain zu betreten. Es entsteht durch kleine Schritte der Annäherung und durch ausbleiben-

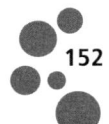

de Enttäuschungen. Wir tasten uns vor, um zu sehen, wer unser Vertrauen verdient. Dazu stellen wir andere auch auf die Probe. Am Ende erwächst Vertrauen aus Vertrautheit, aufgebaut durch Nähe, gute Gespräche, gemeinsame Arbeit und positive Resultate. Auch Sympathie fördert Vertrauen. Geheimnisvolles Getue hingegen, vorenthaltene Informationen, versteckte Kontrollen und Absprachen in Hinterzimmern zerstören Vertrauen.

Vertrauen wird gewonnen durch	Vertrauen wird verspielt durch
Einklang von Reden und Handeln	Worte, denen keine Taten folgen
Einhalten gegebener Versprechen	Nichteinhalten von Zusagen
offene, ehrliche Kommunikation	Verschweigen, Lügen, Taktieren
Geradlinigkeit und Verlässlichkeit	Sprunghaftigkeit, Ungerechtigkeit
Fairness und Respekt im Umgang	Bloßstellen vor Dritten
Vertrautheit und Sympathie	Undurchsichtigkeit, Antipathie
Glauben an Kompetenz und Wille	Misstrauen, versteckte Kontrollen
Anerkennung für Geleistetes	ständige Fehlersuche, Drohungen
Zugeben eigener Fehler	Verschleiern eigener Fehler
Ahnden von Vertrauensbrüchen	Tolerieren von Vertrauensbrüchen

Wer Vertrauen will, sollte vor allem selbst vertrauenswürdig sein. Die partnerschaftlich orientierte Form des Vertrauens geht vom Stärkeren, also von der Führungskraft aus. Sie lebt Vertrauen vor. Die allermeisten Mitarbeiter reagieren darauf mit Vertrauensbeweisen und nicht mit Vertrauensbruch. Die Furcht vor Vertrauensmissbrauch ist allerdings groß. So wird in vorauseilender Angst alles eingepfercht, anstatt dem guten Willen Freiraum zu geben. Mit seinen Mitarbeitern vertrauensvoll zusammen arbeiten zu können – ein richtig gutes Gefühl. Vertrauen muss deshalb geschützt werden. Und sollte es doch zum Vertrauensbruch kommen, ist dieser kompromisslos zu ahnden.

Ein Vertrauensbildungsprozess setzt sich aus vielen kleinen Mosaiksteinchen zusammen. Er braucht Glaubwürdigkeit, Geradlinigkeit, Fairness, Klarheit, Transparenz, Ehrlichkeit, Gerechtigkeit, Zuverlässigkeit und eingehaltene Versprechen. Ohne Verlässlichkeit gibt es kein Vertrauen. Und wo Transparenz fehlt, wird gnadenlos aufgedeckt. Positive Erfahrungen hingegen bauen ein wohlwollendes Vertrauenspolster auf. Es lässt uns sogar die eine oder andere Enttäuschung verkraften. Ein Vertrauensentwicklungsprozess kostet zwar Zeit, doch die ist gut investiert. Übrigens: Beinharte Kontrolle kostet auch. Und zwar nicht nur Zeit und Geld, sondern hauptsächlich Mitarbeiterengagement. Vertrauen braucht zwar auch ein paar Regeln, vor allen Dingen aber Raum zur individuellen Entfaltung von Eigenverantwortung und Selbstkontrolle.

Begeisterung entfachen

»Wo ein Begeisterter steht, ist der Gipfel der Welt«, hat der Lyriker Joseph von Eichendorff einmal gesagt. Wer also das volle Engagement seiner Mitarbeiter will, muss für Begeisterung sorgen. Meist sind es kleine Dinge, die die Mitarbeiter in Begeisterung versetzen – und damit emotionale Verbundenheit bewirken. Ich nenne diese »Sternenstaub«. Die Differenzierung findet dabei vor allem auf der Beziehungsebene statt. Begeisterung verzeiht auch kleine Fehler. Denn wer begeistert ist, trägt eine rosarote Brille, so wie ein frisch Verliebter, der nur die guten Seiten sieht und über kleine Schwächen milde hinwegschaut.

Jede Mitarbeiterbeziehung ist ein Wechselbad der Gefühle und oszilliert zwischen schlimmster Befürchtung und hemmungsloser Begeisterung. Eine Kernfrage, die deshalb immer wieder neu zu stellen ist, lautet: Welche Erwartungen haben unsere Mitarbeiter *wirklich* an uns? Und: Wie können wir diese bei allen Interaktionen

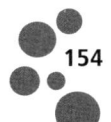

(immer wieder deutlich) übertreffen? Und: Wie können wir sicher sein, dass unsere Vermutungen stimmen? Alles, was an den einzelnen internen Touchpoints passiert, wird von den Mitarbeitern bewertet. Für sie ist *das* Realität, was sie wahrnehmen. So führt der Abgleich zwischen Erwartungen und tatsächlich erhaltener Leistung zu Enttäuschung, Zufriedenheit oder Begeisterung.

Der Erwartungstopf füllt sich mit dem, was die Firma über sich sagt und andere über die Firma sagen. Die Mitbewerber am Arbeitsmarkt dienen als Messlatte. Vor allem aber speisen sich Erwartungen aus eigenen inneren Bildern. Diese mentalen Landkarten wurden durch die Summe unserer Erfahrungen aufgebaut. Sie werden ständig bearbeitet und neu bewertet. Und all das passiert völlig unbewusst. Die Erinnerungen an gemachte Erfahrungen entsprechen im Übrigen nie der Realität. Sie sind gefärbt durch positive oder negative Grundstimmungen, durch Vorlieben und Abneigungen und durch selektive Wahrnehmung. Vergessenslücken füllt unser Hirn praktischerweise mit passend scheinendem Material. So kommt es, dass die gleiche Situation völlig verschiedenartig klingt, wenn zwei Menschen davon erzählen.

Das Ergebnis des Abgleichs von individueller Erwartung und subjektiver Bewertung des Erhaltenen hat immer mit dem eigenen Anspruchsniveau zu tun. Und auch die Tageslaune spielt eine Rolle. Wem es gut geht, der ist hoffnungsvoll gestimmt und großmütig bei kleinen Fehlern. Hat man aber einen rabenschwarzen Tag, dann kommt bei aller Anstrengung niemand gut weg. In einer solchen Verfassung ist unser Hirn in der Lage, sich das Schlimmste auszumalen. Versprechen müssen deshalb immer eingehalten werden. Und: Erst oberhalb der Nulllinie setzt Begeisterung ein. Um Mitarbeiter zu begeistern, werden Sie also Erwartungen übertreffen müssen, sonst schlägt die positive Erwartungshaltung schnell in Enttäuschung um.

Ein Bonustipp noch zum Schluss: Begeisterungsfaktoren verlieren ihre Wirkung recht schnell, weil man sich an ihre Existenz gewöhnt. Deshalb muss immer wieder etwas Neues, Anderes, Überraschendes, nicht Vergleichbares her, damit sich am Ende keine Das-steht-mir-zu-Mentalität einschleicht. Ein reicher Ideenfundus ist also vonnöten – und Originalität ist gefragt. In Teil 3 werden wir diesem Thema noch einmal begegnen.

Verbundenheit fördern

Seitdem wir Menschen uns von den Bäumen herunterschwangen, dreht sich bei uns alles um das Leben in einem Verbund. Die Akzeptanz einer schützenden Gemeinschaft ist für uns fundamental. Ausgestoßen zu werden, ist das Schlimmste, was uns passieren kann. Allein sind wir schwach, zusammen sind wir stark. Die unglücklichsten Menschen sind diejenigen, von denen niemand etwas will, die nicht gefragt sind und nicht gebraucht werden. Ein wertvolles und geachtetes Mitglied einer Gruppe zu sein: Das gibt uns Sicherheit und Geborgenheit. Soziale Isolation ist eine der schlimmsten Strafen. Sie macht uns aggressiv – oder depressiv. Sie führt zu einem Absenken des Gelassenheitshormons Serotonin und schließlich zu einem Kollaps zerebraler Funktionen. Säuglinge sterben daran.

Verbundenheit entsteht durch Zuneigung und gemeinsames Handeln. Begleitet werden diese Prozesse durch einen körpereigenen Botenstoff namens Oxytocin. Das auch gerne Kuschelhormon genannte Oxytocin erhöht unser Glücks- und Genusspotenzial. Es ist neurochemischer Balsam für unsere Seele. Es wirkt entspannend und gesundheitsfördernd. Verstärkt ausgeschüttet wird es immer dann, wenn es zu einer Begegnung kommt, die feste Bindungen einleiten soll. Es erhöht die Bereitschaft, Vertrauen zu schenken. Gleichzeitig stabilisiert es die Beziehungen, die zu seiner Ausschüttung geführt haben. Es belohnt also positive soziale Kontakte und Geselligkeit. Deshalb freuen wir uns, wenn wir gute Freunde und angenehme Kollegen sehen – und diese freuen sich auf uns.

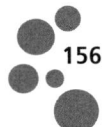

Dass Menschen Egoisten sind und nur an ihrem eigenen Wohlergehen Interesse haben, ist ein Aberglaube. Er bekam mächtig Auftrieb, als 1976 Richard Dawkins' Buch *Das egoistische Gen* Weltruhm erlangte. In den letzten Jahren wurden jedoch immer mehr neurobiologische Untersuchungen publiziert, die das vorherrschend altruistische Wesen in uns finden. Vom »Social Brain« ist die Rede. Die Summe der Erkenntnisse: Wir sind *nicht* primär auf Egoismus und Konkurrenz ausgerichtet, sondern auf Zuwendung und gelingende zwischenmenschliche Beziehungen. Wenn wir kooperieren, springt in unserem Hirn das Belohnungssystem an.

Wenn wir kooperieren, springt in unserem Hirn das Belohnungssystem an.

Allerdings spielt dabei das Umfeld eine wichtige Rolle. Dazu führte, wie der *Harvard Business Manager* berichtet, der Sozialpsychologe Lee Ross von der Stanford University ein Experiment mit zwei gleich zusammengesetzten Gruppen durch.[71] Der einen Gruppe erklärte er, sie spielten das Community Game, ein auf Gemeinnutz ausgelegtes Spiel. Der anderen Gruppe wurde gesagt, sie spielten das Wall Street Game, in dem Egoismus belohnt würde. In Wahrheit handelte es sich um das gleiche Spiel, nur mit verschiedenen Namen. Im Community Game spielten von Anfang bis Ende siebzig Prozent aller Teilnehmer kooperativ. Im Wall Street Game hingegen arbeiteten siebzig Prozent aller Spieler *nicht* zusammen. So beeinflusste allein die Definition des Spiels also vierzig Prozent der Versuchsteilnehmer. Sogar Spieler, die zunächst egoistisch wirkten, ließen sich in der kollegialen Spielvariante zu kooperativem Verhalten bewegen.

Demnach verschenkt, wer auf interne Konkurrenz setzt, siebzig Prozent des Potenzials, das durch Kooperation entstehen kann. Ergo: Das Wir zu entwickeln – und auch zu feiern (!) –, zählt mehr als das Heroisieren von Einzelerfolgen. Durch Letzteres gewinnen zwar einige wenige, doch ein Großteil der Mitspieler wird zu Verlierern gemacht. Und wo Verlierer sind, da sind auch Missgunst und Neid. Boshaftigkeiten, Intrigen und Rufmord stellen sich ein. Selbst die Firma als Ganzes wird Federn lassen. Wer nämlich gegeneinander spielt, wird im entscheidenden Moment dem Kontrahenten die Hilfe versagen – und seine Ideen lieber für sich behalten. Produktivitätsdefizite auf breiter Ebene sind die Folge.

Wer solche Win-lose-Konzepte entwickelt, betrachtet anscheinend immer nur das, was er gewinnt, nicht aber das, was er verliert. Nun, da Kollaboration eine so wichtige Rolle spielt, sind Team-Incentives und Win-win-Konzepte, bei denen abteilungsübergreifend (!) alle auf ein gemeinsames Ziel eingeschworen werden und zusammen gewinnen können, wesentlich besser geeignet. Und die Motivation dazu ergibt sich aus dem kollektiv erreichten Ergebnis – und nicht über kalte Kennzahlensysteme.

Erfolgreiche Unternehmen bieten nicht nur Identifikationspotenzial, sie dienen auch der Selbsterhöhung. Menschen wollen stolz sein können auf die Kohorte, für die sie sich entschieden haben. Denn dann springt ein wenig von deren Glanz auch auf einen selbst über. Und indem wir offenbaren, zu wem wir gehören, grenzen wir uns gegenüber anderen ab. Erfolgreiche Unternehmen bieten also nicht nur Identifikationspotenzial, sie dienen auch der Selbsterhöhung. Dabei scheint es Männern viel mehr noch als Frauen wichtig zu sein, solche Zugehörigkeit öffentlich sichtbar zu machen.

Die Zutaten für ein perfektes Wirgefühl? Ganz unabhängig davon, in welchem Arbeitsmodell die Mitarbeitenden sich bewegen, gehören dazu:

O Erfolge, die sich feiern lassen
O sichtbare Zeichen der Zugehörigkeit

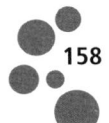

○ Rituale, die zusammenschweißen
○ Geschichten, Mythen, Legenden
○ Wahrnehmung durch die Öffentlichkeit

Ein gelungenes Beispiel dafür erzählt Gunther Wolf in seinem Buch *Mitarbeiterbindung*.[72] Die Marktleiter einer regionalen Franchisegruppe der Obi-Baumarktkette hatten ihre Mitarbeiter gebeten, die Firmenkleidung nicht gegen Privatklamotten zu tauschen, wenn sie in die Mittagspause gingen. Zunächst wurde zwar vereinzelt gemurrt, doch am Ende machten alle mit. Wer will schon gern als Außenseiter sichtbar sein. Sehr schnell wurde die Truppe von Dritten angesprochen und um sachkundigen Rat gefragt. So wurde ihr Ego gestreichelt. Einer hat ein Foto gemacht und auf seiner Facebook-Seite gepostet: »Wie geil: Kaum sind wir hier, ist der ganze Laden orange.« Die Dienstleister, bei denen die »Orangen« aufgetaucht waren, kamen ihrerseits zum Einkaufen in den Obi-Markt. Und diejenigen, die gute Ratschläge erhalten hatten, die kamen auch. Es brach sogar ein Wettbewerb aus, wem es gelang, die meisten Kunden in den Laden zu locken.

Ja, ein starkes Wirgefühl entwickelt sich vor allem durch gemeinsame Erlebnisse, durch erzielte Ergebnisse und Stolz auf die Firma. Dies trägt der Mitarbeiter durch positive Erzählungen schließlich nach draußen. So können Mitarbeiter nicht nur wertvolle Bewerber anlocken, sondern auch die Loyalität im Kundenkreis stärken. Denn Mitarbeiter- und Kundenloyalität korrelieren. Wer keine loyalen Mitarbeiter hat, hat auch bald keine loyalen Kunden mehr. Und aktive Botschafter schon gar nicht.

Die Mitarbeiter als Botschafter

In seinem Blog plaudert ein Mitarbeiter schon fleißig über den neuen Produktionsleiter, der in ein paar Wochen einsteigen will. Doch die Sache hat einen Haken. Offiziell wurde er noch gar nicht vorgestellt, denn er ist noch an seinen alten Arbeitgeber gebunden. Tja, die Neuen Medien machen solche Indiskretionen, egal ob ungewollt oder in voller Absicht begangen, ganz leicht. So kann heute jeder zum »Pressesprecher« seines Unternehmens werden. Früher lauerten die Medien mitteilsamen Mitarbeitern an der Hintertür auf, um ein unbedachtes Wort zu erhaschen. Oder sie hofften auf eine undichte Stelle im obersten Stock. Heute braucht man nur dem Geplapper der Leute im Web zu folgen, um die tollsten Dinge zu erfahren.

Die Zeiten, in denen man mithilfe von blumigen Stellenannoncen und vollmundigen Imagebroschüren den Pfau machen konnte, sind endgültig vorbei. Auf der großen Bühne Internet sind Unternehmen federlos nackt. Wer aber nackt ist, der sollte besser fit aussehen. Denn das Innenleben einer Company wird heutzutage schonungslos bloßgestellt. Und von frustriertem Personal wird ganz schön viel schmutzige Wäsche gewaschen. Die Pflege der Arbeitgebermarke nimmt in diesem Szenario eine eklatant wichtige Stellung ein. Die relevantesten Recruiting-Touchpoints befinden sich nicht länger im Kontrollbereich der Unternehmen. Anbieter mit hauptsächlich schlechten Onlinekritiken werden im Kampf um die Besten künftig

Jeder Mitarbeiter macht Öffentlichkeitsarbeit; diese liegt nicht mehr in der Hand der Unternehmen.

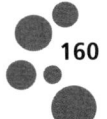

leer ausgehen. Oder sie müssen beim Gehalt einen kräftigen Aufpreis bezahlen. Nur wer seine Mitarbeiter hegt und pflegt, braucht sich keine Sorgen zu machen.

Unter öffentlicher Beobachtung

Früher gab es in den meisten Firmen eine One-Voice-Policy. Dabei oblag es dem Unternehmenssprecher, über Interna Auskunft zu geben. Und emsige Presseabteilungen wachten akribisch darüber, dass jedes einzelne Wort abgestimmt war. Doch die Ära, in denen die PR den Ton diktierte und bestimmte, was veröffentlicht wird und was nicht, ist längst passé.

O »Unser Kundendienst ist wie immer unterbesetzt.«
O »Der Chef hat sowieso nur seine Tantiemen im Sinn.«
O »Wenn das so weitergeht, stehen wir kurz vor der Pleite.«

Heutzutage hat schon allein im Großraumwagen der Bahn jeder Firmenangehörige eine öffentliche Stimme (am Telefon).

Und wer dies will, für den ist es so leicht wie niemals zuvor, ein noch viel breiteres Publikum anzusprechen, ohne dass sich dies kontrollieren ließe. Hierzu kann er auf digitale Kommunikationsmittel von unglaublicher Reichweite zurückgreifen, wodurch sich positives wie auch negatives Gerede explosionsartig verbreitet. Und je mehr Digital Natives den Unternehmen zuströmen, desto stärker ist der Effekt. Dies ist Fluch und Segen zugleich.

Im Positiven kann jeder Mitarbeiter zu einem Botschafter, Fürsprecher und Meinungsmacher für die unternehmerische Sache werden. Als »Corporate Evangelist« kann er die Arbeitgebermarke stärken, wo es nur geht. Und dies mit einer Glaubwürdigkeit, die jede offizielle Verlautbarung übersteigt. »Mitarbeiter tragen aber nur dann wirkungsvoll zum Markenerfolg bei, wenn sie die Markenwerte intellektuell verstanden haben und sich emotional der

Marke gegenüber verpflichtet fühlen«, erläutert Branding-Experte Karsten Kilian in einem Beitrag für die *Absatzwirtschaft*.[73]

Selbst dann, wenn ein Organisationsmitglied sich nicht zum Sprachrohr machen (lassen) will, kann es draußen eine Menge Gutes für Sie tun. Veranstalten Sie doch dazu mal einen Workshop, um passende Ideen zu sammeln. So hat Coca-Cola ein offizielles Markenbotschafter-Programm ins Leben gerufen, das die Mitarbeiter ermutigt, die Marke durch Worte und Taten zu unterstützen. Diese können zum Beispiel darauf achten, ob Coca-Cola-Produkte in Geschäften vorhanden sind und ordentlich präsentiert werden.

Welchen Stellenwert das markenkonforme Verhalten der Mitarbeiter einnimmt, zeigen aktuelle Studienergebnisse von Henkel. Ihnen zufolge wird der Markenerfolg eines Unternehmens zu 63,5 Prozent durch massenmediale Einflüsse und zu 31,5 Prozent durch markenspezifisches Mitarbeiterverhalten geprägt. Im schlimmsten Fall kann ein einziger Mitarbeiter ein ganzes Unternehmen ins Schlingern bringen – oder auch unversehens selbst auf dem Schleudersitz landen.

So hatte der Finanzvorstand eines Telekommunikationsanbieters auf einer Investorenkonferenz erzählt, mit welchen Methoden dort überzählige und angeblich nicht leistungswillige Mitarbeiter weggemobbt werden sollen. Was der Mann nicht ahnte: Eine Kamera hatte alles aufgezeichnet. Der Film landete auf YouTube und löste eine Welle der Entrüstung aus. Die Medien berichteten ausführlich. Das Unternehmen erlebte einen herben Imageeinbruch. Und besagter Vorstand trat ab.

Tja, mehr noch als die Mitarbeiter sind die Führungskräfte Repräsentanten des Unternehmens. Sie stehen unter ständiger Beobachtung. Das richtige oder falsche Auftreten des Topmanagements kann massiven Einfluss auf Image und Umsätze haben, wie weitere aktuelle Beispiele zeigen. Dies bedeutet für jede leitende Person, integer im Unternehmensinteresse zu agieren, kontinuierlich an

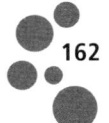

ihrer Außenwirkung zu arbeiten, Bodenhaftung zu behalten – und bisweilen auch ein wenig mehr Demut zu zeigen.

Wie wenig die Community Großspurigkeit heute noch duldet, hat zum Beispiel das Modelabel Abercrombie & Fitch zu spüren bekommen. Es hat sich mit viel Werbegeld als Marke für die Schönen und Reichen positioniert. Firmenchef Mike Jeffries verkündete dreist, er wolle nur junge, schlanke, coole, gut aussehende Leute in seinen Klamotten sehen. Deshalb werden fehlerhafte Stücke auch nicht an soziale Einrichtungen weitergegeben, sondern verbrannt. Und dann hat die Macht der Vielen zugeschlagen. In einem Video hat der Schriftsteller Greg Karber dazu aufgerufen, nicht mehr gebrauchte Kleidungsstücke von A&F an Arme zu verschenken. So solle das Label zur »Nummer eins unter den Marken für Obdachlose« werden. Sein YouTube-Clip »Fitch the Homeless« wurde fast acht Millionen Mal angeklickt.[74] Ein Shitstorm, Umsatzeinbußen im zweistelligen Bereich und schließlich ein Gewinneinbruch von 33 Prozent im ersten Halbjahr 2013 waren die Folge. Arroganz und Ausgrenzung sind immer mehr Leuten offensichtlich ein Gräuel. Und das ist auch gut so.

Tue Gutes – und rede darüber

Natürlich haben Mitarbeiter in ihrem persönlichen Umfeld immer schon als Botschafter gegolten. Dort wurden sie ja nicht nur als Privatperson, sondern auch als Teil der Arbeitgeber-Company wahrgenommen. Doch die Möglichkeiten zum Weiterempfehlen beschränkten sich bis vor wenigen Jahren auf Familienmitglieder, Nachbarn und Freunde. Mundpropaganda fand in einem überschaubaren Rahmen statt. Sie war zwar hörbar, aber nicht sichtbar. Und sie war angesichts eines begrenzten Erinnerungsvermögens auch recht flüchtig. Heutzutage wird das, was Mitarbeiter von ihrem Arbeitgeber halten, mit der ganzen Welt geteilt. Und im Netz ist es bis in alle Ewigkeit gespeichert.

Menschen, die man schätzt und mag, werden seltener angegriffen als gesichtslose Arbeitgebermarken.

Deshalb müssen Unternehmen jetzt und in Zukunft noch verstärkt zeigen, dass sie zu den wirklich Guten gehören. Am wirkungsvollsten ist es, wenn dies nicht vom Anbieter selbst behauptet, sondern von begeisterten Mitarbeitern bezeugt wird. Dritte, die ein Testimonial abgeben, haben immer einen Vertrauensbonus. Ihre Empfehlungen, Hinweise und Ratschläge wirken glaubhaft und neutral. Dadurch verringern sich Widerstände erheblich – und das Ja-Sagen fällt leicht. Die Macht authentischer Mitarbeiterstimmen ist weit größer als die Macht der trügerischen Unternehmensparolen. Und darüber hinaus: Menschen, die man schätzt und mag, werden seltener angegriffen als gesichtslose Arbeitgebermarken.

Der Stepstone Employer Branding Report 2011 besagt, dass 81 Prozent der 6000 Befragten aus acht europäischen Ländern den Ratschlägen ihres persönlichen Umfeldes Vertrauen schenken. Knapp 65 Prozent vertrauen auf die Inhalte von Presseberichten. Aber nur 22 Prozent vertrauen den *Arbeitgeberaussagen* in sozialen Netzwerken. Es ist also sinnlos, allzu viel Geld in eigene Werbung zu stecken, weil die Wirkung verpufft. Hingegen ist es klug, bei Employer-Branding-Aktivitäten die hausinterne PR-Abteilung aktiv einzubinden, damit sich tolle Initiativen auch über die Medien verbreiten. In der Studie taten dies allerdings nur drei Prozent der 830 befragten Unternehmen.[75]

Das Streuen von Onlinepressemitteilungen ist dabei eine interessante Variante. Diese richten sich gar nicht primär an die Redaktionen, sondern gelangen über spezielle Presseportale direkt an die Zielgruppen. Sie bringen die eingestellten Texte kostenlos in die Suchmaschinen und von dort zu den potenziellen Bewerbern. Eingebaute Links leiten Interessenten geradewegs zur Unternehmenswebsite. »Während Stellenanzeigen auf Stellenportalen meist nach

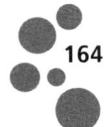

vier Wochen wieder gelöscht werden, bleiben Onlinemitteilungen in den Archiven der Presseportale über längere Zeit gespeichert«, ergänzt Melanie També von PR-Gateway.

Mitarbeiter-Fans: die neuen Promotoren

Neben Engagement und Loyalität sind aktive Empfehlungen so ziemlich das Wertvollste, was ein Unternehmen von seinen Mitarbeitenden bekommen kann. Wenn es sie bekommt! Denn derzeit äußern sich lediglich 49 Prozent der Arbeitnehmer in Deutschland zustimmend zu folgender Aussage: »Freunden und Bekannten berichte ich viel Positives über meinen Arbeitgeber.« In Hinblick auf die Produkte und Dienstleistungen eines Unternehmens waren dies immerhin 56 Prozent, wie eine Untersuchung der YouGov Psychonomics AG ergab.[76] Bei Toparbeitgebern tun dies übrigens jeweils über 90 Prozent. Was zeigt: Empfehlungen werden erst dann ausgesprochen, wenn man sich seiner Sache absolut sicher ist. Denn mit jeder Empfehlung kann man sich Freunde, aber auch Feinde machen. Mundpropaganda braucht Exzellenz. Und Begeisterung. Empfehlungen brauchen zusätzlich Vertrauen. Denn mit jeder Empfehlung steht immer auch der eigene Ruf auf dem Spiel.

Deshalb gilt: Nur wer empfehlenswert ist, wird auch tatsächlich weiterempfohlen. Und nur wer etwas geboten bekommt, worüber es sich zu reden lohnt – womit man sich also schmücken und bei anderen punkten kann –, nur der wird eifrig berichten. Empfehlungsbereitschaft braucht also Superlative. Mittelmaß wird niemals empfohlen. Erst im Bereich der Spitzen, wenn man also zutiefst zufrieden oder unzufrieden ist, wird man in positiver oder negativer Richtung aktiv.

> **Nur wer empfehlenswert ist, wird auch tatsächlich weiterempfohlen.**

Empfehlungsbereitschaft entsteht vor allem dann,

O wenn man hiermit seiner Persönlichkeit Ausdruck
   verleihen kann,
O wenn man dadurch Coolness demonstrieren kann,
O wenn man sein Geltungsbedürfnis befriedigen kann,
O wenn man zum Wohlergehen Dritter beitragen kann,
O wenn man sich durch Insiderwissen profilieren kann,
O wenn man sich zugehörig und als Teil einer Gemeinschaft
   fühlt,
O wenn man in Entstehungsprozesse mitgestaltend involviert
   wurde,
O wenn man über Unterhaltsames oder Sensationelles
   berichten kann,
O wenn man etwas völlig Neues oder sehr Exklusives
   avisieren kann und
O wenn man über etwas Nützliches oder Begehrenswertes
   informiert.

Damit ist klar: Wer will, dass seine Mitarbeiter draußen als Botschafter agieren, sorge erstens für ein gutes Arbeitsklima und zweitens für interessanten Gesprächsstoff, den man gerne mit seinem
Netzwerk teilt.

Für Gesprächsstoff sorgen

Menschen sind sehr empfänglich für Geschichten, weil unser Oberstübchen bildhaft denkt. Neurowissenschaftler glauben, dass jeder
Denk- und Entscheidungsprozess von einem inneren Kopfkino begleitet wird. Dabei mögen wir am liebsten Geschichten mit glück-
lichem Ausgang. Doch mal ehrlich: Welche Storys werden bei Ihnen auf den Gängen, in der Kantine und am Telefon erzählt? Was
wird von Praktikanten ausgeplaudert und von Außendienstlern
unters Volk gebracht? Welche Darstellungen verbreiten die Führungskräfte? Und welche der Pförtner, wenn man ihn fragt?

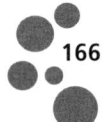

Das Bild, das Ihre Leute zeichnen, ist das Bild, das man von Ihnen haben wird. Also: Erzählen Sie *die* Geschichten, die man über Sie erzählen soll! Reden Sie über Resultate und nicht über Probleme! Von einem positiven Image werden alle wie magisch angezogen: die (potenziellen) Mitarbeiter *und* die Kunden. Erfolgsgeschichten spornen uns an, sie beflügeln und setzen eine Menge Energien frei. Sie werden gut behalten und gerne weitererzählt. Suchen und finden Sie also positive kleine Stückchen Konversationsmaterial. Und entwickeln Sie Content, auf den die Mitarbeitenden stolz sein können. Profis schaffen sich dazu einen regelrechten Content-Pool an, aus dem sie fortlaufend schöpfen.

Bei einer Content-Strategie geht es darum, dass sich Botschaften als nützliche, relevante und unterhaltsame Inhalte weiterverbreiten. Dabei rücken Selbstdarstellungen in den Hintergrund. Im Vordergrund stehen Informationen, die einen hohen Mehrwert haben. Das Unternehmen ist zwar präsent, tritt aber nur dezent als Urheber der Inhalte auf. Ziel ist es, Interesse zu wecken, Vertrauen aufzubauen und die anvisierten Zielgruppen an die Arbeitgebermarke heranzuführen. Dafür kommen unter anderem Fachbeiträge, Präsentationen, Videos, Webinare, Infografiken und Bilder infrage. Und natürlich Geschichten.

Von Bill Gates erzählt man sich das: Wenn seine Recruiting-Scouts einen vielversprechenden Kandidaten geortet hatten, der exzellente Noten schrieb, neben seinem Studium ein kleines Start-up betrieb, jede Menge sportliche Auszeichnungen ergatterte und für ein soziales Engagement geehrt worden war, was tat Gates dann? Er rief diesen Kandidaten persönlich an und fragte ihn, ob er bei Microsoft arbeiten wollte. Ja, so können Mythen entstehen.

Storys über originelle Recruiting-Aktionen werden eben besonders rege weiterverbreitet. Versuchen Sie es doch einmal mit Guerillamarketing! Guerillamarketing? Hinter diesem martialisch klingenden Begriff stecken viel Kreativität und immer wieder neue Überraschungen. Gut gemachte Guerillaaktionen sind im wahrsten Sinne des Wortes einmalig, sie sind mutig und frech, laut und rebellisch, unkonventionell, provokativ – und viral. Sie kommen mehr oder weniger unangekündigt wie aus dem Nichts daher und verschwinden dann wieder. Sie polarisieren und bringen sich so ins Gespräch. Man mag sie oder man mag sie nicht, aber man redet über sie.

Auch im HR-Bereich kann es mit vergleichsweise kleinem Budget gelingen, potenzielle Bewerber per Guerillataktik auf sich aufmerksam zu machen. Aus dem Hinterhalt kam zum Beispiel die Kündigungskalenderkampagne der Hamburger Werbeagentur Jung von Matt, die beim Kreativfestival in Cannes einen Goldenen Löwen gewann. Der Kalender lieferte 365 unterschiedlich vorformulierte Schreiben, mit denen Kreative bei ihrem bisherigen Arbeitgeber kündigen konnten, um schneller eine neue Stelle bei JvM antreten zu können. Die Agentur Scholz & Friends konterte mit einer Aktion in Kooperation mit einem bei Agenturmitarbeitern sehr beliebten Pizzaservice. Wenn dort jemand eine Pizza bestellte, wurde zusätzlich eine kostenlose »Pizza Digitale« mitgeliefert – eine Pizza mit einem QR-Code aus Tomatensoße. Hierüber gelangte man direkt zu einem Jobangebot. Zwölf Bewerbungen gingen daraufhin ein. Und das dazugehörige Video brachte es bei YouTube auf über 33 000 Klicks.[77]

»Wichtig, wenn man die Guerillataktik wählt«, sagt Guerillamarketing-Experte Thomas Patalas, der in meiner Heimatstadt Mönchengladbach lebt, »ist – neben Originalität und Mut – zweierlei: niemals die gleiche Aktion wiederholen und niemals eine fremde Idee abkupfern. Der Erfolg hängt ab vom Überraschungseffekt. Wer sich an Kampagnen dranhängt, die ähnlich bereits gelaufen sind, erntet eher Spott als Ansehen im Markt.« Ein weiterer Aspekt ist der Mundpropaganda-Effekt. Aktionsinfos können ins Social Web eingestreut werden und sich von dort aus weiterverbreiten. Die Presse und auch Blogger mögen dankbare Abnehmer sein. Und die eigenen Mitarbeiter können sie als Botschafter in ihre eigenen Netzwerke tragen.

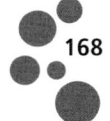

Empfehlungsbereitschaft stimulieren

Selbst wenn ein Mitarbeiter hochzufrieden ist, wird er nicht automatisch daran denken, seinen Arbeitgeber positiv ins Gespräch zu bringen. Da heißt es, diesen ein wenig zu »impfen«. Das bedeutet, ihn zu ermuntern, für Sie als aktiver Fürsprecher online und offline tätig zu werden, also Informationen zu teilen und weiterzuleiten. Dies sollte so elegant wie möglich geschehen. Wie Sie dabei vorgehen können? Zum Beispiel so:

○ Sammeln Sie systematisch Erfolgsgeschichten und stellen Sie diese sukzessive als »Unsere Erfolgsgeschichte des Tages« ins Social Intranet.
○ Veröffentlichen Sie Geschichten, die erfolgreiche Mitarbeiter-werben-Mitarbeiter-Aktivitäten zum Inhalt haben, in Ihrem Social Intranet.
○ Lassen Sie beim Auftakt eines jeden Meetings eine Erfolgsgeschichte erzählen, und bitten Sie die Leute, diese weiterzuverbreiten.
○ Nutzen Sie bei internen E-Mails den Raum unterhalb der Signatur, um die Erfolgsstory des Tages zu präsentieren.
○ Installieren Sie ein digitales Gästebuch beim Empfang, ein iPad, über das Besucher und Mitarbeiter ihre Meinung auf passenden Wunschportalen einstellen können.
○ Zeigen Sie positive Web-Kommentare Dritter auf TV-Screens am Empfang, im Personalraum, in der Kaffeeküche und anderen Bereichen.
○ Installieren Sie einen Weiterempfehlungslink auf Ihrer Karriere-Website und auch auf allen Unterseiten. Laden Sie ausdrücklich dazu ein, Ihre Jobangebote gerne weiterzuleiten.
○ Installieren Sie auf Ihren Webpräsenzen rechtskonforme Social-Media-Buttons für alle wichtigen Netzwerke, das stärkt den Viralisierungseffekt.
○ Veröffentlichen Sie Kennzahlen, die zeigen, wie erfolgreich Mitarbeiter-Empfehlungen im Vergleich zu anderen Recruiting-Aktivitäten sind.

○ Bitten Sie die Mitarbeiter, die twittern, Ihrem Arbeitgeber-Recruiting-Account auf Twitter zu folgen. Danach können alle, die wollen, offene Stellen retweeten.

○ Wenn Sie eine Facebook-Karriereseite haben, bitten Sie die Mitarbeiter, dort ab und an Kommentare zu platzieren sowie passende Meldungen und Jobangebote zu liken und zu teilen.

○ Erarbeiten Sie Vorschläge für Mitarbeiterprofile auf Xing und LinkedIn, das stärkt die Arbeitgeberreputation. Stellen Sie sicher, dass alle die gleiche Firmenbezeichnung verwenden. Danach können Ihre Leute in deren Status-Updates über bemerkenswerte Interna und Jobs berichten.

Grundsätzlich gilt: Vernetzen Sie Ihr gesamtes Social-Media-Engagement. Und machen Sie es so leicht wie möglich, die Weiterverbreitung zu starten. Ein Klick sollte reichen.

Die Mitarbeitenden als Recruiter

Nein, *nicht* Stellenanzeigen, Hochglanzbroschüren und sonstige Anwerbeversuche, sondern enthusiastische Mitarbeiter-Fans, engagierte Fürsprecher und glaubwürdige Empfehler sind die wirksamsten Recruiter. Sie sind das Bindeglied zwischen altem und neuem Ufer. Sie legen die Trittsteine und machen den Weg ungefährlich und frei. Sie haben die höchste Überzeugungskraft – und die geringsten Streuverluste. Denn sie kontaktieren ganz gezielt genau die Personen, die sich für eine bestimmte Stelle und die Mitarbeit im Team tatsächlich eignen. Das tun sie nicht nur kostenlos, sondern auch mit beachtlichen Abschlussquoten.

Warum das so ist? Empfehler, egal ob man sie persönlich kennt oder ihnen als Unbekannte online begegnet, sorgen für Orientierung im Dschungel der Möglichkeiten. Sie ersetzen mangelndes Wissen durch Vertrauen. Ihre »Likes« und »Dislikes« machen unserem Hirn die Arbeit ganz leicht. Sie verkürzen Entscheidungspro-

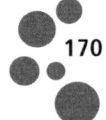

zesse und verringern das Risiko einer bedrohlichen Fehlentscheidung. Sie reduzieren Enttäuschungsgefahr. Sie schaffen Sicherheit. Und sie helfen, eine Menge Zeit zu sparen. Aus all diesen Gründen folgen wir Empfehlern oft nahezu blind. Und dies passiert nicht nur an der Kundenfront, sondern verstärkt auch im Recruiting-Bereich.

Was Mitarbeiter-Empfehlungen so erfolgreich macht

Folgt man diversen Untersuchungen, wird klar, dass die durch eine Empfehlung gewonnenen Mitarbeiter meistens die wertvollsten sind: Sie kommen schneller an Bord, sie passen besser, sie integrieren sich reibungsloser, sie bleiben länger, sie arbeiten engagierter, sie sind produktiver und sie werden selbst eher als Empfehler aktiv.

Untersuchungen zeigen auch: Empfehlungen von Topleuten bringen ebensolche Mitarbeiter: hochengagiert, loyal, hocheffizient. Empfehlungen von guten bis mittelprächtigen Mitarbeitern bringen gute bis mittelprächtige Mitarbeiter, und Empfehlungen von Mitarbeitern, die enttäuschen, ebensolche. Ergo sollten vor allem die Topleute zum Empfehlen angeregt werden.

Wie das alles bei Ihnen aussieht, lässt sich durch folgende Fragen ermitteln:

○ Wie hoch ist die Bewerberterminquote bei Mitarbeiter-Empfehlungen? Und bei den sonstigen Aktivitäten?
○ Wie lange dauert es bis zur Vertragsunterzeichnung bei Mitarbeiter-Empfehlungen? Und bei den sonstigen Aktivitäten?
○ Wie hoch ist die Abschlussquote bei Mitarbeiter-Empfehlungen? Und bei den sonstigen Aktivitäten?
○ Wie teuer ist ein neu gewonnener Mitarbeiter, wenn er aufgrund einer Empfehlung kommt? Und wie teuer ist er im Fall anderer Recruiting-Maßnahmen?

- Wie hoch ist der Anteil der Empfohlenen, die die Probezeit erfolgreich beenden? Und wie hoch ist dieser Anteil bei den nicht Empfohlenen?
- Wie hoch sind Bleibedauer, Fluktuationsrate und weitere relevante Kennzahlen bei den Empfohlenen? Und bei den nicht Empfohlenen?
- Mit welcher Wahrscheinlichkeit werden Empfohlene, die Mitarbeiter wurden, selbst als Empfehler aktiv?
- Welche Mitarbeiter in welchen Abteilungen empfehlen am ehesten weiter? Mit welchem Erfolg? Und wie hoch ist die jeweilige Qualität?
- Gibt es geschlechterspezifische, kulturelle, regionale oder nationale Unterschiede? Gibt es Unterschiede in verschiedenen Geschäftsbereichen oder Niederlassungen? Und warum?
- Wer oder was wird am stärksten weiterempfohlen? Und was nicht?

Mithilfe solcher Analysen lassen sich Erfolgsmuster erkennen und konkrete Maßnahmen ableiten, um das derzeitige Empfehlungsvolumen und die sich daraus ergebende Bewerberqualität weiter zu steigern. In Zukunft wird dies wohl unumgänglich sein. Denn in unserer durch Social Media geprägten neuen Zeit, in der sich die Unternehmen bei den besten Talenten bewerben müssen, wird ein professionelles Mitarbeiter-Empfehlungsmanagement bei der Bewerbersuche wohl mit die wichtigste Rolle spielen.

Dazu gleich ein Beispiel aus der Praxis: »Man kennt sich.« Unter diesem Motto sucht die Hamburger Volksbank mithilfe ihrer Mitarbeiter neue Kollegen. »Stellen Sie den Kontakt zu potenziellen neuen Mitarbeitern her. Kommt es zu einem Anstellungsvertrag mit diesem Bewerber, kommen Sie richtig in Fahrt. Für die erfolgreiche Vermittlung fahren Sie zwei Monate lang und absolut kostenlos unser Hamburger Volksbank MINI-Cabrio.« Das kommt an! Die Mitarbeiter möchten das Auto meist gar nicht mehr hergeben. Dazu gesellt sich der Stolz, einen Firmenwagen fahren zu dürfen. Für die Bank zählt natürlich auch der Marketingeffekt auf

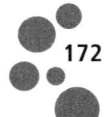

der Straße – plus die Kommunikation im Netzwerk des Empfehlers. Und nicht zu vergessen: Auch Controller lieben das Programm, da die Kosten einfach abzugrenzen sind. Und der Erfolg in Zahlen? Er spricht für sich! »In der Zeit vom 2008 bis 2012 nahmen wir 89 Neueinstellungen vor, 18 Mitarbeiter und damit rund ein Fünftel kamen aufgrund des Empfehlungsprogramms. Insgesamt 28 Neueinstellungen sind zwischenzeitlich, nach einer durchschnittlichen Zugehörigkeit von 18 Monaten, nicht mehr bei uns beschäftigt. Davon war nur eine Person aus dem Empfehlungsprogramm, sie verließ uns wegen eines Wohnortwechsels. Die übrigen 17 sind weiter loyale und engagierte Teammitglieder«, berichtet mir Wolfram Kaiser, Personalleiter der Bank.

Ein zusätzlicher schöner Nebeneffekt: Die Performance derjenigen, die ein Unternehmen mit Inbrunst und Leidenschaft weiterempffehlen, wird wachsen. Und ihre Loyalität wird steigen. So kommt man schließlich zu Mitarbeiter-Fans mit quasi eingebauter Bleibegarantie.

Wie Mitarbeiter-Empfehlungsprogramme funktionieren

Bei den gängigen Programmen werden Offline- und Onlineaktivitäten miteinander verknüpft. Meist gibt es einen Flyer, der alles Notwendige erklärt. Zusätzlich stehen alle Infos über das Empfehlungsprogramm im Social Intranet. Definieren Sie die Zielgruppen, die an dem Programm teilnehmen sollen, damit Sie keine unangebrachten Empfehlungen erhalten. Halten Sie den Papierkram so einfach wie möglich. Bieten Sie zusätzlich kleine »Wie-werde-ich-ein-Power-Empfehler«-Trainings an. Richten Sie ein Blog ein, in dem die Empfehler die besten Tipps miteinander teilen können. Stellen Sie einen speziellen Ansprechpartner bereit. Informieren Sie zeitnah über alle offenen Stellen. Installieren Sie ein Statusprogramm für laufende Empfehlungen. Berichten Sie regelmäßig und begeistert über Erfolge. Ehren Sie die besten Empfehler. Lassen Sie auch Externe zu diesem Programm zu.

Einer vom Centre of Human Resources Information Systems (CHRIS) 2012 durchgeführten Untersuchung bei 1000 deutschen KMU zufolge nutzen 78 Prozent der befragten Unternehmen Mitarbeiter-werben-Mitarbeiter-Programme, um neue Fachkräfte zu rekrutieren. 15,2 Prozent aller generierten Einstellungen kamen dabei über Mitarbeiter-Empfehlungen zustande.[78] Laut einer für Monster.at 2013 durchgeführten Studie unter den österreichischen Top-500-Arbeitgebern halten acht von zehn Firmen ihre Mitarbeiter dazu an, offene Stellen in ihrem privaten Umfeld weiterzuempfehlen. Erfolgreiche Mitarbeiter-Empfehlungen werden in über einem Fünftel der Unternehmen entlohnt. 45,5 Prozent davon zahlen für eine erfolgreiche Einstellung bis zu 500 Euro in Geld- oder Sachwerten. Ebenfalls 45,5 Prozent zahlen bis zu 1000 Euro, der Rest liegt darüber.[79]

Funktioniert Geld *immer*, um hausinterne Empfehler zu aktivieren? Nein, natürlich nicht. In einem Fall hatte die Firmenleitung ein volles Monatsgehalt als »Kopfprämie« ausgelobt. Dennoch gingen keine Bewerbungen ein. Der Grund? Das auf der Karriereseite so hochgelobte gute Betriebsklima gab es nicht. Ganz im Gegenteil. Die Führungskultur dort war ziemlich mies. Wer will seinen Freunden schon solches Leid antun? Ja, nur, wer empfehlenswert ist, wird auch weiterempfohlen.

Das Erfolgsgeheimnis des Empfehlens ist Freiwilligkeit.

Und funktioniert *nur* Geld, um den Tatendrang seiner Leute zu schüren? Auch hier ein klares Nein. Denn das wahre Erfolgsgeheimnis des Empfehlens ist Freiwilligkeit. Erfährt der Empfehlungsempfänger, dass Geld geflossen ist, können darunter Glaubwürdigkeit und Vertrauen leiden. Dies schärft den kritischen Blick, die Sache wird intensiver geprüft und unter die Lupe genommen. Man entwickelt Vorbehalte und folgt dem nicht ganz uneigennützigen Rat am Ende dann doch lie-

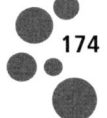

ber nicht. Die größten Vorteile des Weiterempfehlens sind somit dahin.

Die uneigennützig ausgesprochenen Tipps sind also die besten. Diese dann im Nachhinein zu belohnen, das steht auf einem ganz anderen Blatt. »Natürlich mobilisieren Geschenke, Prämien und Vergünstigungen auch das Belohnungssystem im Gehirn, am besten allerdings dann, wenn sie nicht angekündigt und nicht erwartet werden. … Feldexperimente haben gezeigt, dass durch überraschende Geschenke die Produktivität der Mitarbeiter um mehr als zehn Prozent gesteigert werden kann«, schreibt Christian Elger in seinem Buch *Neuroleadership*.[80] Ein sehr hilfreicher Hinweis.

Jede Empfehlung, die einen passenden Bewerber bringt, ist eingespartes Recruitingbudget, und da sollte man am Ende nicht knausrig sein. Aber: Nicht nur an Geld und Gutscheine denken. Appellieren Sie auch an den Sammeltrieb, sodass man über ein Punktesystem an größere Goodies herankommen kann. Nichtmonetäre Belohnungen sollten immer frei wählbar sein. Staffeln Sie die Prämien je nach Verweildauer des neuen Mitarbeiters. Bieten Sie außergewöhnliche Weiterbildungsangebote an. Oder eine Möglichkeit, sinnvoll zu spenden. Finden Sie Dinge, die man sich für Geld nicht kaufen kann: freie Urlaubstage, den kostenlosen Firmenparkplatz in der ersten Reihe, die Verlosung einer Traumreise, ein Fest für alle Empfehler. Oder schicken Sie mal ganz spontan die großen Chefs auf Empfehler-Dankeschön-Tour. Das wird einen bleibenden Eindruck hinterlassen – und die Leute zu noch größeren Taten anspornen. Wie immer auch hier: Lassen Sie die Belegschaft ein solches Programm mitgestalten.

Ganz unabhängig von einer erhaltenen Prämie und dem Bewerbungserfolg: Geben Sie dem Empfehler eine Rückmeldung darüber, was aus seiner Empfehlung geworden ist. Und wertschätzen Sie die Person, die Sie durch ihn kennengelernt haben. Das kann sich zum Beispiel so anhören: »Ich muss schon sagen, Sie kennen interessante (angenehme / profilierte / …) Leute.« Solche Momente des kleinen Glücks sind es, die wir Menschen besonders wertvoll finden. Und mehr noch: Wer solchen »Sternenstaub« geschenkt bekommt, fühlt sich dem Geber verpflichtet. Soziologen nennen das den Reziprozitätseffekt. So wird aus einem Erstempfehler mit etwas Glück ein Powerempfehler und Supermultiplikator.

Arbeitgeberbewertungsportale: Noten für den Chef

In der Stellenanzeige klingt alles noch vielversprechend: »Es erwarten Sie nette Kollegen, ein hochmodernes Arbeitsumfeld, eine abwechslungsreiche Tätigkeit sowie attraktive Karriere- und Entwicklungsmöglichkeiten.« Doch gibt man den Namen der Firma bei einem Portal für Arbeitgeberbewertungen ein, hört man ganz andere Töne: »Vorstand und HR-Leitung optimieren KPIs auf Kosten der Mitarbeiter, damit sie selbst maximale Tantiemen bekommen. Rufen dann zu Spenden für Flutopfer auf. Das ist mir erst auf Hinweis eines Kollegen aufgefallen: Die 3000 € kommen nicht von denen privat, sondern von der Firma, also UNS.« Dieser Punkt wird in weiteren Einträgen aufgegriffen. Auch andere Verfehlungen werden sehr rabiat diskutiert. In einem der Einträge heißt es schließlich: »Allerdings würde ich für einen neuen Vorstand spenden.« Nachzulesen auf Kununu.

Im Juli 2013 hatte dieser Arbeitgeber, eine renommierte Unternehmensberatung, insgesamt 286 Bewertungen erhalten, die 231 993 Mal aufgerufen worden waren. Bei den Mitarbeitern lag die durchschnittliche Bewertungspunktzahl bei 2,63. Dieser Wert war durch einige leitende Mitarbeiter, die den Maximalwert von 5,0 eingegeben hatten, offensichtlich ein wenig nach oben verbessert worden. Vergleichbare Consulting-Firmen hatten Werte zwischen 3,0 und 4,2. Bei einer Google-Abfrage mit dem Namen der Firma + Vorstand erschien genau der obige Text auf der Trefferliste schon an zweiter Stelle.

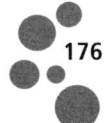

Und das ist kein Einzelfall. Wer bei Google den Namen eines Unternehmens als Arbeitgeber eingibt, dem wird an oberster Stelle meist *nicht* die Webseite des gesuchten Unternehmens angezeigt, sondern Einträge auf Bewertungs- und Meinungsportalen. Woran man sieht: Selbst Suchmaschinen-Algorithmen favorisieren das, was die Menschen über ein Unternehmen sagen. Was man dann liest, ist bisweilen erschütternd. Das Delta zwischen den in prächtigen Leitbildern vorgegaukelten Ambitionen und der gelebten Wirklichkeit könnte größer nicht sein. Auch wenn die Eintragungen subjektiv sein mögen: Dank solcher Arbeitgeberportale können sich potenzielle Bewerber nun endlich im Vorfeld ein erstes Bild vom Betriebsklima einer Firma machen. Und einen Eindruck davon gewinnen, ob das Unternehmen zu ihnen passt oder nicht.

Auf solchen Plattformen treiben sich nur Frustrierte, Minderbemittelte und rachsüchtige Ehemalige herum? Weit gefehlt! Inzwischen gibt es auf den meisten Portalen zumindest von den größeren Unternehmen schon genügend Erfahrungsberichte, die ein aktuelles Stimmungsbild zeigen – gespickt mit Hinweisen, die die Führungsleute sollen bitte schnell etwas ändern. Außerdem sind geübte Leser nicht dumm. Die Intention eines Bewerters und seine Seriosität schimmern schnell durch. Zudem gibt es Regeln für die Wortwahl. Konkrete Namen dürfen zum Beispiel nicht genannt werden.

Die Bewertungsportale sind *keine* Einrichtung rachsüchtiger Exmitarbeiter, sondern geben wertvolles Feedback.

Das sind nur Einzelmeinungen? Jede Meinung ist wertvoll, wenn sie differenziert und detailliert ist und wenn sie die bewerteten Aspekte ausführlich beschreibt. Damit kann, wer auch immer sich dafür interessiert, etwas anfangen.

Viele Meinungen sind manipuliert? Die guten Portale haben Sicherheits- und Kontrollsoftware, über die alle Bewertungen vor der Freischaltung laufen. Danach werden noch manuelle Checks durchgeführt. Schließlich gibt es eine Meldefunktion, sodass entlarvte Fälschungen zügig entfernt werden können. »Aktuell entsprechen rund 90 Prozent der einlangenden Bewertungen unseren Richtlinien. Bei den übrigen bitten wir die User, ihre Erfahrungsberichte an unsere Richtlinien anzupassen. Ein Großteil kommt dieser Aufforderung gerne nach. Zudem darf man nicht vergessen, dass gefakte Bewertungen nur von kurzem Erfolg sind. Sollte ein vermeintlicher Toparbeitgeber nicht das halten können, was veröffentlicht wird, kommt das umgehend von enttäuschten Mitarbeitern ans Tageslicht«, schreibt mir Tamara Frast, Social-Media-Managerin bei Kununu, auf meine Nachfrage.

Der Hype um die Arbeitgeberbewertungsportale legt sich bald? Das bezweifle ich sehr. Es gehört inzwischen wie selbstverständlich zur Lebenswelt der Gen Y, ihre Meinungen, Hinweise und Ratschläge auf einschlägigen Websites mit anderen zu teilen. Dies ist ihre Art, Anerkennung zu gewinnen und sich in ihrem sozialen Umfeld Reputation aufzubauen.

Eine repräsentative Umfrage des Bitkom, des Verbands der ITK-Branche, unter 778 Internetnutzern hat übrigens ergeben, dass sich jeder vierte Nutzer im Netz mithilfe von Bewertungsportalen über potenzielle Arbeitgeber informiert. Insgesamt siebzig Prozent von denen, die tatsächlich die Absicht hatten, den Job zu wechseln, haben sich durch solche Bewertungen in ihrer Entscheidung beeinflussen lassen. Und vierzig Prozent gaben an, sich aufgrund der Bewertungen gegen einen Jobwechsel entschieden zu haben.[81]

Kununu, das unbeschriebene Blatt

Für die meisten Firmen sind Arbeitgeberbewertungsportale ein rotes Tuch, für manche ein schwarzes Loch, für viele ein Buch mit sieben Siegeln und für einen kleinen Teil bereits ein Recruitingtool par excellence. Die Nummer eins – und seit dem Zusammenschluss mit Xing weiter gestärkt – ist das schon zitierte Portal Kununu. Da-

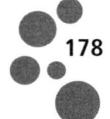

neben sind Jobvoting, Bizzwatch, MeinChef und MeinPraktikum derzeit erwähnenswert.

Kununu ist ein Suaheli-Wort und bedeutet »unbeschriebenes Blatt«. Doch wer weiß: Vielleicht gilt das für Sie schon lange nicht mehr. Vielleicht kann man dort schon seit ewigen Zeiten über Ihr Unternehmen das Schlimmste lesen, ohne dass Sie es wissen. Und womöglich wurden so schon jede Menge qualifizierte Bewerber vertrieben, noch bevor die sich bei Ihnen gemeldet haben. Aber natürlich bietet Kununu auch Chancen. Nämlich dann, wenn Ihre Bewertungen über dem Durchschnitt liegen.

Bewerber, Auszubildende, aktuelle und ehemalige Mitarbeiter können dort nach festgelegten Regeln ihre Kommentare abgeben. Also bitte, gehen Sie mit allen vier Zielgruppen gut um. Gegen harte Währung kann man sich auch über ein Arbeitgeberprofil präsentieren und Jobangebote einstellen. Die besten Companys erlangen Gütesiegel, die sich in die eigene Website und die Facebook-Karriereseite integrieren lassen. »In erster Linie sehen wir es als Chance, uns hier als attraktiver Arbeitgeber zu platzieren«, sagt Vera Winter, Personalmarketingchefin bei Bosch, im Gespräch mit N-TV. Na gut.

Doch das Wertvollste für ein Unternehmen ist das ungeschminkte Stimmungsbild der Mitarbeiter. Auch Verbesserungsbedarf, den intern vielleicht niemand ansprechen mag, kann über solche Portale erkannt werden. Nicht zuletzt sind positive Bewertungen genau die Werbung, die ein Unternehmen für neue Talente attraktiv macht. Und nicht vergessen: Kunden, Investoren, die Medien und sonstige Interessensgruppen lesen das auch. Unternehmen sollten deshalb die Meinungsbildung auf solchen Portalen stets im Auge behalten. Für positive Kommentare sollte man danken. Auf negative Bewertungen sollte konstruktiv geantwortet und auf harsche Kritik überlegt reagiert werden. Jeder weiß: Ausschließlich begeisterte Mitarbeiter gibt es nirgends. Unbedachte Handlungen und die Keule Rechtsanwalt verschlimmern Zusammenstöße oft nur. Anstatt diejenigen zu jagen, die einen Missstand öffentlich machen, sollte man sich besser um den Missstand kümmern.

Wie Sie Mitarbeiter aktiv zu einer Bewertung einladen

Wenn Mitarbeiterloyalität, Motivation und Mitarbeiterengagement stimmen – und nur dann –, macht es Sinn, die Belegschaft einzuladen, Ihre Firma auf Kununu & Co. zu bewerten. Geben Sie eine plausible Begründung, warum das so wichtig ist, dies erhöht Ihre Chancen beträchtlich. Unser Hirn liebt Begründungen, damit es weiß, weshalb es überhaupt aktiv werden soll. Schreiben Sie also zum Beispiel: »Wir brauchen dringend noch weitere Talente, um unser bestehendes Hochleistungsteam zu komplettieren. Und weil die Besten sich im Web vorinformieren, können ein paar weitere anregende Bewertungen bei Kununu uns allen sehr helfen. Wenn Sie also mögen, dann …« Nun folgt eine Kurzbeschreibung, wie das funktioniert, damit das Ganze für jeden so einfach wie möglich ist. Bieten Sie aber *niemals* Geld oder Goodies für gute Bewertungen an. So was gelangt meist sehr schnell an die Öffentlichkeit. Und dann ist Ärger vorprogrammiert.

Bewirken solche Aufrufe denn was? Henner Knabenreich hat dazu in seinem Blog personalmarketing2null ein Interview mit Anne Foerges, ihres Zeichens Talent Acquisition Specialist bei der Medtronic GmbH aus Meerbusch, geführt: »Auf einen Bewertungsaufruf folgten über hundert neue Bewertungen von Mitarbeitern innerhalb weniger Tage. Und auch unser Bewertungsschnitt war überdurchschnittlich gut. Daher war uns relativ schnell klar, dass wir mit Kununu einen glaubwürdigen Weg gefunden haben, unsere ›inneren Werte‹ nach außen zu kommunizieren. … Die Begeisterung, die Bewerber im Interview mitbringen, ist deutlich spürbar. Sie kennen das kununu-Profil von Medtronic und erwähnen es im Vorstellungsgespräch. Für viele war genau das auch ausschlaggebend für eine Bewerbung bei uns.«[82]

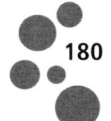

Das Reputationssicherheitsnetz

So viel ist klar: Jeder einzelne Mitarbeiter ist heute Sprachrohr am Markt, ein Ambassador und Meinungsmacher, der über die Reputation seines Arbeitgebers maßgeblich mitentscheidet – bei potenziellen Stellenbewerbern, aber auch bei den Kunden. Doch viele Angestellte sind sich der möglichen Folgen nicht bewusst, die eine unbedachte Äußerung im digitalen Raum nach sich ziehen kann.

Schon eine kleine Abfrage unter site:facebook.com »Mein Chef ist ein« bringt eine Menge zutage. »Mein Chef ist ein Tierfreund. Jeden Tag macht er uns zur Sau«, steht da zu lesen. Oder auch das: »Mein Chef ist ein riesen A****. Letztens sollte ich ihm einen Kaffee machen und hab zum krönenden Abschluss einfach mal schön reingespuckt.« Was nach solchen Aussagen meist folgt, ist eine haarscharfe Schilderung dessen, was Auslöser war. Abgesehen von drohenden Konsequenzen für den Arbeitsvertrag kann solch ungeschicktes Verhalten auch unvorteilhaftes Medieninteresse auf das Unternehmen lenken. Und illoyales, verräterisches Verhalten kann die Existenz einer Firma bedrohen.

Social-Media-Guidelines

Unternehmen haben also ein berechtigtes Interesse daran, dass ihre Mitarbeiter sich auch im Web korrekt verhalten. Social-Media-Guidelines sind daher unerlässlich. Sie werden meist im Zuge einer Social-Media-Policy erstellt. Guidelines sind Verhaltensregeln, Leitplanken sozusagen, die Hinweise darauf geben, wie sich Mitarbeiter und Manager in ihrer Eigenschaft als Unternehmensrepräsentanten im Social Web bewegen sollen. Wie diese Richtlinien meist zustande kommen? Wie immer: top-down. Irgendwo im stillen Kämmerlein wird was ausgeheckt oder abgekupfert und dann den Mitarbeitern als fertiges Ergebnis rübergemailt. So ist ein Scheitern allerdings vorprogrammiert. Denn Social-Media-Guidelines sollten so individuell sein wie das Unternehmen selbst.

Wie man es besser macht? Im Rahmen von Touchpoint-Projekten lassen sich Social-Media-Guidelines von den Mitarbeitern selbst erstellen. Keine Sorge: Die Leute kommen zu Ergebnissen, die definitiv im Firmeninteresse sind – aber das Ganze wird viel kreativer umgesetzt. Und die Akzeptanz im Kreis der Kollegen ist größer. Ein Tipp gleich vorweg: Kurz und knackig sollten sie sein. Jede Eventualität abzudecken, ist ohnehin unmöglich. Die simpelste Regel, die ich kenne, sagt eigentlich alles. Sie heißt: Don't be stupid! Und ein eingängiger Dreisatz geht so: Interne Kritik ist erlaubt, bleibt aber intern. Geheimnisse bleiben geheim. Und private Meinungen bleiben privat. »Bei uns«, erzählte mir Stefan Keuchel, Corporate-Communications-Manager bei Google Deutschland, »heißt es grundsätzlich: Über alles, was Google extern veröffentlicht hat, kann auch in den Sozialen Medien gesprochen werden.« Eine weitere nützliche Regel ist die: Konflikte werden nicht im Netz gelöst.

Immer ganz wichtig: Social-Media-Guidelines sollen sich nicht nur mit Verboten und den negativen Auswirkungen von Äußerungen im Web befassen. Das meiste, was dem digitalen Raum anvertraut wird, ist ja, im Gegensatz zur landläufigen Meinung, positiv. Warum das so ist? Das Web hat – fast wie ein realer Dorfplatz – viel mit sehen und gesehen werden zu tun. Da will man sich von seiner besten Seite zeigen. Und bei Menschen, die man kaum oder gar nicht kennt, will man wie im wahren Leben einen guten Eindruck machen. Wer möchte draußen schon gern als Miesepeter und ewiger Nörgler gelten? Na ja, für manche ist das Web ein öffentlicher Beichtstuhl geworden. Besser wäre es für sie, sich von ihrer Schokoladenseite zu zeigen.

Wenn also das Positive sowieso überwiegt, dann sollte man sich dies auch auf der Mitarbeiterseite zunutze machen. Und Social-Media-Guidelines bieten eine gute Gelegenheit, hierzu die entsprechenden Anregungen zu geben. Wenn Sie wollen, dass Ihre Mitarbeiter als Botschafter agieren, dann schreiben Sie ganz konkret: »Das Unternehmen begrüßt es ausdrücklich, wenn Sie sich im Social Web engagieren.« Wichtig ist dabei, dass der Mitarbei-

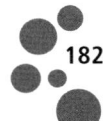

ter kenntlich macht, wenn er im Namen der Firma agiert. Neben den Leitlinien selbst sind ein paar passende Beispiele, Hinweise auf rechtliche Konsequenzen und ein A–Z-Glossar sehr hilfreich. Insgesamt dienen solche Leitlinien folgenden Zielen:

○ Strategie definieren
○ Fehler vermeiden
○ Risiken begrenzen
○ Sicherheit schaffen
○ No-Gos beschreiben
○ Rechtsfragen klären
○ Zur Nutzung motivieren

Sind die Richtlinien erstellt, beginnt nun der wichtigste Schritt: sie ins Leben zu bringen. Ein Rundbrief zur Kenntnisnahme reicht jedenfalls nicht. Eine Teambesprechung zum Thema, kleine Workshops oder ein »digitaler Betriebsausflug« tun da bessere Dienste. Regelmäßige Informationen und positive Geschichten sorgen dann dafür, dass die Guidelines nicht im Koma des Vergessens versinken. Neu eingestellte Mitarbeiter können in Form eines Quiz spielerisch mit dem Thema vertraut gemacht werden, denn Social Media haben ja immer auch einen Spaßfaktor. Ferner braucht es einen Ansprechpartner, an den sich die Angestellten mit Fragen vertrauensvoll wenden können, selbst wenn sie bereits Unschönes im Web geschrieben haben. Als ein solcher Ansprechpartner eignet sich am besten der Social-Media-Manager.

Der Social-Media-Manager

Aufgabe eines Social-Media-Managers ist es einerseits, die Social-Media-Touchpoints eines Unternehmens zu entwickeln, zu koordinieren und zu implementieren. Andererseits gilt es, zu überwachen, zu analysieren und mitzugestalten, was sich in Hinblick auf das Unternehmen in den digitalen Netzwerken sowieso tut. Im ersten Schritt bedeutet dies immer, den Gesprächen im Cyberspace zu lauschen und deren Stimmung einzufangen. Dies betrifft insbesondere auch das, was (potenzielle) Kunden und (ehemalige) Mitarbeiter auf Meinungsportalen so sagen.

In der Folge geht es dann darum, sich mit passenden, nichtwerblichen Inhalten, mit journalistischem Gespür und mit viel Menschlichkeit in diese Gespräche einzuklinken. Ferner heißt es, sich schnell und individuell um etwaige Anliegen der User und ihre online gestellten Fragen zu kümmern. Darüber hinaus sollten Fremdinhalte mit eingespeist werden, wenn sie dem Interesse der Zielgruppe dienen. Und natürlich geht es auch um eigenen interessanten Content, um gut aufbereitete Geschichten und um relevante Inhalte, mit denen man die Community beglückt.

Doch Achtung! Schnell kann man hierbei danebenlangen. Legendär ist ein Vorfall, der sich 2012 auf der Facebook-Seite von Samsung in den USA abgespielt hat. Man hatte den Fans eine scheinbar harmlose Frage gestellt, und die klang so: »Wenn du nur ein einziges elektronisches Gerät auf die einsame Insel mitnehmen dürftest, welches wäre das dann?« So gut wie alle der über 19 000 Antwortgeber hatten sich für das Konkurrenzprodukt iPhone entschieden. Fast 2500 Shares und über 46 000 Likes sorgten dann noch für eine umfassende Weiterverbreitung. Was zeigt, dass das Werkeln im Web immer auch Risiken birgt. Allerdings muss man diese ins Verhältnis zu den Chancen setzen. Und die überwiegen bei Weitem. Um für den Fall der Fälle gewappnet zu sein, sollte man Notfallpläne griffbereit in der Schublade haben.

Vor allem die Digital Natives erwarten, dass ein Unternehmen auf den Spielfeldern des Social Web professionell agiert. Kreativität, Kommunikationstalent, Fingerspitzengefühl und »Frechmut« (Jörg Buckmann) sind dabei gefragt. Denn das Tempo im Web ist hoch. Gute wie auch schlechte Nachrichten verbreiten sich wellenartig in kürzester Zeit. Und man weiß nie so genau, wie der Ball, den man abspielt, im digitalen Raum aufgenommen und weitergedribbelt wird. Diese Konstellation macht es praktisch unmöglich,

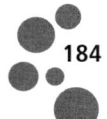

Dienstwege einzuhalten, in langwierige Abstimmungsprozesse zu gehen und auf Entscheidungen von oben zu warten. Deshalb braucht ein Social-Media-Manager einen hierarchielosen Raum, schrankenlosen, uneingeschränkten Sofortzugang zu allen internen Bereichen – und Freiraum zum Handeln. Ein Beispiel gefällig? Okay.

Es geht um Oreo, einem Keks zum Tunken, der in den USA Kultstatus hat. Gleich zu Beginn der zweiten Halbzeit im Super Bowl, *dem* Highlight im Football-verrückten Amerika, fiel 2013 im Superdome das Stadionlicht aus. Während alle ziemlich genervt in der Finsternis ausharrten, reagierte das Social-Media-Team von Oreo helle und schnell. »Man kann sie auch im Dunkeln eintunken«, verbreitete es auf Twitter und schaltete passend zum Anlass ein quasi schwarzes Keksmotiv. Fast 15 000 Follower verbreiteten den Tweet weiter, 5000 erklärten ihn zu ihrem Favoriten. Die Geschichte wurde von den Medien um die halbe Welt getragen, der PR-Wert ging in die Millionen. Das ist es, was empowerte Mitarbeiter und Social Media schaffen können.

Das wesentliche Ziel eines Social-Media-Managers ist die Stärkung der Reputation seines Arbeitgebers: in der Öffentlichkeit, auf Kundenseite und am Arbeitsmarkt. Er ist Brückenbauer und Trittsteinleger zwischen seinem Unternehmen und der digitalen Gemeinschaft, indem er die Menschen »draußen« mit den Menschen »drinnen« vernetzt.

Das wichtigste Ziel eines Social-Media-Managers ist es, Reputation zu schaffen.

Die »neue« Führungskraft

»Man muss den jungen Leuten erst mal den Willen brechen, wenn die neu bei uns sind.« Solche Ansichten, hier der O-Ton eines Sternekochs, waren bis vor Kurzem kein Einzelfall. Bei den neuen jungen Talenten, den Digital Natives, kommt man damit aber nicht weit. So, wie sich das Miteinander in unserer neuen Arbeitswelt unumkehrbar verändert, so muss sich auch die Führungskultur wandeln, damit ein Unternehmen die Zukunft erreicht. Viel zu viele Managementfehler entspringen einem veralteten radikalen Führungsverständnis. Dummerweise ist dieses noch sehr weit verbreitet.

»Männer, die einen Doppelnamen tragen oder Elternzeit in ihrem Lebenslauf haben, kommen, wenn es um die Besetzung von Managerposten geht, allein aus dem Grund, dass man sie deshalb für Memmen hält, meist nicht in die engere Wahl«, verrät mir eine befreundete Personalberaterin.

Rambos sind vom Aussterben bedroht

Bei einem guten Manager stimmen die Zahlen, ohne dass dabei seine Leute auf der Strecke bleiben.

Leider gibt es nach wie vor genügend Haudegen in den Chefetagen, Menschenschinder und Despoten, die dem Machtrausch verfallen und denen keine Grenze heilig ist. »Harte Brocken« werden hinter vorgehaltener Hand noch immer bewundert. Noch oft genug wird schlechte Führung wissentlich toleriert, solange die Ergebnisse stimmen. Das ist absurd und erbärmlich zugleich. Als guter

Manager kann ja wohl nur derjenige gelten, dessen Zahlen stimmen, *ohne* dass dabei seine Leute auf der Strecke bleiben.

Gott sei Dank sind die Dinosaurier-Rambos aus analogen Tagen nun vom Aussterben bedroht. Denn der Social-Media-Komet ist eingeschlagen. Ein Update der Unternehmenskulturen ist in vollem Gang. Und alles steht unter Beobachtung einer breiten Öffentlichkeit. Vernebeln, vertuschen und lügen sind in diesem Szenario ein Auslaufmodell. Diejenigen, die sich auf Kosten der Gemeinschaft mästen, werden schonungslos an den Pranger gestellt. Die Götzen Macht und Gier sind in Ungnade gefallen, man opfert ihnen höchstens noch heimlich. Und auch das wird enden, weil für Brutalo-Manager bald niemand mehr arbeiten will. Sie entsorgen sich selbst.

Endlich werden Businessmodelle favorisiert, die eindrücklich zeigen: Man kann auch erfolgreich sein, ohne zu zerstören. Man kann gute Gewinne erzielen und *gleichzeitig* die Welt ein wenig besser machen. Nur solche Taten gehören von jetzt an ins Rampenlicht. »Wer sagt denn, dass ich Gewinne scheffeln muss? Mir reicht's, wenn sich die Arbeitsplätze tragen«, sagt die Vorzeigeunternehmerin Sina Trinkwalder aus Augsburg.[83]

Natürlich gibt es genügend Führungskräfte, die ähnliche Wege schon seit jeher beschreiten. Doch in einem Umfeld, in dem man nur mit Kurzfristdenke, Sofortresultaten und Maximalrenditen punkten kann, haben sie bislang im Stillen gewirkt. Inzwischen lerne ich immer mehr Manager kennen, die vehement nach neuen Formen der Zusammenarbeit suchen. Verbrannte Erde widert sie an. Und für verheizte Mitarbeiter wollen sie nicht verantwortlich sein. Zudem fahnden sie begierig nach Wegen, um nicht selbst auszubrennen – oder von der Klugheit ihres Körpers durch Burnout gerettet zu werden. Für solche Manager habe ich dieses Buch besonders gerne geschrieben. Denn Führen geht heute anders. Und eine neue Generation von Führungskräften wird dringend gebraucht.

Direktiv, demokratisch, chaotisch, situativ, lateral?

Leadership-Development hat derzeit Hochkonjunktur. Die meisten Aktivitäten zielen darauf, (angehende) Führungskräfte wahlweise zu transformationalen, charismatischen, visionären, resilienten, systemischen, relationalen, werteorientierten oder coachenden Managern zu entwickeln. Darauf näher einzugehen, überlasse ich denen, die diese Stile propagieren.

Einige Klassiker stehen nach wie vor auf dem Programm, allen voran das Führen durch Ziele (Management by Objectives). MbO stammt von Peter Drucker, dem Grandseigneur der Managementkunst. Sein Ansatz aus dem Jahr 1954 hat sich in eine positive und eine negative Richtung weiterentwickelt:

○ Im ersten Fall, dem positiven, geht es um Ziel*vereinbarungen*, die gemeinsam mit den Mitarbeitenden erarbeitet werden. Die Ziele sind hochgesteckt, aber realistisch, und vom jeweiligen Mitarbeiter auch tatsächlich gewollt. Der Fokus liegt *nicht* auf formaler Zielerfüllung, sondern auf erreichbarem Erfolg und eigenverantwortlicher Arbeit.

○ Im zweiten Fall, dem negativen, geht es um Ziel*vorgaben*. Dabei werden Ziele ganz weit oben festgelegt oder willkürlich verändert und dann via Führungskraft durchgereicht. Die faktische Unerreichbarkeit solcher Ziele und strikte Überwachungspraktiken sorgen nicht nur für massiven Leistungsdruck, sie bringen zunehmend das Tool als solches in Verruf.

Natürlich gibt es in den Teppichetagen immer noch erdrückend viele, die, von Allmachtsfantasien berauscht, autokratisch führen. Bei denen werden die Arbeitsanweisungen heruntergeballert, der Dienstweg ist einzuhalten, Mitdenken und Eigeninitiative sind unerwünscht. Die Mitarbeiter werden wie Untergebene behandelt, die folgsam und ergeben sein sollen. Das macht Führen zwar einfach, aber, wie wir schon sahen, auch sehr gefährlich. Der direktive,

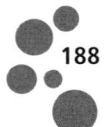

autoritäre Führungsstil nach dem Kommandieren-Kontrollieren-Prinzip kann also schon mal aussortiert werden. Mehr noch: Wer seine Leute als Mittel zum Zweck benutzt oder für seine (niederen) Ziele instrumentalisiert, dem sollte die Führungslizenz sofort entzogen werden.

Die moderne Fassung dieses Führungsstils ist auch nicht viel besser. Da agieren die Oberen nicht mehr per Anordnung und Anleitung, sondern, wie gerade schon angedeutet, als Antreiber und Durchlauferhitzer. »Sie verlangen einfach ein bestimmtes Niveau von Resultaten«, schreibt Gunter Dueck in seiner *Omnisophie*. »Sie müssen (alles in Zahlen diktiert) so und so viel verkaufen, erforschen, vermitteln, einsparen, entlassen, einsammeln oder ernten! Wie Sie das machen? Darauf bekommen Sie die moderne Manager-Antwort: It's up to you.«[84] Und schwups, weg sind sie, zum nächsten Meeting. Ein reines Durchwinken von Vorgaben, die von oben kommen? Das nenne ich »Managen von Führung«. Und dies hat mit Führungsexzellenz in unserem Sinne rein gar nichts zu tun. Mögen die hoch entwickelten Knowledge-Worker diese Art auch bestens verkraften und dabei zu voller Form auflaufen, so fühlen sich viele andere hilflos alleingelassen. Ohne Netz und doppelten Boden, das haben sie nie gelernt.

Wenn nicht so, wie aber dann? Das kommt darauf an. Den *einen* richtigen Führungsstil gibt es nicht. So wie sich Verkäufer auf ihre unterschiedlichen Zielgruppen ausrichten müssen, um erfolgreich zu sein, so müssen sich Führungskräfte flexibel auf ihre Mitarbeiter einstellen können. Eine Führungskraft muss also mehrere Führungsstile gleichzeitig beherrschen *und* situativ anwenden können. »Wir haben uns aber in der ganzen Firma auf den gleichen Führungsstil festgelegt«, hat mir kürzlich einer gesagt. Das geht schon gar nicht, wie wir noch sehen werden.

Eine Führungskraft muss mehrere Führungsstile gleichzeitig beherrschen *und* situativ anwenden können.

Führen unter neuen Bedingungen

»Bei uns ist die Kernarbeitszeit von elf bis eins«, erzählte mir mein Neffe Christopher, 25, der bei einer Internetfirma tätig ist. Ja, dank mobiler Kommunikationstechnologien ist die physische Präsenz im Büro bei Weitem nicht mehr so zwingend wie noch vor wenigen Jahren. Starre Arbeitsstrukturen lösen sich auf. Wir sind zu digitalen Beduinen geworden. So können wir endlich die Sehnsucht nach einem Zustand stillen, der jahrmillionenlang unser eigen war. Als Savannenbewohner sind wir durch die Gegend gestreift, immer im Wechsel zwischen Nomadentum und Sesshaftigkeit. Suchend und findend haben wir uns Neuland erschlossen. In virtuellen Welten, zum Beispiel in Computerspielen, stellen wir nun solche Szenarien nach. Hightech-Geräte sind unsere »Waffen« von heute. Doch weil wir soziale Wesen sind, reichen Homeoffice und virtuelle Vernetzung am Ende nicht aus. Wir brauchen Begegnungen in der realen Welt. So ist das Büro nun unser »Wasserloch«, an dem wir uns regelmäßig versammeln. Und nicht mehr per Rauchzeichen, sondern über Statusmeldungen sind wir ständig mit all denen verbunden, die uns wichtig sind.

Nähe sorgt für Verbundenheit. Wer oft miteinander zu tun hat, sollte nicht nur im gleichen Gebäude, sondern möglichst auch im gleichen Stockwerk arbeiten. Wir suchen unsere Mitmenschen am ehesten auf gleicher Ebene auf, auch dies ist ein Relikt aus unserer Ära als Savannenmenschen. Wir brauchen Raum um uns herum, helles warmes Licht, sinnvolle Laufwege, Kommunikationsinseln, runde Versammlungseinheiten, Rückzugs- und Erholungsorte, Kuschelecken – und Zeit für Plauschpausen.

Kreativität entsteht ja nicht auf Kommando, wenn man am Schreibtisch sitzt, sondern immer dann, wenn sich unser Denkapparat entspannt und Gedankenrohlinge mit anderen teilt. Für die verschiedenen Phasen der Projektarbeit brauchen wir unterschiedliche Raumkonzepte. Und dort, wo Präsenzarbeitsplätze zurückgebaut werden und qualifizierte Heimarbeit wächst, muss virtuelles Plau-

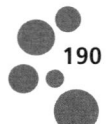

schen möglich sein. Firmeninterne Foren, Blogs und Wikis schaffen auch aus der Ferne das notwendige Gefühl des Dazugehörens.

Hierbei vermischen sich Freizeit und Arbeit immer mehr. »Downtime«, also Phasen der Entspannung, finden nicht mehr nach 17 Uhr und am Wochenende statt, sondern immer dann, wenn es gerade passt. Da nun die Mitarbeiter den Unternehmen Privatzeit schenken, müssen die Unternehmen ihren Mitarbeitern auch Eigenzeit während der Arbeit schenken. Eine neue Ganzheit, also die sinnvolle Taktung zwischen Arbeit und Leben, die für unsere Urahnen selbstverständlich war und erst im Industriezeitalter zerlegt worden ist, kann wieder entstehen. Das ist es, was ich Work-Life-Integrität nenne.

»In Österreich wählen Bewerber ihren Arbeitgeber bereits zu 67 Prozent nach den Kriterien der Orts- und Zeitunabhängigkeit«, sagt Michael Bartz, Leiter des Forschungsprojekts New World of Work an der FH Krems. Dort, wo viele ständig auf Achse sind, gehört schon allein aus ökonomischen Gründen ein eigenes Büro der Vergangenheit an. Das eigene Territorium ist auf den Rollcontainer beschränkt. Mit ihm ist man immer dorthin unterwegs, wo sich Arbeitsgruppen für ein Projekt auf Zeit zusammenfinden. Dabei wird der Teammix zunehmend heterogener. Menschen verschiedener Kulturen und Nationalitäten kommen an Bord.

Eine Vier-Tage-Arbeitswoche ist kein Krisensignal mehr, sondern ein bewusst gewählter Lebensentwurf. Eine Sechzig-Stunden-Woche dient nicht länger den Karrierezielen, sondern ist Vorleistung für ein Sabbatical. Denn wer »always on« ist, braucht dringend auch mal Entschleunigung. Die verschiedenen Herangehensweisen von Digital Natives und Analog Seniors müssen unter einen Hut gebracht werden. Das ständige Kommen und Gehen von Mitarbeitern verlangt Flexibilität, Offenheit und unermüdliche Kraft. Und derjenige, der Mitarbeiter führt, die er nicht täglich um sich hat, benötigt besonders viel Empathie.

Führen wird immer komplexer

Ja, die Führungssituationen werden komplexer. Und das Kaleidoskop möglicher Arbeitsmodelle wird immer bunter. Parallel einzubeziehen sind:

○ Menschen, die in festen Arbeitsverhältnissen beschäftigt sind
○ Menschen, die über Zeitverträge mit einer Firma kollaborieren
○ Menschen, die in Vollzeit beschäftigt sind
○ Menschen, die in Teilzeit beschäftigt sind
○ Menschen, die jeden Tag an ihren Arbeitsplatz kommen
○ Menschen, die nur zeitweise persönlich anwesend sind
○ Menschen, die in festen Teams zusammenarbeiten
○ Menschen, die in ständig wechselnden Projekten tätig sind
○ Menschen, die an zunehmend anspruchsvollen Aufgaben arbeiten
○ Menschen, die zu Dumpingpreisen Routinejobs machen

Bei der Arbeit der Zukunft, so der Publizist Tim Cole in seinem Buch *Unternehmen 2020,* werden sich interne und externe Einzelpersonen, Arbeitsgruppen und Organisationseinheiten »projekt- oder aufgabenbezogen zu Teams zusammenfinden und eine Art virtuelle Organisation auf Zeit bilden«.[85] Projektkompetenz ist hierfür ein Muss. Onlinediagnosetools, die eine genaue Einschätzung der Qualifikation aller zur Verfügung stehenden Mitarbeitenden ermöglichen, werden zur Norm. Die Arbeit an sich muss völlig neu organisiert werden. Hierzu braucht es Führungsstile, bei denen Selbstorganisation an oberster Stelle steht.

Damit wandert auch die Verantwortung vom »Übervater« zum Individuum zurück. Im Industriezeitalter war Abhängigkeit nützlich. Menschen, die ohne Murren immer schneller die immer gleichen Handgriffe taten und Aufgaben regelgerecht abarbeiteten, wurden in großer Zahl gebraucht. Der Vorgesetzte hatte qua Weisungsbefugnis das Sagen, der Untergebene führte aus, ohne je nachzufragen. Doch wer sich so entmündigt, benötigt jemanden, der sich

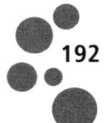

um alles kümmert. Arbeitsplatzsicherheit gegen Gehorsam, so hieß der Deal. Und wenn es gar nicht mehr ging, ist der Sozialstaat eingesprungen. Doch der Generationenvertrag funktioniert so nicht mehr. Der Vormund schwächelt, die Mittel sind knapp. Beschäftigungsgarantien kann niemand mehr geben. Und fügsame Mündel werden nur noch für die ganz einfachen Arbeiten gebraucht.

Die neuen Berufe haben viel mit Kreieren, Designen, Innovieren, Koordinieren und Verhandeln zu tun. Sie verlangen Feinsinnigkeit, Empathie, Intuition und Menschenversteherwissen. Qualifikationen übrigens, bei denen Frauenhirne einen Vorsprung haben. Viele Männer werden deshalb in Zukunft zu den Schlusslichtern am Arbeitsmarkt zählen. Und die Wirtschaft wird sich mehr und mehr vom patriarchalischen Prinzip lösen. »Hat das Yang seinen Gipfel erreicht, zieht es sich zugunsten des Yin zurück«, prophezeit eines der ältesten Weisheitsbücher der Welt, das chinesische *I Ging*. Yang steht für das männliche, Yin für das weibliche Prinzip. Dabei ist das männliche Prinzip eher den Dingen und dem Wettbewerb zugewandt, das weibliche Prinzip eher der Kooperation und den Menschen. Ideal ist es, wie ich meine, das Beste von beiden zusammenzubringen. »Ein großer Geist muss androgyn sein«, sagt der englische Dichter Samuel Taylor Coleridge, der 1772 (!) geboren wurde. »Mixed Leadership« proklamiert die Literaturprofessorin Gertrud Höhler.

Managen oder führen?

Im Business-Speak zeitgemäßer Unternehmen kommt das Wort ›Führung« schon kaum mehr vor. Da wird von Leadership und von Management gesprochen, zwei kontroverse Begriffe, die oft bedeutungsgleich verwendet werden. Das sind sie aber nicht. Denn Management hat mit Managen – und Leadership vor allem mit Führen zu tun. Bei Führung steht also der Mensch im Fokus, beim Management alles, was sich organisieren lässt: das Planen, Umsetzen und Kontrollieren von Prozessen, Strukturen und Standards.

Die Führungskraft benötigt vor allem soziale, der Manager vor allem methodische Kompetenzen.

Das Führen hat implizit eine ethische und das Managen vorrangig eine ökonomische Dimension. Führung entwickelt die Unternehmenskultur, das Management die Strategie. Die Führungskraft benötigt vor allem soziale, der Manager vor allem methodische Kompetenzen. Unnötig zu sagen, dass methodische Kompetenzen, die sich in Projekten manifestieren, leichter zu erwerben und zu meistern sind als die facettenreichen, vielschichtigen Soft Skills. Doch siehe da: Für eine fachliche Ausbildung hat man Jahre gebraucht. Für eine Führungsausbildung hingegen soll – wenn überhaupt – ein Wochenendseminar ausreichend sein!? So gibt es zahllose Chefs, die es zwar gut meinen, aber nicht gut machen. Das ist verheerend! Gerade was Menschenführung betrifft, muss man studieren und üben, um zu brillieren.

»Das bisschen Führen, das machen Sie doch mit links«, hört man nicht selten, wenn wieder mal die beste Fachkraft zur Führungskraft befördert wird. Doch Exzellenz darf sich nicht nur im Fachlichen zeigen, sie muss auch in der Beziehungspflege sichtbar sein. Nun ja, wer wie früher nur Ansagen macht, Befehle erteilt, überwacht und kontrolliert, der braucht nicht viel von Führung zu verstehen. In analogen Zeiten lebte der Chef vom Nimbus seiner »Allwissenheit«. Kraft seiner Position war *er* es allein, der die Dinge beurteilen konnte und darüber entschied, welche Handlungen, Verfahren und Prozeduren zielführend waren. Gute Führung wurde daran gemessen, wie die Mitarbeiter »spurten«, also artig die Programme abspulten, die von ganz oben kamen. Verbesserungsvorschläge wurden als Angriff auf das zugewiesene Hoheitsgebiet gedeutet und abgewehrt. Die Autorität der Lametta-Behängten aus den Paralleluniversen der Glaspaläste war höher als jeder gesunde Menschenverstand. Lethargie, Konformität und schwere Managementfehler waren / sind die Folge einer solchen Gehorsamskultur.

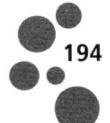

Doch die Zeiten ändern sich gerade. Nun ist es die Rolle des Koordinators, des Moderators, des Katalysators und Möglichmachers, die ein Leader vornehmlich beherrschen muss. Dies verlangt vor allem mehr Menschlichkeit. Wo man in den unterschiedlichsten Arbeitsmodellen mit einer Vielfalt von Kollaborateuren zusammenarbeitet, zählen soziale Kompetenzen zu den wichtigsten Management-Skills. Und das intuitive, individualisiert geführte Gespräch wird zur wichtigsten Führungsaufgabe.

Aber leider auch hier: Mitarbeitergespräche werden gemanagt – und gar nicht geführt. Wie das? Ich frage einmal andersherum: Stellen Sie sich eine Unterhaltung mit Kumpels vor, bei der, sagen wir mal, über den Ausgang eines Bundesligaspiels gefachsimpelt wird. Würden Sie das mithilfe einer Checkliste tun? Häkchen hinter besprochene Punkte setzen? Zwanghaft bis zum Ende eines Gesprächsleitfadens gehen? Natürlich nicht! Denn ein *gutes* Gespräch ist wie ein harmonischer Tanz, der aus wechselseitigem Fragen, Hinhören, Einfühlen, Wertschätzen, Antworten besteht. Der Führende muss sich auf seinen Tanzpartner einlassen können, damit der sich nicht in einem Schraubstock wähnt. Und der Geführte muss diesen Tanz wollen, damit das Ganze nicht steif und holprig wird. Natürlich gibt es auch beim Tanzen ein Pflichtprogramm, doch der wahre Genuss entsteht erst im Freiraum der Kür. Und erst bei der Kür können beide ihr Bestes zeigen.

Im beruflichen Kontext hingegen werden für alle denkbaren Situationen Formulare entwickelt und Gesprächsvorlagen industriell vorproduziert. So mutieren vollstrukturierte Führungsgespräche zu einem Verhör. Wie es dazu kommt? Wo hauptsächlich Männer regieren, werden Regeln und klare Ansagen gebraucht, meint der Führungskräftecoach Claus von Kutzschenbach. »Gebrauchsanweisungssüchtig« nennt er das. Seine Erklärung dafür? Wenn Männer in unbefriedetes Gelände geraten, dann müsse jeder ganz genau wissen, was seine Rolle sei und wie er sich zu verhalten habe. Unbefriedet ist ein Gelände, das man kaum kennt und das potenzielle Gefahren birgt. Könnte das die Heimtücke ausbrechender Emotionen sein? Oder die Sorge vor einem drohenden Kontrollverlust?

Das Gesagte gilt insbesondere für Mitarbeiter-Jahresgespräche. Es gibt Fälle, da müssen sich beide Seiten durch zwanzigseitige Vordrucke quälen. So was ist eine Farce! Das Führen nach Checkliste macht Menschen zu fremdgesteuerten Wesen, zu Marionetten der Administration, die nur anfangen zu tanzen, wenn man an den entsprechenden Strippen zieht. Kommunikationsstarke Leader dagegen steigen von ihrem hierarchischen Hochsitz herab. Sie dialogisieren mit ihren Leuten auf Augenhöhe, reden menschlich mit ihnen und wollen von ihnen lernen. Sie veranstalten, so wie James Rogers, CEO des US-Energieanbieters Duke Energy, »Zuhör-Meetings«, bei denen die Teilnehmer brisante Themen ansprechen sollen. »Bei uns gibt es eine Mitsprachepflicht, bei der jeder sagen *muss,* was ihm gefällt und was nicht«, ergänzt Sina Trinkwalder, Chefin der Textilfirma Manomama.

Okay, denen, die gesprächstechnische Nieten sind, kann ein teilstrukturierter Leitfaden helfen, die Nulllinie der Zufriedenheit anzupeilen. Wir brauchen aber Begeisterung! Zwar kann ein ausgeklügeltes Formularwesen dabei unterstützen, vorgegebene Ziele zu erreichen, man kann dabei aber auch sehr viel wertvollere Ziele verpassen. Denn Kreativität wird sich nie dort entfalten, wo sie einem festgelegten Weg folgen soll. Schon allein deshalb brauchen Wissensarbeiter Beweglichkeit und kein Gängelprogramm.

Die Funktionen einer Führungskraft von heute

Jede Führungskraft hat Präferenzen im Denken und Handeln. Von daher wird sie ihre Management- und Führungsaufgaben auf unterschiedliche Weise angehen. Doch in den meisten Unternehmen wird viel zu viel Management betrieben und zu wenig Menschenführung gelebt. Selbst ureigenste Führungsaufgaben werden, wie

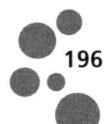

gerade bei den Mitarbeitergesprächen gesehen, »vermanagt«. Genau dies ist angesichts einer zunehmenden Technologisierung auch die größte Gefahr: dass nämlich überall dort, wo Technokraten das Sagen haben und Zahlenmenschen regieren, die Menschlichkeit auf der Strecke bleibt.

Müssen sich die Oberen zwischen Managen und Führen entscheiden, würden, wie Untersuchungen zeigen, die meisten die Sachthemen wählen. Die Verteilung zwischen sachorientierter und beziehungsorientierter Herangehensweise liegt vielfach bei 80 zu 20. Ein grober Fehler, denn unternehmerische Topperformance braucht beides zugleich: *zunächst* gute Führung und dann ein gutes Management. Wer nämlich etwas bewegen will, tut sich leichter, wenn er zuvor seine Mitarbeiter zu »Fans« macht, um sie danach auf eine gemeinsame Zukunft einzustimmen.

Es ist höchste Zeit, in den Leadership-Etagen *beide* Schlüsselfunktionen, das Managen und das Führen, als ebenbürtig anzuerkennen, zu leben und zu würdigen – wobei das Managen aus der Vergangenheit kommt und das Führen uns in die Zukunft leitet. Weil bei all dem das Menschenthema eine so zentrale Rolle spielt, habe ich es als dritte Hauptfunktion und als Basis zugleich den beiden anderen beigefügt:

ↄ Führungskraft
ↄ Manager
ↄ Mensch

Hieraus ergeben sich drei Zwischenstufen, die zeigen, in welche Richtungen sich die neue Führungsgeneration bewegen muss:

ↄ kundenfokussierter Leader
ↄ Möglichmacher
ↄ Katalysator

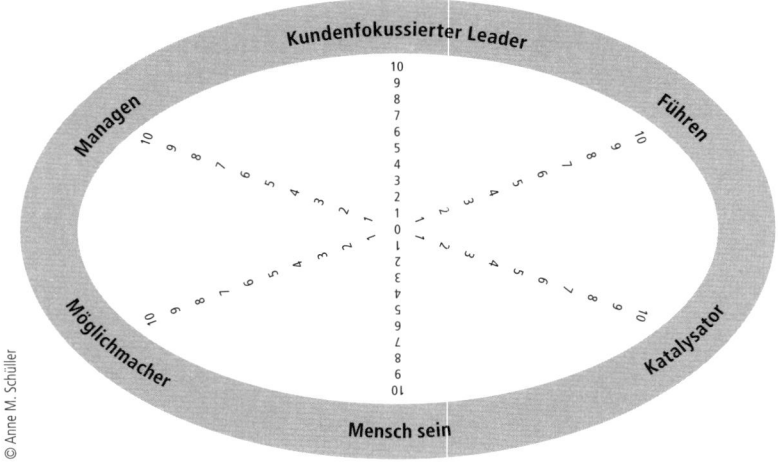

Abb. 9: Die Funktionen einer Führungskraft in der neuen Arbeitswelt
(die Zahlenreihen dienen einer Selbst- und / oder Fremdbewertung)

Über die Anforderungen an das Managen von heute und morgen haben wir in Teil 1 schon eine Menge erfahren. Und die große Bandbreite der Mitarbeiterführung werden wir in Teil 3 dann sehr ausführlich betrachten.

Speziell das mittlere Management wird sich bei all dem neu erfinden müssen. In Zukunft werden mehr Experten und weniger Führungskräfte gebraucht. Und die neuen Hochleister handeln selbstorganisiert. Chefs, mit denen man sich ständig abstimmen muss, behindern sie nur bei der Arbeit. Bei Google zum Beispiel führt eine Führungskraft vor allem im Produktentwicklungsbereich bis zu fünfzig Mitarbeiter, die in wechselnden Teams und meist in mehreren Projekten gleichzeitig aktiv sind.

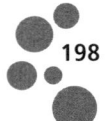

Ganz klar: Wenn alles transparent ist, gibt es keine Informationen mehr zu verteilen. Und auch nichts mehr zu checken. Workforce-Managementsoftware sagt den Beschäftigten bald vollautomatisch, was wann zu tun ist. Und das reine Kontrollieren von Arbeitsleistungen wird dann von Computerprogrammen erledigt. So werden Führungskräfte nur noch für Dinge gebraucht, die Computer (noch) nicht können, nämlich die Analytik mit Intuition, Menschenversteherwissen und Empathie zu verknüpfen. Beziehungsarbeit, emotionale Kompetenzen und hirngerechtes Führen rücken damit immer stärker nach vorn. »Was wir weiterhin brauchen, sind soziale Architekten. Also Menschen, die Mitarbeiter motivieren und mobilisieren«, erklärte Gary Hamel Ende 2012 in der *Wirtschaftswoche*.[86] Menschliche Führungspersönlichkeiten, kundenorientierte Leader, Möglichmacher und Katalysatoren werden also von nun an dringend gebraucht. Sie glauben an einen Menschentyp, den Gunter Dueck in seinem Buch *Professionelle Intelligenz* ganz wunderbar so beschreibt: »Der Mensch möchte wirksam sein und etwas vollbringen, auf das er stolz sein kann. Er arbeitet gern in Gemeinschaft mit anderen und trägt fruchtbar zum Ganzen bei. Er fühlt sich als Quelle positiver Kraft, die er für das Ganze, andere und sich selbst einsetzt. Er übernimmt die Verantwortung für sein Handeln und strebt professionelle Ergebnisse seiner Arbeit an. Er bemüht sich um die Professionalität anderer und bringt deren Begabungen zum Erblühen. Er weitet seine eigenen Horizonte und Fähigkeiten stetig aus. Er ist ein immer größeres Zentrum des Gelingens in einer Welt allgemeiner Prosperität.«[87]

Mensch sein statt Pokerface aufsetzen

Wir »kaufen« immer zuerst den Menschen und dann erst die Sache. Diese Weisheit aus dem Vertrieb lässt sich eins zu eins auch auf den Führungsalltag übertragen. Was Mitarbeiter sich von ihren Chefs mit am meisten wünschen, ist Menschlichkeit. Vor allem dort, wo Teams sich nur selten sehen, ist es wichtig, Menschlichkeit und damit auch einen Rest an Heimat zu bieten. »Beim Führen

auf Distanz fällt Ihnen als Führungskraft unweigerlich eine Gast-
geberrolle zu, denn bei den Gelegenheiten, zu denen Mitarbeiter
in den Betrieb kommen, um sich zu treffen, Arbeiten abzugeben,
Projekte abzustimmen, neu gebrieft zu werden, haben Sie nicht
nur die Chance, persönliches Feedback zu geben und vertiefte Gespräche zu führen. Sie haben vor allem die Chance, das Wir-Gefühl
zu stärken und die Loyalität zum Team und zu Ihnen als Chef zu
festigen«, schreibt die Managementberaterin Maren Lehky in ihrem Buch *Leadership 2.0*.[88]

Ja, ein guter Gastgeber kümmert sich mit Wärme, Herz und An-
stand um seine Gäste, sodass sie gerne wiederkommen. Und die
innerbetriebliche Realität? Es ist immer ganz erstaunlich, zu beobachten, wie cool und emotionslos Manager oft wirken wollen.
Ganz so, als ob Gefühle die Achillesferse im Business wären. Vor
allem in Besprechungen zeigen Krawattenträger gern eine Maske
aus Gleichgültigkeit und Indifferenz: ihr Pokerface. Okay, ein Pokerface ist beim Pokerspiel lebensnotwendig – und in schlechten
Unternehmenskulturen wohl auch. Doch im Mitarbeiterkontakt ist
es tödlich. Die Leute wollen und müssen wissen, wie es dem Menschen geht, den sie als Führungskraft vor sich haben. Denn
davon hängt ja auch ihr eigenes Schicksal ab.

Pokerface-Manager sind Energieräuber. Sie nehmen allen in ihrem Umfeld die Kraft und zeh-
ren sie aus wie Vampire. So kommt es, dass
in Pokerface-Unternehmen alles so blutleer
wirkt. Emotionslosigkeit macht Menschen
unnahbar und unberechenbar. Da gewinnen Zweifel schnell die Oberhand. So entstehen im Leerraum fehlender emotionaler
Informationen bald die wildesten Spekulationen. Manche Hirne sind selbst bei nichti-
gen Anlässen unglaublich gut darin, sich das
Schlimmste auszumalen: »Er hat zu meiner
Arbeit nichts gesagt. Sicher fand er sie schlecht,

**Wo emotionale
Informationen
fehlen, kommt es
zu den wildesten
Spekulationen.**

wollte mich aber schonen, weil er wohl glaubt, dass ich überempfindlich bin. Oder er will mich loswerden und zeigt sich deshalb so distanziert.« Besser, Sie erlösen Ihre Leute aus solch belastenden Situationen. Emotionen am Arbeitsplatz sind unprofessionell? Ganz im Gegenteil! Gefühle zeigen ist wie Blinker setzen, damit jeder weiß, in welche Richtung es geht.

Hinter einer Maske aus unzugänglicher Kontrolliertheit können allerdings auch Abgründe von Selbstzweifeln, Verletztheit und Einsamkeit stecken. Solche Themen müssen natürlich besprochen werden, damit nichts eskaliert. Aber diese gehören *nicht* in den Mitarbeiterbereich. Von daher hat das Menschsein auch Grenzen. So geht es ganz gewiss *nicht* darum, seinen Leuten sehr private Dinge zu erzählen oder sie zu Vertrauten bei allen möglichen innerbetrieblichen Problemen zu machen. Und ein cholerischer Anfall ist *nie* der richtige Weg. Er schadet vor allem demjenigen, der ihn hat. Enttäuschung hingegen darf man sich ruhig anmerken lassen. Das sagen Sie so: »Schade, dass Sie so denken.« Oder: »Das hat mich *in der Sache* enttäuscht.« Aber bitte nie so: »*Sie* haben mich enttäuscht.« Letzteres kommt persönlich verletzend rüber, und das ist gar nicht gut.

Doch so weit muss es gar nicht kommen, denn wen man gut kennt, den will man nicht enttäuschen. Gefühle zu zeigen, macht uns verwundbar, es macht aber auch frei. Erst der bewusste Umgang mit den eigenen Gefühlen sorgt für Authentizität. Und dies wiederum ist die Voraussetzung für Souveränität und Charisma. Wer den Mut hat, seine Emotionen in Bewegung zu bringen, der schafft es auch, andere zu bewegen und zu überzeugen. Denn er weckt Sympathie. Und wenn wir jemanden mögen, dann sind wir viel eher bereit, ihm entgegenzugehen. Menschen stattdessen mit kalten Zahlen und nackten Fakten betören zu wollen, das ist nicht nur schwierig, sondern nahezu unmöglich.

Kommen Sie also raus aus der Blackbox Ihrer emotionalen Neutralität, und erlauben Sie sich, auch im Business Mensch zu sein. Man erreicht andere am besten, wenn man von sich selbst etwas preisgibt. Und wir mögen *die* Menschen, die zeigen, dass sie uns mögen. Vor allem positive Momente wie Freude und Stolz gilt es dabei zu teilen. Denn jede Form erlebter gefahrloser zwischenmenschlicher Resonanz erfreut unser inneres Motivationssystem.

Eine kleine emotionale Trainingseinheit

Nur Hinterwäldler können heute noch ernsthaft der Meinung sein, Emotionalität zeige einen Mangel an Professionalität. Dieser Mythos stammt aus der Zeit, als man begann, industrielle Fertigungsprozesse mit REFA-Zeiterfassungsmethoden zu messen und als sogar das Reden in Fabrikhallen verboten war. Dabei sah man nur die Zeit, die ein Pläuschchen während der Arbeitszeit (vermeintlich) kostet, nicht aber den Auftrieb, den so etwas bringt. Doch längst hat die Neurowissenschaft anhand von Hirnscans gezeigt: Emotionen sind nicht nur bei allen Entscheidungen vorhanden, sie sind sogar deren treibende Kraft. Ohne Gefühle ist kein vernünftiges Handeln möglich. Und alles Gelernte wird mit Emotionen markiert. Positive Marker sagen uns, was wir weiterhin tun, und negative Marker, was wir besser lassen sollten. Emotionen haben im Gehirn immer Vorfahrt. Dabei hat Negatives Priorität, denn daraus könnten unmittelbare Gefahren für Leib und Leben erwachsen. Andererseits übertragen sich positive Gefühle stärker von Mensch zu Mensch. Das hat die Natur intelligent herausgemendelt.

Leider können viele Manager ihre eigenen Gefühle nur ziemlich diffus wahrnehmen, oder sie können die Gefühle anderer nicht lesen. Deshalb werde ich oft gefragt, wie sich der Zugang zu den Emotionen denn trainieren lässt. Dies erfolgt in zwei Schritten: Zunächst beobachtet man sich selbst, dann beobachtet man die anderen. Denn nur was man in sich selbst erkennt, kann man auch in anderen sehen. Und das geht so:

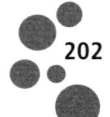

Wenn sich bei Ihnen ein vages Gefühl einstellt,

○ lassen Sie es zu und lokalisieren Sie es,
○ geben Sie dem Gefühl (laut) einen Namen,
○ skalieren Sie es in seiner Stärke, etwa von eins bis zehn,
○ schauen Sie, was es mit Ihren Gesichtszügen macht,
○ schauen Sie, was es mit Ihrer Körperhaltung macht,
○ versuchen Sie, es zu verändern,
○ würdigen Sie das Resultat und
○ seien Sie bei all dem ehrlich mit sich.

Und wenn Sie bei anderen ein Gefühl wahrnehmen,

○ schauen Sie es sich an und spüren Sie dem in sich nach,
○ geben Sie dem Gefühl (leise) einen Namen,
○ skalieren Sie es in seiner Stärke, etwa von eins bis zehn,
○ schauen Sie, was es mit den Gesichtszügen Ihres Gegenübers macht,
○ schauen Sie, was es mit seiner Körperhaltung macht,
○ versuchen Sie durch eine passende Aktion, es zu verändern,
○ würdigen Sie das Resultat und
○ seien Sie sich bei all dem bewusst: Sie spekulieren nur.

Gerade las ich, dass am Massachusetts Institute of Technology (MIT) ein Avatar namens MACH entwickelt wurde, mit dem man so etwas trainieren kann.[89] Ist also nun – durch welches Üben auch immer – die Sensibilität geschärft, geht es im nächsten Schritt darum, mit den Gefühlen, die sich zeigen, angemessen umzugehen.

Solche Sätze gehen jetzt gar nicht mehr:

○ »Nun regen Sie sich mal nicht so auf!«
○ »Jetzt werden Sie hier nicht gleich hysterisch!«
○ »Machen Sie doch keinen solchen Aufstand!«

Über Gefühle kann man nicht diskutieren. Sie sind einfach da. Viel besser sind deshalb Formulierungen wie diese:

- »Ich sehe, dass das Thema Sie sehr bewegt.«
- »Ich freue mich, dass Sie sich für diese Sache so engagieren.«
- »Uns allen liegt das sehr am Herzen.«

Wird im Team nicht über Gefühle gesprochen, dann verlagern sich etwaige Konflikte schnell auf die Sachebene. Energieblockaden, Ineffizienz und Zeitverluste sind dann die Folge. Zeigen Führungskräfte hingegen Emotionen und Menschlichkeit, kommt dies einer Einladung gleich, es ihnen nachzutun. So erreicht man den Kopf *und* das Herz seiner Leute.

Wertschöpfend: der kundenfokussierte Leader

Die leitenden Schlüsselpersonen einer Organisation sind die Träger der Unternehmenskultur. In Touchpoint-Unternehmen beginnt deshalb die kundenfreundliche Haltung eines Arbeitgebers in den Köpfen der Führungskräfte, und zwar an oberster Stelle. »Was ist unser Beitrag zum Erfolg jedes einzelnen Kunden?« So formuliert Martin Hubschneider, ein kundenfokussierter Leader, CEO der CAS Software AG, die zentrale Frage.

»Kundenfokussierung« bedeutet, alle Ressourcen des Unternehmens auf *das* zu konzentrieren, was für dessen Fortbestand am wichtigsten ist: durch und durch loyale Kunden und aktive positive Empfehler. Dies erfordert:

- gelebte Kundenfokussierung in der Chefetage
- kundenfokussierte Rahmenbedingungen
- eine kundenorientierte Einstellung der Mitarbeitenden
- das kundenorientierte Verhalten der Mitarbeitenden

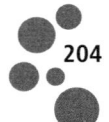

Die Definition für eine kundenorientierte Mitarbeiterführung lautet so:

> **Führungskräfte haben die Aufgabe, solche Rahmenbedingungen zu schaffen, die es den Mitarbeitern ermöglichen, für die Kunden ihr Bestes zu geben – und dies auch zu wollen.**

Und hier die Schlüsselfragen, die sich ein kundenfokussierter Leader stellt:

- Interessiert mich das Wohl unserer Kunden wirklich?
- Sind Kunden in meinen Gesprächen regelmäßig und positiv präsent?
- Wie oft spreche ich über die Bedeutung der Kunden für die Firma?
- Bitte ich die Mitarbeiter regelmäßig um kundenfokussierte Vorschläge?
- Lebe ich Kundenfokussierung sichtbar vor?

Kundenfokussierung heißt auch: Nicht *glauben*, zu wissen, was der Kunde benötigt und nützlich findet, sondern in der gesamten Organisation sicherstellen, dass täglich Kunden-Rückmeldungen eingeholt werden.

»Bei uns in Norditalien«, schrieb mir Paul Klotz, Mitglied des Vorstandes der Despar, »konkurrieren unsere Super- und Hypermärkte mit dem Einkaufsflair der traditionellen italienischen Märkte, auf denen wie seit eh und je Waren feilgeboten werden. Da heißt es, das Ohr nah am Kunden zu haben. So sitze ich selbst als ›Mitarbeiter‹ an der Kasse. Da bekomme ich vollautomatisch mit, was die Leute beim Schlangestehen so alles über uns sagen und wo wir noch besser werden müssen. Eine bessere Marktforschung gibt es nicht.«

○ »Wonach haben die Kunden denn heute gefragt?«
○ »Mit welchen gedankenlosen Dingen verärgern wir unsere Kunden?«
○ »Mit welchen Kleinigkeiten können wir unseren Kunden Freude bereiten?«

Solche Sätze sollten Standard werden im Kommunikationsrepertoire einer Führungskraft.

Exzellente Antworten erhalten Sie übrigens in der Telefonzentrale, im Callcenter und überall da, wo es um die Reklamationsbearbeitung geht. Und neuerdings natürlich auch im Social Web.

Wie der Mitarbeiter den Kunden sieht, hat maßgeblich mit dem Verhalten der Führungskraft zu tun.

Ob es dem Mitarbeiter möglich ist, das Positive in einer Kundenbeziehung zu sehen, hat ganz maßgeblich mit dem zu tun, was er bei seiner Führungskraft hört und sieht. Wie beim Dominoeffekt kaskadiert positives wie auch negatives Verhalten aus der Teppichetage über alle Hierarchiestufen nach unten – und schwappt dann auf die Kundenseite rüber. Macht die Führung immerzu den schwachen Markt, die konjunkturellen Rahmenbedingungen, Nachfrageverschiebungen, die Tücken der Konkurrenz oder die miese Performance anderer Abteilungen für Misserfolge verantwortlich, so werden die Mitarbeiter schnell das Gleiche tun. Und hören Beschäftigte ständig Negativgeschichten über »schwierige« Kunden, Nörgler und Querulanten, dann wird dies ihre eigene Einstellung färben. So entwickelt sich schließlich ein »Feindbild Kunde«.

Ein wesentlicher Erfolgsfaktor der Hidden Champions hierzulande, so hat der Unternehmensberater Hermann Simon in seinem gleichnamigen Buch analysiert, ist ihre Kundenorientierung, noch vor der Technologie. Fünfmal so viele Mitarbeiter wie in Großunter-

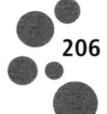

nehmen haben bei den Hidden Champions regelmäßig Kundenkontakt. Langjährige Kundenbeziehungen betrachten sie als ihre größte Stärke. Die Kundennähe bildet ein zentrales Element ihrer Strategie. Selbst ihre Topmanager sind nahe am Kunden. Ihre meistgenutzte Informationsquelle bildet das Gespräch mit Kunden vor Ort.[90]

Ja klar: Wer kundenfokussiert führen will, muss natürlich die Kunden auch kennen. Und zwar aus persönlichem Erleben und nicht nur durch Hörensagen. Zeit mit den Kunden zu verbringen, sollte im Rahmen der Managementaufgaben eine hohe Priorität erhalten. Und damit meine ich nun *nicht*, dass ein Vorstand, Geschäftsführer oder Bereichsleiter mit *seinesgleichen* im Kundenunternehmen spricht. Und ich meine auch nicht den so gerne zelebrierten jährlichen Pflichttermin. Vielmehr gilt es, mit den unmittelbaren Produktanwendern beziehungsweise Serviceempfängern regelmäßig zu reden. Die Neuen Medien bieten hierzu die vielfältigsten Möglichkeiten. Nutzen Sie sie!

Pragmatisch: der Möglichmacher

Spitzenleistungen kann man nicht einfordern. Man kann sie nur ermöglichen. Sie haben immer zwei Komponenten: das Können und das Wollen. Daher arbeiten Möglichmacher vor allem an der Schaffung optimaler Rahmenbedingungen. Sie sind zupackend, nahbar, verstehend. Sie sind Inkubatoren für den Erfolg. Sie haben verstanden, dass eine der Hauptaufgaben einer Führungskraft darin besteht, das Zusammenarbeiten zu ermöglichen. Ihre Zielsetzung ist es, ein anspornendes Leistungsumfeld zu schaffen, damit sich die Leute voll entfalten können. Und sie wissen: Mitarbeiter bringen – genauso wie Spitzensportler – nur unter optimalen Bedingungen ihre Höchstleistung ein. Deshalb sollen Sie deren individuelle Arbeitsmotive und Talente ermitteln und zudem die zwischenmenschlichen wie auch die organisatorischen Motivationshemmer identifizieren und wegräumen. Arbeitsplatz und Aufgabe werden an die Fähigkeiten der Stelleninhaber angepasst – und nicht umge-kehrt. Möglichmacher sehen sich als Potenzialentwickler und nicht als Exekutierer der Unternehmensstrategie. Sie sind Dienstleister für ihre Mitarbeiter-Kunden.

»Auch in unserem Land war der autoritäre Stil in der Führung lan-ge ein Thema«, schrieb mir Erwin Schmuck, Geschäftsführer der Spar-Handelskette in Ungarn. »Da war es meine Aufgabe, den Mit-arbeitern zunächst Vertrauen entgegenzubringen, damit sich ihr Selbstvertrauen entwickelt. Der zweite Schritt war dann der vom Müssen zum Wollen. Gibt man den Leuten Spielraum, entsteht automatisch mehr Engagement. Und so kann sich auch die Per-sönlichkeit eines Menschen entfalten, was die Kunden sehr schät-zen. Einmal haben die Mitarbeiter, ich war selbst ganz erstaunt, in unserem Interspar-Markt in Budapest eine Zumba-Tanzeinlage aufgeführt. Die Kundschaft hat fleißig mitgetanzt, und hinterher gab es mächtig Applaus.«

Viele Obere meinen allerdings immer noch, sie müssten alles selbst wissen, alles selbst können und ihren Leuten sagen, wie die Dinge zu laufen haben. »Edelsachbearbeiter« werden sie gerne genannt. Mikromanagement ist ihr Markenzeichen. Denn ihr Selbstbild ver-bietet es ihnen, die Zügel aus der Hand zu geben. Ihr antiquiertes Arbeitsmotto, man merkt es am Sprachstil, geht so: »Nur was der Meister selbst getan, ist wohl geraten.« Solche »Meister« können sich schlecht auf andere Sichtweisen einlassen. Selbst die genialsten Ideen werden sie niedermachen, wo es nur geht. Und in Wahrheit? In Wahrheit hat ihr Ego vor allem Sorge um Machtverlust – und Grausen vor der inneren Leere. Oder Angst vor dem Zeigen von Schwäche. So wird munter angewiesen, statt involviert und dele-giert. Denn Macher sind ungeduldig. Und sie wollen selber machen.

»Wer Kompetenzen einschränkt, verringert den Anreiz für Mitar-beiter, zu träumen, zu fantasieren und sich einzubringen«, sagt der Managementvordenker Gary Hamel. Sehr drastisch formuliert er auch dies: »Keine Funktion in Ihrem Unternehmen ist ineffizienter

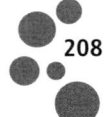

als das Management.« Denn die vielen Genehmigungsschritte verlangsamen jede zeitnahe Reaktion. Mehr noch: »Je bedeutsamer eine Entscheidung ist, desto kleiner wird die Zahl der Personen, die sie anzweifeln können.« Und ganz abgesehen von den »Kosten der Tyrannei«, so Hamel, sei das Resultat dies: »Nur zu oft erweisen sich aus der Höhe des Olymps gefällte Entscheidungen in der Praxis als völlig unbrauchbar.«[91]

Möglichmacher hingegen verlagern einen Großteil der Entscheidungen dorthin, wo die kompetentesten Leute sitzen. Möglichmacher müssen dabei nur wissen, wie das aussieht und was es bedeutet, wenn jemand auf den einzelnen Professionalitätsstufen seinen Job richtig gut macht. Sie müssen aber nicht jeden Job selbst gut erledigen können. Zum Beispiel erweisen sich viele (hastige) Stellenbesetzungen im Nachhinein als Fehlgriff, was angesichts des Fachkräftemangels besonders tragisch sein kann. Würde man verstärkt *diejenigen* mitentscheiden lassen, mit denen der Auserwählte später zusammenarbeitet, ließen sich zwei Fliegen mit einer Klappe schlagen. Zur fachlichen Passung – die durch eine Vorauswahl gesichert wird – käme eine Einschätzung der menschlichen Passung hinzu. Und diejenigen, die sich für einen Kandidaten starkgemacht haben, täten dann auch alles, damit dieser sich ins Team integriert.

Lassen Sie die Mitarbeiter mitentscheiden – auch über Stellenbesetzungen.

Sympathie und Antipathie spielen ja im unternehmerischen Miteinander eine überragende Rolle. Wie Studien bewiesen, arbeiten wir nicht nur lieber, sondern auch besser mit weniger kompetenten Sympathen als mit hochkompetenten Unsympathen zusammen. Der Unsympath bringt also, weil vom Team gemieden, seine Kompetenz-PS nicht auf die Straße. Was logisch ist, denn im Freund-Feind-Dilemma ordnen wir den Unsympathen dem Feindesland zu – und sofort verkrampft sich alles, und unser Hirn macht dicht.

Nur wenn *auch* die Beziehungsebene stimmt, ist auf der Sachebene Großes zu bewirken.

Natürlich können sich auch Mitarbeitende falsch entscheiden. Doch wenn Sie die Weisheit der Vielen nutzen, wird es mit Sicherheit eine größere Anzahl richtiger Entscheidungen geben. »In unserem Unternehmen haben wir diese Überzeugung schon seit Langem in Einstellungsentscheidungen umgesetzt«, sagt Hermann Arnolds, Verwaltungsratspräsident der Umantis AG, eines Softwareanbieters aus St. Gallen in der schönen Schweiz. Dort werden, so Arnolds, alle Führungspositionen durch einen Kollektiventscheid besetzt. »Und vor Kurzem haben wir meinen Nachfolger, den neuen Geschäftsführer, durch alle Mitarbeiter wählen lassen.«[92] Dies ist übrigens kein Einzelfall. Gerade in der IT-Branche passieren in Sachen Führungskultur, Vernetzung und Möglichmachen derzeit die interessantesten Dinge. Warum? Weil sie sich nie mit dem Nachlass der Schornstein-Industrie herumschlagen musste.

Sicherlich lässt sich nicht absolut jede Entscheidung an ein Mitarbeiterkollektiv übertragen. Die meisten allerdings schon. Möglichmacher wissen genau: Wer mitunternehmerisch handelnde Mitarbeiter will, muss diese in einem ersten Schritt zu unternehmerischem Denken befähigen. Möglichmacher schaffen die dazu notwendigen Rahmenbedingungen: Sie stellen die erforderlichen Ressourcen bereit, sie übertragen die für die Aufgabenstellung notwendige Entscheidungsgewalt, und sie übertragen Ergebnisverantwortung. Denn sie wissen: Höchstleistungen können nur in Möglichkeitsräumen entstehen. Und Kreativität braucht Spielwiesen. Unter Druck werden höchstens Allerweltslösungen erzeugt. Eine freudige Stimmung des Zulassens hingegen beflügelt schöpferische Denkprozesse. Die Intuition erwacht und Querdenk-Potenzial wird aktiviert, um Wege ins Neuland zu wagen.

Eine Möglichmacherin, die sich auf Neuland wagte, ist Anke Schiller, Customer-Care-Leiterin bei der Direct Line Versicherung. »Wir erkannten, dass wir mit all den in Callcentern üblichen Kennzahlen

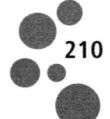

an den Bedürfnissen der Kunden vorbeimanagen.« So räumte sie diese Instrumente beiseite und sagte: »Liebe Mitarbeiter, es gibt nur ein einziges Ziel, und das ist, dass der Kunde bei uns bleibt.« Alles Weitere überließ sie den Mitarbeitern. Sie sagte den Teams: »Ihr müsst das miteinander diskutieren und selbst organisieren.« Die Kundenbindung stieg, so berichtet sie weiter, in zwei Jahren um mehr als zehn Prozent und liegt jetzt bei über neunzig Prozent.[93]

Möglichmacher lassen ihre Leute also machen, wo es nur geht. Selbst wenn diese Herangehensweise in der Startphase ein wenig mehr Zeit in Anspruch nimmt, zahlt sich das Ganze am Ende doch aus: Die Mitarbeitenden erleben sich als wertgeschätzte Mitglieder ihrer Organisation. Sie erkennen den Sinn ihrer Arbeit. Sie werden zu verantwortungsvollem Handeln motiviert. Engagement und Loyalität wachsen. Es werden mehr passende Ideen produziert. Und die Ergebnisse werden am Ende die besseren sein. Gerade dort, wo Mitarbeiter intensiv in die Strategiearbeit involviert und an den Erfolgen auch finanziell beteiligt werden, werden sie alles tun, damit »ihr Baby« wächst und gedeiht. Bei den Digital Natives gibt es zu diesem Vorgehen im Übrigen gar keine andere Wahl.

Virtuos: der Katalysator

Der Katalysator ist der Visionär unter den Führungskräften, eine Inspirationsfigur, ein hervorragender Kommunikator und kreativer Innovator, ein Empathiekünstler und ein Menschenfreund. Er besitzt Enthusiasmus, eine ansteckende Begeisterungskraft und ein hohes Motivationstalent. Ihm gelingt es spielend leicht, andere für Ideen zu entflammen und Impulse zu setzen. So wie der Katalysator in einem chemischen Versuchslabor setzt er Prozesse in Gang und zieht sich dann wieder zurück. Er stellt sich nicht selbst ins Rampenlicht, sondern sorgt dafür, dass seine Leute sich diesen Platz verdienen. So bringt er Selbstvertrauen, Agilität und Veränderungsbereitschaft in vormals erstarrte Strukturen.

Ein Katalysator führt inspirierend, indem er Rahmenbedingungen vorgibt, das Arbeitsgeschehen moderiert und Vorschläge macht. Er führt hingegen *nicht* über strikte Anweisungen, Druck und Antreiberei. Verantwortung und Kontrolle verbleiben bei den einzelnen Mitarbeitern oder im Team. Und so hören wir von ihm:»Ich traue jedem hier zu, dass er nur das bestellt, was er wirklich benötigt. Deshalb brauchen Sie meine Unterschrift nicht.« Sogar in schlechten Zeiten sendet er Appelle wie diesen:»Wir wollen Ihnen keine Vorgaben machen, wo Sie sparen sollen. Sie alle wissen, wie man einen Haushalt führt, wenn's mal enger wird.« Und dann lädt er seine Leute zu einem Ideenfeuerwerk ein. Beim Hardware- und Softwarehersteller EMC beteiligten sich einmal Tausende von Mitarbeitern an einer solchen Aktion und wiesen auf unwirtschaftliche Prozesse hin, von denen die Chefs großteils gar nichts wussten.

»Wir haben im letzten Jahr die neue Marke Spar Enjoy zur größten ›Food to go‹-Eigenmarke des österreichischen Lebensmittelhandels aufgebaut. Aufbau heißt in diesem Zusammenhang: Alle für den Kunden sichtbaren Veränderungen und auch alle strukturellen, logistischen, vertrieblichen und qualitätstechnischen Ablaufprozesse wurden von Grund auf neu entwickelt und implementiert. Nach der Initialzündung war mir als Projektleiter besonders wichtig, dass ich mit Begeisterung und als Motivator den begonnenen Prozess ständig am Laufen halte. Das gelingt nur durch gegenseitigen Respekt und entsprechende Handlungsfreiräume für alle Beteiligten. Wichtigster Wegbegleiter ist dabei das wertschätzende WIR. Wenn so ein Prozess dann voll im Gange ist und alle Stoßrichtungen festgelegt sind, kann ich mich jederzeit zurücknehmen, ohne Einbußen an der hohen Dynamik eines solchen Projekts«, erläuterte mir Markus Maximilian Holnsteiner, Business-Process-Manager in der Spar-Zentrale in Salzburg.

Ein Katalysator steckt das Spielfeld ab, in dem seine Leute dann spielen können – nicht zu groß, aber auch nicht zu klein, abhängig von Aufgabe und Mitarbeitertypologie. Er schafft Orientierung, gibt die Anforderungen vor und sorgt für einen reibungslosen Pro-

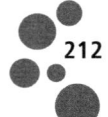

zessablauf. Immer bietet er seine Hilfe an, doch nur im Notfall greift er steuernd ein. Wenige Spielregeln bestimmen, was geht und was nicht. Eine funktionierende Fehlerkultur und regelmäßige Feedbackschleifen sichern ein zügiges Voranschreiten der Projekte und Initiativen. Besprochen werden folgende Punkte:

○ Was wurde seit dem letzten Mal geschafft?
○ Was sind die nächsten Schritte?
○ Was hat besonders gut geklappt?
○ Welche Hindernisse sind aufgetaucht?
○ Was können wir beim nächsten Mal besser machen?

Die Kommunikation ist bei all dem flott, offen, ehrlich und vertrauensvoll. Während beim alten Führungsstil Projekte ständig stocken, weil man auf Entscheidungen von oben warten muss, ist das Vorgehen hier schnell und agil. Flexibel und wendig kann sich die komplette Mannschaft auf die immer neuen Überraschungen des Marktes und die volatilen Wünsche der Kunden konzentrieren. Drei wichtige Zutaten sind dabei unabkömmlich: Eigenverantwortung, verbindliche Absprachen und Verlässlichkeit.

So fördert ein Katalysator die Selbstorganisation seiner Leute. Er brennt sie nicht aus und er hält sie auch nicht klein, er macht sie vielmehr stark, damit sie dem Unternehmen ihre ganze Energie geben können. Sein Team arbeitet auf höchstem Niveau. Er versteht, dass es dazu nicht nur Wissen und Können braucht, sondern auch Humanorientierung und Menschlichkeit. Konsequent zu sein, ist ihm absolut wichtig. Ambitionierte Ziele hat er sowieso. Und er bringt andere dazu, mit ihm gemeinsam zu wachsen.

Wer hoch hinaus will, folgt einem Freund lieber als einem Feind. Und wer möchte, dass seine Leute gut mit den Kunden umgehen, der muss gut mit seinen Leuten umgehen. All das hat mit »Weichei-Führen« und Schmusekurs rein gar nichts zu tun. Ganz im Gegenteil: Nur in kreativen Freiräumen können Spitzenleistungen entstehen. Denn Kreativität – die Schlüsselressource der Zukunft –

braucht Weite. Und Entspannung im Hirn. Und Heiterkeit. Wo Liebe und Lachen Raum haben, verschwindet die Angst. Verängstigte Mitarbeiter hingegen haben die unangenehme Eigenschaft, allerhöchstens mittelmäßige Arbeit abzuliefern.

Für Bestresultate auf Dauer sind vor allem Beziehungsarchitekten vonnöten – und nicht performanceorientierte Zahlenmenschen.

In der analogen Welt galt die hart durchgreifende, gefürchtete und bisweilen skrupellose Führungskraft als die bessere Wahl. Ihr Vorgehen kann auch heute noch zu kurzfristigen (Schein-)Siegen führen. Um allerdings in unserer neuen Zukunft Bestresultate *auf Dauer* zu sichern, sind vor allem Beziehungsarchitekten vonnöten. Visionär auf die Zukunft ausgerichtete Katalysatoren sind Treiber des unternehmerischen Erfolgs. Ein performanceorientierter Zahlenmensch hingegen ist ein Erfolgskiller. Warum? Weil er als Machtmensch Druck macht, extrem strukturierte Arbeitsabläufe vorgibt, penibel Ergebnisse mit gesetzten Zielen vergleicht und Fehler nicht zulässt. Der Katalysator hingegen schafft ein gesundes Arbeitsumfeld und fördert die Selbstorganisation seiner Mannschaft. Er erkennt Leistungen an, setzt auf Fairness, Kommunikation und Innovation.

Katalysatoren besitzen eine ausgesprochen hohe emotionale Intelligenz. Sie können zwar auch unbeirrt und hart durchgreifen, schätzen aber aufgrund ihrer sozialen Begabung sehr viel besser ein, wann dies in welcher Form notwendig ist. Sie haben nicht nur die Interessen des Unternehmens, sondern auch gute zwischenmenschliche Beziehungen im Sinn. Sie sind exzellente Networker und dementsprechend extrem stark vernetzt. Sie setzen ihre Mitarbeiter im Kern ihrer Talente ein und orchestrieren ein Hochleistungsteam. Wie Hochleistungsteams entstehen?

Hochleistungsteams kommunizieren über eine positive Wortwahl, während in Low-Performance-Teams Worte der Abneigung, Kritik

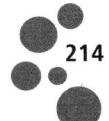

und Zynismus vorherrschen. Hochleistungsteams tendieren ferner dazu, wertvollen Input und neue Gedanken von außen in das Team zu bringen. Sie sind darüber hinaus in der Lage, den Vorschlägen und Gedanken anderer zu folgen und diese weiterzuentwickeln, während Niedrigperformer Ideen von außen abblocken und den eigenen Standpunkt als das Nonplusultra verfechten. Dies und vieles mehr hat der chilenische Psychologe Marcial Francisco Losada herausgefunden, der zum Thema Hochleistungsteams forscht.

Katalysatoren haben einen ausgeprägten Chancenblick. Sie lieben die Zukunft, alles Quirlige, die sich digitalisierende Welt – und neue Ideen. Sie sind offen für interessante Vorschläge und haben Mut für Experimente. Vielversprechende Initiativen erhalten bei ihnen eine Überlebenschance. Kreative Köpfe fühlen sich, wie Untersuchungen des Soziologen Richard Florida zeigen, vor allem dort hingezogen, wo die drei T zu finden sind: Technologie, Talente und Toleranz.[94] Genau das ist die Welt der Katalysatoren. Sie schaffen Orte, an denen es vor Hochbegabten geradezu wimmelt. Solche Talente arbeiten zum Beispiel bei Google, »weil wir solche Menschen in die Lage versetzen, die Welt zu verändern«, haben die Google-Gründer Sergey Brin und Larry Page einmal gesagt.

Katalysatoren haben ausgewiesene Marketingkompetenzen und ein überdurchschnittlich hohes Kundenverständnis. Sie empfinden Leidenschaft für ihre Sache und strahlen diese auch aus. Ihre Freude an der Arbeit überträgt sich auf alle, die von ihnen geführt werden. Sie bringen PS auf die Straße. Und sie lieben die Menschen mehr als die Macht. Solche oft charismatischen Führungspersönlichkeiten verfügen nicht nur über einen hohen Antrieb und Begeisterungskraft, sondern auch über Einfühlungsvermögen und Diplomatie. Sie haben einen Sympathie-, bisweilen sogar einen Bewunderungsbonus. Solchen Chefs verzeiht man auch mal einen Schnitzer. Sie kommen einer menschlichen »Lovemark« am ehesten nahe. So wachsen für Katalysatoren in Touchpoint-Unternehmen die Menschen oft über sich selbst hinaus.

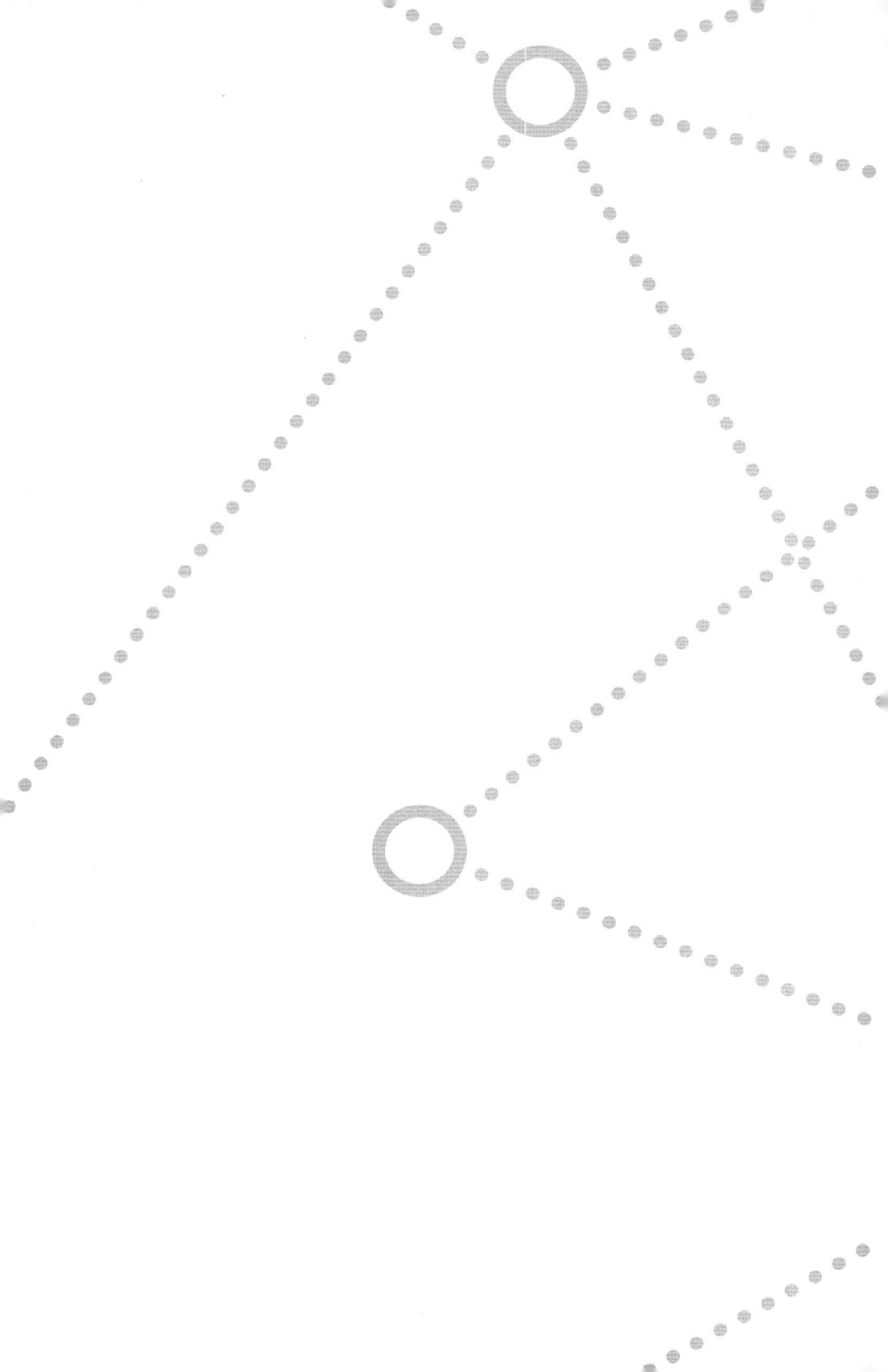

TEIL 3

FÜHRUNGS-TOOL FÜR UNSERE NEUE ARBEITSWELT: DAS COLLA-BORATOR TOUCHPOINT MANAGEMENT

Das Collaborator Touchpoint Management

Unternehmen können in Zukunft nur noch dann überleben, wenn sie die Intelligenz und die Schaffenskraft von Toptalenten für sich gewinnen. Denn der Markt ist gnadenlos. Und Kunden kennen kein Pardon. An jedem Berührungspunkt und in jedem »Moment der Wahrheit« muss Großes passieren. Wenn es nur an einer einzigen Stelle klemmt oder ein einzelner Mitarbeiter patzt, dann kann das heute schon das Aus bedeuten. Künftig darf es in den Unternehmen also auch nicht mehr darum gehen, nur einige wenige High Potentials mit viel Aufwand zu fördern. Egal, ob auf Dauer oder auf Zeit eingestellt, und egal auch, ob als Interner oder Externer projektweise eingebunden, alle Mitarbeitenden müssen ihre Bestleistung abliefern können und wollen. Wie ein Unternehmen das hinbekommt? Durch den CTMP® Collaborator Touchpoint Management Prozess.

> **Collaborator Touchpoint Management: Koordination aller Berührungspunkte zwischen den Führungskräften und Mitarbeitenden einer Organisation.**

Unter »Collaborator Touchpoint Management«, übersetzt: Mitarbeiterkontaktpunkt-Management, verstehe ich die Koordination aller Berührungspunkte zwischen den Führungskräften und Mitarbeitenden einer Organisation. Ziel des insgesamt vierstufigen Prozesses ist es, die Kontaktqualität zu verbessern, inspirierende Arbeitsplatzbedingungen zu gestalten und – im Rahmen eines wertschätzenden Klimas – ansprechende Leistungsmöglichkeiten zu schaffen. Jede Interaktion kann als Chance genutzt werden, die Exzellenz des Mitarbeitenden zu erhöhen, seine emotionale Verbundenheit zum Unternehmen zu stärken und wirkungsvolle Mundpropaganda nach innen und außen auszulösen.

An jedem Touchpoint können positive wie auch negative Erfahrungen gemacht werden, die eine Mitarbeiterbeziehung stärken oder zermürben beziehungsweise das Engagement wachsen oder bröckeln lassen. *Jedes* Vorkommnis kann dabei Zünglein an der Waage sein. Deshalb werden auch die verschiedenen Mitarbeitertypologien und das sich daraus ableitende unterschiedliche Mitarbeiterverhalten beleuchtet, um die jeweils individuellen Arbeitsmotive ermitteln und die spezifischen Talente besser fördern zu können. Hierdurch sollen zwischenmenschliche wie auch organisatorische Motivationshemmer erkannt und weggeräumt werden, sodass sich die Mitarbeiter auf hohem Niveau voll entfalten können. Am Ende ist es die Summe der Details, die den Ausschlag dafür gibt, ob ein Mitarbeiter im »Müssen« verbleibt oder ins »Wollen« kommt, ob er eine Durchschnitts- oder Spitzenleistung erbringt und ob er bleibt oder geht.

Das Collaborator Touchpoint Management betrachtet also die »Reise« eines Mitarbeitenden durch das Unternehmen und geht von dessen Standpunkt aus. Hierbei berücksichtigt es die Anforderungen an unsere neue Arbeitswelt. Und es ordnet deren zunehmende Komplexität in ein Gesamtsystem. Dazu arbeitet die Führungsmannschaft abteilungsübergreifend vernetzt und mit Blick auf den kontinuierlichen Wandel. *Alle* Mitarbeitenden werden auf das Wohlergehen der Kunden ausgerichtet. So erhöht die stetige, intensive Auseinandersetzung mit jedem Touchpoint nicht nur die Mitarbeiterperformance, sie legt auch Effizienzreserven frei. Sie führt intern zu einer Ressourcenoptimierung sowie zu Zeit- und Kosteneinsparungen. Und extern führt sie zu einer Stärkung der Arbeitgebermarke, zu einer höheren Kundenloyalität, zur Neukundengewinnung durch Weiterempfehlungen und damit zu gesunden Erträgen.

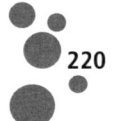

Der entscheidende Unterschied zu klassischen Vorgehensweisen ist der, dass sich im internen Touchpoint-Management die notwendigen und sinnvollen Maßnahmen nicht länger als Vorgaben von oben über die jeweiligen Zielpersonen ergießen. Vielmehr werden die zu bearbeitenden Punkte mit den Organisationsmitgliedern gemeinsam und auf partnerschaftlicher Basis in Angriff genommen. So werden die Mitarbeiter zu aktiven Beratern des Managements, was teures Consulting durch große Beratungsfirmen oft verzichtbar werden lässt. Denn das meiste Wissen steckt schon in den Unternehmen, es muss nur noch herausgekitzelt werden.

Niedrighierarchische Methoden und kollaborative Prozesse werden deshalb in den folgenden Ausführungen den Vorrang haben.

Der CTMP® Collaborator Touchpoint Management Prozess besteht aus vier Schritten mit je zwei Etappen:

1. **Die Ist-Analyse.** Sie besteht aus folgenden Teilschritten:
   a. Erfassen der mitarbeiterrelevanten Kontaktpunkte
   b. Dokumentieren der Ist-Situation aus Mitarbeitersicht

2. **Die Soll-Strategie.** Sie besteht aus folgenden Teilschritten:
   a. Definieren der optimalen Soll-Situation aus Mitarbeitersicht
   b. Finden passender(er) Vorgehensweisen

3. **Die operative Umsetzung.** Sie besteht aus folgenden Teilschritten:
   a. Planung relevanter Maßnahmen, die zur Soll-Situation führen
   b. Umsetzung eines passenden Maßnahmenmixes

4. **Das Monitoring und Controlling.** Dies besteht aus zwei Teilschritten:
   a. Messen der Ergebnisse
   b. Weitere Optimierung der Prozesse

Dieser Prozess lässt sich mithilfe einer Abbildung, die Sie bereits kennen, folgendermaßen darstellen:

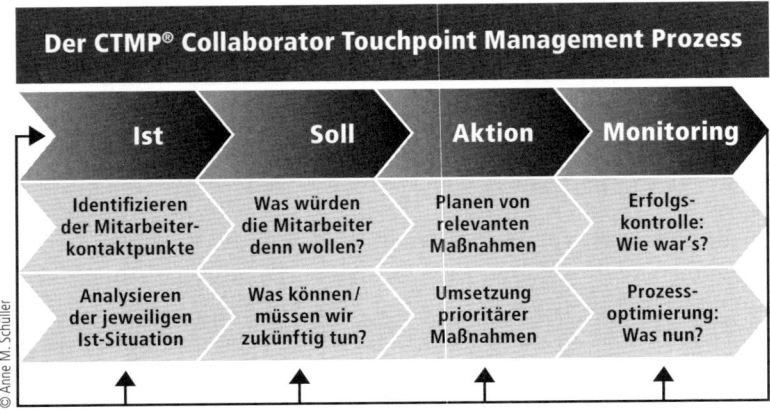

Abb. 10: Die vier Schritte des CTMP® Collaborator Touchpoint Management Prozesses

In *Schritt 1* werden zunächst alle Interaktionspunkte gesichtet, die ein Bewerber mit dem Unternehmen und ein Mitarbeitender im Rahmen der Zusammenarbeit mit einer Führungskraft hat oder haben könnte. Sind diese aufgelistet, werden die Ereignisse, die dort passieren, den Kategorien »enttäuschend«, »okay« und »begeisternd« zugeordnet. Dabei geht es sowohl um die kritischen Geschehnisse als auch um die positiven Erlebnisse, die einem dort widerfahren oder im schlimmsten Fall widerfahren könnten. Die Mitarbeitenden werden durch passende Fragestellungen aktiv in diese Analysephase mit eingebunden.

Schritt 2 beinhaltet das Definieren der angestrebten Zielsituation und das Sondieren passender(er) Vorgehensweisen an solchen Interaktionspunkten, die man für die anvisierten Mitarbeitergruppen optimieren will. Hierbei geht es sowohl um eine unternehmens-

kulturelle Basis als auch um die konkreten Dos and Don'ts, also darum, was erwünscht und was unerwünscht ist.

Schritt 3 befasst sich mit der Planung und Umsetzung von Maß- nahmen, die von der analysierten Ist-Situation zur gewünschten Soll-Situation führen. Vieles muss dabei von den Führungskräften selbst in die Hand genommen werden, manches lässt sich an einen internen Touchpoint-Manager übertragen, und einiges kann zum Beispiel im Rahmen von Großgruppen-Events mit den Mitarbei- tern gemeinsam konzipiert werden. So erzeugt man den »Mein- Baby-Effekt«. Weniger ist dabei mehr. Man wählt also ein Thema, das sowieso schon allen auf den Nägeln brennt. Oder man fängt mit wenigen wichtigen Touchpoints an. Oder man wählt einen »Quick Win« zum Start, also eine Maßnahme, die schnelle Resultate ver- spricht.

In Schritt 4 geht es um das Ergebnis-Monitoring und das Optimie- ren der Führungsarbeit. Touchpoint-Maßnahmen sollten vor allem langfristig positive Auswirkungen auf die mitarbeiterbezogenen Kennzahlen haben, wie etwa auf die durchschnittliche Verweil- dauer, die Fluktuationsrate, die Kranktage, die Empfehlungsbereit- schaft und die Mitarbeiterproduktivität.

Diese vier Schritte können als Gesamtsystem durchlaufen wer- den, aber auch für einen einzelnen zu optimierenden Touchpoint. Schauen wir uns die einzelnen Schritte nun in aller Ausführlich- keit an.

Schritt 1: Die Ist-Analyse

In diesem Schritt geht es zunächst um eine abteilungsübergreifende, umfassende Bestandsaufnahme aller Touchpoints und danach um das Dokumentieren der Ist-Situation. Betrachtet werden

O die Kontaktpunkte, die ein Mitarbeitender mit der Organisation als solcher und den Rahmenbedingungen an seinem Arbeitsplatz hat, und
O die Interaktionspunkte, die sich mit den Menschen in seinem beruflichen Umfeld und insbesondere mit seiner Führungskraft ergeben.

Wichtig nach der Auflistung wird dann im Folgenden sein, alles konsequent durch die Brille der Mitarbeitenden zu betrachten, also auch mit der ganzen Emotionalität, die zwangsläufig damit verbunden ist. Insofern werden sich mitarbeiterindividuell sogenannte Super-Touchpoints herauskristallisieren. Das sind solche, an denen es zu einem ganz besonders intensiven Austausch kommt. Sie graben sich tief in das Bewusstsein ein. Sie bewirken die nachhaltigsten Kicks und erzielen in Bewertungen die höchsten Ausschläge. Diese sind mit besonderer Obacht zu behandeln, da sie einen sehr hohen Einfluss auf die Performance eines Mitarbeiters sowie auf dessen Loyalität und Empfehlungsbereitschaft haben.

Das Auflisten der internen Touchpoints

Im Rahmen der Analyse werden zunächst alle Interaktionspunkte aufgelistet, die ein (potenzieller) Mitarbeiter mit seinem Unternehmen und im Zuge der Zusammenarbeit mit einer Führungskraft hat – oder haben könnte. Dabei kann sich die Analyse auch auf einzelne Mitarbeitergruppen oder Führungsebenen konzentrieren. Klassischerweise findet eine solche Unterteilung nach folgender Systematik statt:

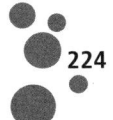

O Kommen = Touchpoints vor Beginn der Zusammenarbeit
O Bleiben = Touchpoints während der Zusammenarbeit
O Gehen = Touchpoints nach Beendigung der Zusammenarbeit

Diese Abfolge lässt sich gut in Form einer Grafik darstellen, idealerweise als Reise des Mitarbeiters durch das Unternehmen, im Englischen Collaborator Touchpoint Journey genannt. Wie bei einer richtigen Reise gibt es eine mehr oder weniger große Zahl von Haltepunkten, an denen man die unterschiedlichsten Dinge erlebt. Jede Reise lässt sich zudem in Etappen einteilen. Wir können das sogar auf einen Tagesausflug, also einen typischen Arbeitstag im Leben eines Mitarbeiters, herunterbrechen. Tja, und wenn einer eine Reise tut, dann kann er was erzählen …

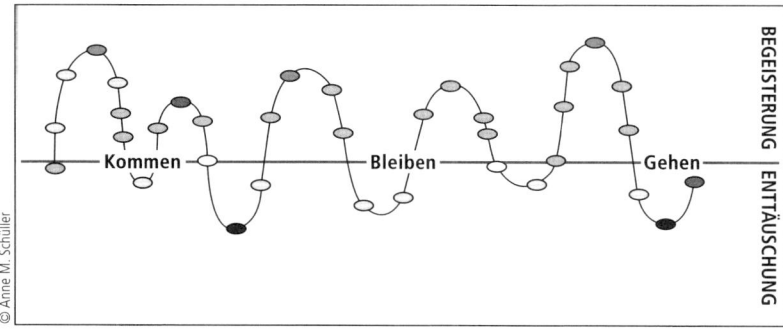

Abb. 11: Die »Reise« eines Mitarbeiters durch das Unternehmen

Durch eine solche Visualisierung können mögliche Wirkungszusammenhänge zwischen den einzelnen Kontaktpunkten erkannt sowie Synergieeffekte aufgedeckt werden. Hat man die Interaktionsmöglichkeiten erst einmal in eine logische Abfolge gebracht, lässt sich deren Zusammenspiel dann systematisch optimieren und mitarbeiterfreundlich(er) gestalten.

Die »Reise« des Mitarbeiters in fünf Etappen

Die klassische Dreiteilung in Kommen, Bleiben, Gehen muss allerdings heute erweitert werden. Denn immer öfter wird, wie bereits eingangs gesagt, von Bewerbern zuerst das Web angesteuert. Nicht selten endet auf diese Weise die Reise, noch bevor es überhaupt zu einem ersten direkten Kontaktversuch gekommen ist. Die Angestellten haben mit ihren Botschaften darüber entschieden. Am Anfang und am Ende einer Mitarbeiterbeziehung stehen also zunehmend die Influencing Touchpoints. Sie können jede noch so toll inszenierte Recruiting-Maßnahme übertrumpfen oder zunichtemachen. Doch das hat auch sein Gutes. Denn die hohe Transparenz kann für eine bessere Passung sorgen. Am Ende werden die Besten bei den Besten landen. Und die Schlusslichter unter den Arbeitgebern werden mangels qualifizierter Mitarbeiter aufgeben müssen.

So gibt es also nun fünf Gruppen von Touchpoints, respektive fünf Phasen, die man ins Kalkül ziehen muss:

○ Influencing Touchpoints: Phase der Informationssuche
○ Recruiting-Touchpoints: Phase der Entscheidungsfindung
○ Loyalty-Touchpoints: Phase der Zusammenarbeit
○ Exit-Touchpoints: Phase der Kündigung und danach
○ Influencing Touchpoints: Phase der Beeinflussung Dritter

Für die Kundenseite gilt übrigens Ähnliches. Hier hat speziell die Markenartikelindustrie eine interessante Einteilung gefunden. Sie spricht von sogenannten Paid Touchpoints, Owned Touchpoints und Earned Touchpoints. Das sind solche, die sich ein Unternehmen kauft (Anzeigen usw.), solche, die es besitzt (Webseite usw.), und solche, die man sich durch den Aufbau guter Kundenbeziehungen verdient (Bewertungen usw.). Und auch dort hat sich der Fokus von den bezahlten zu den verdienten Touchpoints verschoben.

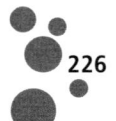

Die Zahl der Touchpoints steigt – am Beispiel Recruiting gezeigt

In den letzten Jahren hat sich – auch bedingt durch die zunehmende Digitalisierung – die Anzahl der Mitarbeiter-Touchpoints um ein Vielfaches erhöht. Als Beispiel kann hier das Recruiting dienen. Im strategischen Recruiting geht es einerseits um eine langfristige Komponente, oft auch Employer Branding genannt, und andererseits um die kurzfristige Besetzung von offenen Stellen mit menschlich passendem, qualifiziertem und motiviertem Personal.

Zu analogen Zeiten war beim Suchen und Finden adäquater Bewerber kaum mehr als ein halbes Dutzend Kontaktpunkte zu meistern. Diese wurden praktisch alle vom Unternehmen gesteuert. Wer nicht genügend Kandidaten zusammenbekam, schaltete einfach weitere Stellenanzeigen. Die Bewerber traten als Bittsteller auf – und kauften die Katze im Sack. Nicht selten wurden sie mit vollmundigen Versprechen geködert, die wie Seifenblasen platzten, nachdem die Probezeit vorüber war. Ein Vorabblick hinter die Kulissen war Interessierten nur dann möglich, wenn es im eigenen Umfeld jemanden gab, der ehrlich Rede und Antwort stand.

Heute müssen die Unternehmen ganz anders agieren, vor allem dann, wenn es um Toptalente, High Potentials und ausgesuchte Fachkräfte geht. Denn diese können unter vielfältigen Angeboten wählen. Und sie bewerben sich erst, nachdem sie ein Unternehmen im Web unter die Lupe genommen haben. So hat sich die Macht von der Anbieter- auf die Nachfragerseite verlagert. Das »Reh« hat nun die Flinte in der Hand. Eine Fülle direkter Recruiting-Touchpoints ist so entstanden:

> Bei der Stellenbesetzung hat sich die Macht von der Anbieter- auf die Nachfragerseite verlagert.

- die eigene multimediale HR-Webseite
- Präsenzen auf den verschiedenen Jobbörsen im Web
- ein eigenes Karriere-Blog
- eine Facebook-Karriereseite
- Recruiter-Profile auf Xing und LinkedIn
- Aktivitäten auf Twitter, Google+, Foursquare, Pinterest & Co.
- Aktivitäten in Recruitingforen und Karrieregruppen
- Videos auf YouTube & Co., Audio-Podcasts, Fotostrecken
- Profile auf Kununu und weiteren Bewertungsportalen
- Mobile Recruiting, QR-Codes, Apps
- Recruiting-Events im eigenen Haus, an Schulen und Unis
- Präsenzen auf Jobmessen, Web-Karrieremessen, Branchentreffen
- Projektbörsen, Karrierenetzwerke, Career Clubs
- Mitarbeiter- und Employer-Branding-Broschüren
- klassische Stellenanzeigen, Plakate, Radio- und Kinowerbung
- Guerilla-Recruiting, Ambient-Media

Hinzu gesellen sich eine Menge weiterer Punkte:

- Personalberater, Arbeitsagenturen, Executive Searcher
- databasierte Reputationsdienste
- Mitarbeiterempfehlungsprogramme
- Initiativbewerber-Pool
- Talentpools, Talent Cloud, Talent-Relationship-Management
- Active Sourcing (proaktive Suche nach Kandidaten im Web)
- Referenz- und Onlineprofil-Checks
- biografische Onlinefragebögen, Lebenslauf-Datenbanken
- Vorstellungsgespräche, Telefoninterviews, Videointerviews
- Eignungstests, Persönlichkeitstests, Diagnostik-Tools
- Planspiele, Assessment-Center, Job-Castings, Recruiting-Games
- Schnuppertag, Probearbeiten, Arbeitsproben
- Praktikanten- und Werkstudentenverträge, Traineeprogramme

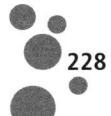

○ Ehemaligen-Programme, Alumni-Klubs
○ Betreuung von Diplom-, Bachelor- und Masterarbeiten
○ Presseberichte, redaktionelle Beiträge, Fachbeiträge in Blogs
○ Arbeitgeber-Zertifizierungen
○ Arbeitgeber-Rankings und HR-Awards

In vielen Unternehmen kommen bei genauem Nachzählen allein für das Recruiting inzwischen schon über fünfzig Kontaktpunkte zusammen. Und meist ist es ein Mix aus mehreren Touchpoints, der für eine Bewerbung schließlich den Ausschlag gibt. Eine Eins-zu-eins-Messung, die zeigt, welcher Touchpoint am Ende der ausschlaggebende war, ist schon allein aus diesem Grund gar nicht möglich. Am ehesten kann man sich einer solchen Analyse nähern, indem man den Kandidaten folgende Frage stellt: »Wie sind Sie eigentlich *ursprünglich* auf uns aufmerksam geworden?«

Recruiting-Kreativität ist heute ein Muss

Eine Analyse von außen zeigt: Langsam müssen sich die Recruiter wirklich was einfallen lassen. Stellenanzeigen, die noch genauso aussehen wie vor fünfzig Jahren, der Einheitsbrei vergleichbarer Texte, das floskelhafte Geschwafel und die Bilderdatenbankmenschen in den HR-Broschüren locken bald niemanden mehr. Vakanzen müssen kunstfertig verkauft und Kandidaten wie Kunden angesprochen werden. Parallel dazu müssen althergebrachte Abläufe infrage gestellt und interne Prozesse umgekehrt werden, damit die Bewerber sich tatsächlich umworben fühlen. Und keine Berührungsängste, bitte! Von den Kollegen aus Sales & Marketing kann man dazu eine Menge lernen. »Wer im Vertrieb die geforderten Zahlen nicht bringt, ist seinen Job schnell wieder los. Wenn aber bei den Personalern die Bewerberausbeute nicht stimmt, dann sind alle anderen schuld: der Arbeitsmarkt, die Demografie, der Standort, das Image«, sagte mir Jörg Buckmann, Leiter Personalmanagement bei den Züricher Verkehrsbetrieben (VBZ).

Auch Buckmann hat manchmal Not, genügend Mitarbeitende zu finden. Deshalb hat er mit Frechmut eine Reihe von kreativen Kampagnen gemacht. Zum Beispiel werden offene Stellen bei den VBZ so herum ausgeschrieben: »Markus Amrein, Leiter Projektmanagement, bewirbt sich bei Ihnen als Ihr neuer Chef.« Oder so: »Hansjörg Feurer, Leiter Betrieb Bus, bewirbt sich als Ihr neuer Chef.« Auf diese Weise haben sich inzwischen schon annähernd hundert Führungskräfte persönlich mit einem Jobvideo bei zukünftigen Mitarbeitern vorgestellt. Das überrascht, wirkt authentisch und ermöglicht einen Rundumblick auf den jeweiligen Arbeitsplatz. Wem das Gezeigte nicht passt, der bewirbt sich erst gar nicht. Und niemand kauft die Katze im Sack. Trambahnfahrerinnen fand Jörg Buckmann mithilfe von Plakaten, und zwar so: »Die Verkehrsbetriebe Zürich suchen flinke Kellnerinnen und aufgeweckte Bäckerinnen für unsere Tramcockpits.« Der Frauenanteil verdoppelte sich daraufhin von 19 auf 40 Prozent. Die Fahrgäste wissen die Dienstleistungsorientierung solcher Quereinsteigerinnen zu schätzen. Die Kosten waren alles in allem niedriger als bei klassischen Stellenanzeigen. Und die Medien berichteten über beide Aktionen ausführlich.

Insgesamt spielt für Personaler das E-Recruiting, also all das, was online passiert, eine zunehmend vorherrschende Rolle. Viele Unternehmen gehen inzwischen dazu über, dieses proaktiv zu betreiben. Einerseits sammeln sie Daten von Interessenten, die ihre Karriereseiten und Social-Media-Präsenzen besuchen, und andererseits checken sie die Profile interessanter Personen im Web, um diese bei einer Passung direkt anzusprechen (Active Sourcing). Recherche statt Ausschreibung heißt dieses Prinzip. »Anstatt wie ein Bibliothekar zu recherchieren, geht es künftig darum, zu Kandidaten eine Beziehung zu kultivieren – vergleichbar mit dem Vorgehen von Vertriebsmitarbeitern mit ihren Kunden«, sagt Brad Warga von Data-Based-Recruiting-Anbieter Gild in einem Gespräch mit der *W&V*.[95]

Die (frisierte) Bewerbermappe spielt oft nur noch eine untergeordnete Rolle. Vorrangig zählt, was man durch Googeln erfährt. Große Personalberatungen beschäftigen inzwischen ganze Abteilungen damit, die Onlinereputation von Menschen zu checken. Denn wie bei einem Puzzle zeigt sich über die digitale Inszenierung das wahre Aspiranten-Gesicht. Jenes nämlich, das man weit weg von aller Bewerbungsprosa und fernab verfloskelter Arbeitszeugnisse sehr bald auch bei der täglichen Arbeit zu sehen bekommt. So sinken für manche Kandidaten die Chancen allein schon deshalb auf null, weil den Personalern deren schlecht gepflegte Onlinepersona nicht passt. Denn »es fällt jedem Onliner schwer, sich jahrelang im Netz zu verstellen«, sagt Kommunikationsprofi Klaus Eck in seinem Buch *Transparent und glaubwürdig*.[96]

Die Ist-Situation an den einzelnen Touchpoints

Im zweiten Teil der Ist-Analyse werden die faktischen wie auch die emotionalen Erlebnisse, die ein Mitarbeitender an einem Interaktionspunkt hat oder haben könnte, beleuchtet. Dabei gibt es für die Unternehmen unglaublich viele Möglichkeiten, es sich auf immer und ewig mit ihm zu vermasseln. Und es gibt ungefähr genauso viele Möglichkeiten, einen Fan fürs Leben zu gewinnen.

Die Analyse als solche findet auf drei Ebenen statt:

○ Analyse des öffentlichen Feedbacks
○ Selbstanalyse der Führungskraft
○ Analyse mithilfe der Mitarbeiter

Da die öffentliche Wahrnehmung einen immer höheren Stellenwert einnimmt, fangen wir mit diesem Punkt auch gleich an.

Die Analyse des öffentlichen Feedbacks

Wer will, kann heute so ziemlich alles erfahren, was hinter den Mauern eines Firmengebäudes tatsächlich passiert. Am besten folgt er dazu den Spuren derjenigen, die sich auf wiwi-treff.de und ähnlichen Portalen direkt an die Onlinegemeinde wenden. Ihre Fragen klingen zum Beispiel so:

○ Wer weiß, welche Einstellungstests bei der Firma xx im Bewerbungsgespräch gemacht werden?
○ Gibt es bei xx ein Assessment-Center und wie läuft das ab?
○ Wie viel verdient bei Euch ein Praktikant?
○ Wie hoch ist das Anfangsgehalt für einen Vertriebseinsteiger?
○ Stimmt es, dass es den Mitarbeiterbonus bei xx auch für Azubis gibt?
○ Kann mir jemand sagen, wie die Arbeitszeiten bei xx sind?
○ Wie ist das Essen in Eurer Kantine?
○ Wie gehen die Führungskräfte bei Euch mit den Leuten um?
○ Welche Erfahrungen habt Ihr bei der Einarbeitung gemacht?

Und ganz gleich, ob die Unternehmen das wollen oder nicht: Höchstwahrscheinlich wird sich ein Bewerber, Interner oder Ehemaliger finden, der die passenden Antworten gibt. Zumindest für die größeren Organisationen ist die Zahl der Auskünfte schon recht repräsentativ. Und weil sie öffentlich sind, also von jedem Interessierten gesucht und gefunden werden können, machen sie jedes Arbeitsverhältnis bis ins kleinste Detail transparent. Potenzielle Mitarbeiter erscheinen auf diese Weise bestens vorbereitet zum Einstellungsgespräch. Vor schlechten Führungsmanieren können sie rechtzeitig die Flucht ergreifen. Und jeder, der will, kann vorab erfahren, was man auf den verschiedenen Positionen verdient.

Den Verantwortlichen in den Unternehmen zeigt sich durch das Mitverfolgen solcher Onlinegespräche, welche Informationen kursieren, was von besonderem Interesse ist, wo es Glanzpunkte gibt und um welche Schwachstellen man sich ganz schnell kümmern

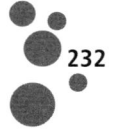

sollte. Noch viel ergiebiger sind allerdings die Kommentare in Diskussionsforen und auf den bereits angesprochenen Arbeitgeberbewertungsportalen. Selbst YouTube ist voll von Clips, die frustrierte Mitarbeiter heimlich im Büro gedreht oder nachgestellt haben, um Missstände und Fehlverhalten offenzulegen.

Dem Onlinegerede auf der Spur

Beim Webmonitoring geht es um das Beobachten und die Bewertung der Meinungsbildung zur Arbeitgebermarke im Internet. Dies ist die beste Echtzeit-Marktforschung aller Zeiten: in Klartext, ungefiltert und unverblümt. Doch neben all den positiven, wahren, weniger schönen und bisweilen überaus traurigen Schilderungen gibt es leider auch die, die bösen Zwecken dienen: Verleumdung, Rufmord, Geschäftsschädigung. Gegen solche Machenschaften kann, soll und muss ein Unternehmen rechtliche Schritte einleiten. Dies lässt sich allerdings nur dann in die Hand nehmen, wenn man das Ganze überhaupt mitbekommt. Eine regelmäßige Analyse dessen, was man im Web über Sie sagt, ist also Pflicht. Dies sollte genauso zur täglichen Routine gehören wie das Lesen der Geschäftskorrespondenz und das Checken der wichtigsten Kennzahlen. Um dies zu bewerkstelligen, arbeiten HR und der Social-Media-Manager, den wir ja schon kennengelernt haben, am besten eng zusammen.

> **Webmonitoring: Eine regelmäßige Analyse dessen, was man im Web über Sie sagt, ist Pflicht.**

Dabei geht es zunächst um eine Bestandsaufnahme. Legen Sie hierzu eine Liste aller einschlägigen Plattformen an. Dann notieren Sie die Begriffe, die Sie beobachten wollen. Dazu gehören Ihr Firmenname, die Namen der Geschäftsleitung sowie wichtige Fachbegriffe. Dann checken Sie, was im Web bereits über Sie steht. Das Gleiche machen Sie bei Bedarf auch für Ihre Mitbewerber. Danach richten Sie bei Google & Co. sogenannte Alerts ein. So erhalten Sie täglich das neu hinzukommende Onlinegerede zugespielt.

Rufen Sie dazu im Internet die entsprechenden Eingabemasken auf und folgen Sie den weiteren Anweisungen. Das ist kostenlos. Oder besser noch: Automatisieren Sie das Zuhören. Verwenden Sie Tools wie Addictomatic oder Social Mention zum Beobachten des Mitmach-Web. So haben Sie mit dem geringstmöglichen Zeitaufwand eine größtmögliche Zahl von Websites im Blick. Und es entgeht Ihnen kaum mehr eine Erwähnung. Profis verwenden dazu kostenpflichtige Social-Media-Analyseprogramme, die das Internet mit »Crawlern« durchsuchen und relevante Informationen herausfiltern. So erhält der Personaler dann auch controllingtaugliche Kennziffern wie Hotspot-Analysen (Wo wird über uns gesprochen?), Topics (Worüber wird gesprochen?), Buzzvolumen (Wie oft wird über uns als Arbeitgeber gesprochen?) und Tonalität (Wie sprechen die User über uns?).

Analysieren Sie in der Folge alle gefundenen Angaben auf ihren Inhalt hin. Überlegen Sie, was Sie daraus lernen können und wie Sie das an den einzelnen Touchpoints weiterbringt. Stellen Sie sich hierzu folgende Fragen:

O Welche Touchpoints werden am besten bewertet? Und was findet den größten Zuspruch dabei?
O Wo gibt es Optimierungsbedarf? Und wie können uns die Hinweise aus dem Web dabei helfen?
O Gibt es konkrete Verbesserungsideen? Und wie lassen sich diese dann umsetzen?
O Welcher Bereich erhält ganz schlechte Noten? Gibt es Kritik, die schnell Wellen schlagen könnte? Und wie reagieren wir darauf?
O Wenn Sie auch die Konkurrenz beobachten: Was können Sie aus dem, wie andere Ihre Mitbewerber bewerten, für sich selbst lernen?

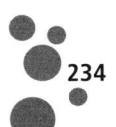

Erstellen Sie auf dieser Basis ein übersichtliches Reporting mit den wichtigsten Ergebnissen im Überblick. Und entwerfen Sie einen minutiösen Krisenplan für den Fall, dass Kritik tatsächlich eskaliert, zu einem epidemischen »Shitstorm« führt oder Medieninteresse auf sich zieht. In wirklich kritischen Fällen bleibt oft kaum eine Stunde Zeit, um zu agieren.

Trolle nicht füttern

Sie haben negative Bewertungen erhalten? Im Web gilt Meinungsfreiheit! Zunächst ist jeder Onlinehinweis ein kostbares Geschenk: eine Bestätigung, auf dem richtigen Weg zu sein, oder eben ein wertvoller Lerngewinn: eine Gelegenheit, Schwachstellen aufzudecken, Fehler abzustellen, Verbesserungsprozesse einzuleiten, Innovationen anzustoßen und Mitarbeiterfluktuation vorzubeugen. Denn was *einen* Mitarbeiter ärgert, das stört womöglich andere auch. Negativkommentare kommen ja keineswegs nur von Querulanten. Konstruktive Kritiker haben ein echtes Interesse daran, dass erklärt wird, wie es zu einer unguten Situation kommen konnte und was unternommen wird, um so was in Zukunft zu vermeiden. So betrachten Profis kritische Hinweise im Web als Chance, sich zu verbessern. Nur für schlechte Arbeitgeber sind diese ein Ärgernis. Die Besten sehen sie als kostenlose Echtzeit-Unternehmensberatung.

Immer geht es dabei auch um eine adäquate Reaktion. Bedanken Sie sich bei denen, die Sie loben! Und, soweit nachvollziehbar: Melden Sie sich bei denen, die Beschwerden hatten – und schaffen Sie deren Ärger schnellstmöglich aus der Welt! Dabei gilt: Nichts vernebeln, nichts vertuschen, die Wahrheit zählt! Gehen Sie sachlich und höflich auf die wie auch immer geartete Kritik ein. Können Sie die Person nicht ausfindig machen, dann schreiben Sie da, wo dies möglich ist, einen passenden Kommentar. Doch reagieren Sie besonnen! Also: keine Eskalation, keine wilden Drohungen, kein Rechtsanwalt! Und ja keine Onlinedementis. Je mehr Text zu einer Sache im Netz steht, desto interessanter ist das für die Suchmaschinen. Und desto weiter vorn findet sich das Problem. Verbreiten Sie stattdessen viel Positives, das verdrängt negative Schlagzeilen. Mit etwas Glück springen wackere Fans für Sie in die Bresche.

Abzuraten ist auch von gefälschten Wortmeldungen, verordnetem Einstellen von Kommentaren sowie von anonymem Eigenlob der Führungskräfte. Und kaufen Sie keine Stimmen. Früher oder später fliegen solche miesen kleinen Schummelmethoden auf.

Zwei Punkte noch: Gegen konkrete Namensnennungen kann man vorgehen, denn es gilt das Persönlichkeitsrecht. Und gegen grobe Verleumdungen – sie sind ein Strafrechtsbestand – gehen Sie in Abstimmung mit dem Portalbetreiber juristisch vor. Chronische Störenfriede hingegen, man nennt sie auch Trolle, ignorieren Sie. Die Regel dabei lautet: Don't feed the troll.

Die Selbstanalyse der Führungskraft

Zunächst hat jede Führungskraft die Aufgabe, für sich selbst chronologisch aufzulisten, welche Interaktionspunkte es zwischen ihr und ihren Mitarbeitenden gibt: vom ersten Moment des Kennenlernens über das gesamte Arbeitsverhältnis bis weit über eine etwaige Trennung hinaus. An jedem ausgewählten Touchpoint wird dann die dortige Ist-Situation analysiert. Und zwar nach folgendem Schema:

O Was ist begeisternd?
O Was ist okay?
O Was ist enttäuschend?

Zu klären ist also, was man weiterhin tun sollte, was optimiert werden kann und muss und was man in Zukunft lieber nicht mehr oder stattdessen besser macht. Hilfreiche Fragen dabei sind:

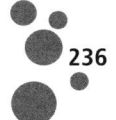

O Was läuft prima? Und wann stellt sich ein Moment
  großer Freude ein?
O Wo gibt es heikle Situationen?
O Was erwartet ein Mitarbeiter an diesem Touchpoint?
  Und was nicht?
O Was könnte die Arbeitsleistung verbessern?
O Was könnte die Motivation intensivieren?
O Wo lauern Abwanderungsrisiken?
O Welcher (akute) Handlungsbedarf besteht aus Mitarbeiter-
  sicht?
O Wo droht eine Reputationsschädigung?

Ergeben sich positive Antworten, dann sollten die wichtigsten Er-
folgskriterien gesammelt werden. Sehr schnell lassen sich so auch
Muster erkennen, die dann gezielt wiederholt werden können.

Doch es gibt natürlich auch Probleme, die durch eine solche Analyse offengelegt werden. Sie sind sogar in vielen Fällen längst bekannt. Zwangsläufig muss deshalb auch über folgende Fragen gesprochen werden:

O Was passiert, wenn (weiterhin) nichts passiert?
O Was hat mich / uns bislang daran gehindert, das Notwendige
  zu tun?

Denn erst wenn die wahren Ursachen für Handlungsblockaden
offenliegen, lässt sich etwas dagegen unternehmen. Oft besteht
bei Führungskräften auch die Tendenz, die eigenen Leistungen zu
beschönigen oder in einem zu warmen Licht zu sehen. Doch gerade im Kontext der neuen Arbeitswelt ist es wichtig, die Schwachstellen ausgiebig zu beleuchten, denn jedes »Dislike« kann öffentlich werden. Solange es gravierende Fehlleistungen gibt, werden
Sie keine Mitarbeitenden begeistern – und somit weder Engagement noch Loyalität erhalten. Und potenzielle Bewerber wenden
sich ab.

Damit das Ausmerzen der Minderleistungen gezielt in Angriff genommen und als Herausforderung gesehen werden kann, sollte man dem Prozess einen klingenden Namen zu geben. Die Führungsexpertin Heike Bruch schlägt »Den Drachen besiegen« oder »Die Prinzessin vom Eis holen« vor.

Eine interessante Fragestellung ist übrigens die: »Was tut der Mitarbeiter in den fünf Minuten vor und in den fünf Minuten nach seinem Kontakt mit mir (seiner Führungskraft)?« Schon allein diese Fünf-Minuten-Technik hilft ungemein, Abläufe und Vorgehensweisen mitarbeiterfreundlicher zu gestalten.

Um dem Positiven wie auch dem Negativen an den einzelnen Touchpoints auf die Spur zu kommen, gibt es ergänzend zur Selbstanalyse einen weiteren sehr ergiebigen Weg: Man befrage die Mannschaft, also die Mitarbeiter.

Die Analyse durch die Mitarbeiter

Um Rückmeldungen über den Status quo und die Wirkung dessen, was an den einzelnen Touchpoints passiert, von den Mitarbeitern zu erhalten, gibt es mehrere Möglichkeiten:

O Blitzlichter, also spontane Umfragen, die jederzeit möglich sind
O fokussierende Fragen
O klassische turnusmäßige Befragungen zur Mitarbeiterzufriedenheit

Insgesamt sollen Mitarbeiterbefragungen nicht nur das Motivationspotenzial messen, sie dienen vor allem dazu, Stärken und Schwächen aufzuzeigen und die Beschäftigten mitgestaltend in die Unternehmensprozesse einzubinden. So sind sie den Dingen nicht ohnmächtig ausgeliefert. Ferner können sie als »interne Unternehmensberater« wertvolle Beiträge leisten. Verantwortungsbewusst-

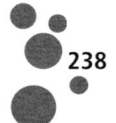

sein und auch Akzeptanz entwickeln sich dabei fast wie von selbst. Und die Führungsmannschaft erhält reichlich Futter für bessere Arbeitsergebnisse und mehr Engagement.

Den Mitarbeitern kluge Fragen stellen

Gleich hier die frohe Botschaft vorweg: Die allseits beliebten, groß angelegten, turnusmäßig stattfindenden, vermeintlich repräsentativen Mitarbeiterzufriedenheitsmessungen können Sie ab heute vergessen. Die sind nicht nur furchtbar teuer, sondern im Mitarbeiter-Touchpoint-Management auch ziemlich wertlos. Sie sind nämlich vergangenheitsorientiert, mühsam und träge. Wir wollen aber nach vorne blicken, leichtfüßig und schnell agieren. Und wir brauchen begeisterte Mitarbeiter, nicht nur Zufriedenheit. In den üblicherweise umfangreichen Fragebögen werden sowieso nur solche Punkte abgeklopft, die für die Geschäftsleitung von Interesse sind und statistische Vergleichswerte liefern. Bloß: Die Mitarbeiter finden womöglich ganz andere Punkte erörternswert. Und Statisten in Statistiken wollen sie ganz gewiss nicht sein.

Ja, was kann das nicht alles bedeuten, wenn der Befragte überall ein »Gut« angekreuzt hat? Oder ein »Mangelhaft«? Auf die richtigen Hintergründe zu kommen, wenn »Eher wichtig« oder »Weniger wichtig« abgehakt wird, das ist wie stochern im Nebel. Und wenn die Gesamtzufriedenheit gestiegen ist oder (nach dem Schulnotensystem) von 2,3 auf 3,4 sank? Sie haben zwar einen genauen Wert, aber keinen blassen Schimmer, was unbedingt besser gemacht werden muss. Und was sagt das Ergebnis am Ende darüber aus, wie sehr sich die Belegschaft für das Erreichen der Unternehmensziele einsetzen will? Nichts!

Die Befragten wollen mit ihren Antworten womöglich auch Signale senden. Fakten und Botschaften vermischen sich dann und machen die Interpretation zu einem Ratespiel: Ist die Mitarbeiterzufriedenheit tatsächlich gesunken – oder wollen die Mitarbeiter nur erreichen, dass eine bestimmte Führungskraft geht? Soll das komplette Management für den jüngsten Strategiewechsel abgestraft werden? Womöglich hatten einige ganz einfach gute oder schlechte Laune am Erhebungstag. Außerdem: Die bei einer Folgebefragung besser ausgefallenen Ergebnisse können »dadurch zustande gekommen sein, dass die Mitarbeiter tatsächlich Verbesserungen wahrgenommen haben – oder aber dadurch, dass die Enttäuschten, Verärgerten und Resignierten nicht mehr geantwortet haben«, schreibt dazu der Change-Experte Winfried Berner in einem lesenswerten Exposé.[97]

Klassische Mitarbeiterbefragungen sind kein Messinstrument, sondern allenfalls ein punktuelles Stimmungsbarometer.

Klassische Mitarbeiterbefragungen sind aus all diesen Gründen gar kein Messinstrument, sondern allenfalls ein Barometer für die punktuelle Stimmung. Und auf einer solch wackeligen Basis werden dann strategische Entscheidungen getroffen! Da müsste sich die Intelligenzija eigentlich wundern: Wieso so kompliziert? Und weshalb auf so eine aufwendige Weise? Wenn Menschen formlos ihre eigenen Worte wählen, anstatt nur Vorgekautes abzuhaken, kommen garantiert sehr viel wertvollere Dinge heraus. Sie wollen mit solchen Erhebungen Benchmarks setzen, sich also mit anderen messen? Benchmarking ist bloß eine Aufholjagd, hat also mit Vorweggehen kaum was zu tun. Repräsentativität ist ebenfalls Blödsinn, wie wir schon hörten. Die Spitzen und die Täler zeigen den Weg.

Zu beachten ist dabei, dass Menschen *nicht* immer wissen, was sie wollen, dass sie aber immer vor sich selbst gut dastehen mögen – und im Einzelfall eben berechnenderweise falsche Angaben machen. Bedenken wir auch, dass die Leute mitunter die merkwürdigsten Dinge sagen, nur um vor anderen gut auszusehen. Oder dass wir nicht immer Zugang zu unseren wahren Motiven haben. Denn die wabern im Unterbewussten. Und sie tarnen sich manchmal recht gut. Dabei machen wir uns am Ende selbst etwas vor. Psychologen nennen das Wahrnehmungsgefängnis.

So stecken hinter den meist rational vorgetragenen sachlichen und fachlichen Anlässen für Unzufriedenheit und Frustration der Mitarbeiter oft ganz andere, die wahren Gründe:

O Man hat sich nicht um ihr Wohlbefinden gekümmert.
O Man war unfreundlich oder unhöflich zu ihnen.
O Die Mitarbeiter haben keine Aufmerksamkeit bekommen.
O Sie haben fast nie ein Danke gehört.
O Ihnen wurde nie gesagt, wie wichtig sie als Mitarbeiter sind.

Wir müssen also klüger fragen.

Persönlich? Schriftlich? Telefonisch? Online?

Geht es um reine Umfragen, dann präferiere ich die schriftliche Form. Face-to-Face hat allgemein in der Kommunikation zwar den obersten Stellenwert, doch bisweilen kann das auch mal heikel sein. Auf Papier neigen die Leute dazu, ehrlicher zu antworten und sich auch überlegter auszudrücken. Sie kennen das: Nicht jedem mag man alles direkt und geradeheraus ins Gesicht sagen.

Eine Alternative sind telefonische Interviews. Der Interviewer benötigt hierfür eine hohe emotionale Kompetenz. Er sollte einfühlend fragen und aufmerksam hinhören können. Er muss den Mitarbeiter ernst nehmen und ihm Wertschätzung entgegenbringen. Und er muss signalisieren, wie wichtig die Sache für das Unternehmen und dessen Weiterentwicklung ist.

Bei der Dokumentation der Ergebnisse gilt es, die Äußerungen der Befragten wortgetreu wiederzugeben. Auch die zutage getretenen Emotionen sollten festgehalten werden. All dies wird gesammelt, gesichtet und gewichtet. So entsteht eine nach Prioritäten geordnete Liste von sachlichen, fachlichen und interpersonellen Mängeln, die es zu beheben gilt. Neben Häufigkeiten und Zusammenhängen sollen auch einzelne Episoden im Detail eingefangen werden, um sie für Aha-Effekte zu nutzen. Ein paar per Video abgespielte O-Töne von aufgebrachten Mitarbeitern bewirken oft mehr als ein ganzer Berichtsband voller Zahlenkolonnen, Kuchen und Balken.

Und Onlinebefragungen? Diese lassen sich zwar kostengünstig, einfach und schnell durchführen, weshalb sie auch immer populärer werden, doch für unsere Zwecke sind sie nur bedingt einsetzbar. Denn meist geht es da um das reine Anklicken vorgegebener Kästchen. Der Erkenntnisgewinn ist deshalb gering – es sei denn, die Befragten können auch individuelle Antworten eingeben. Das allerdings bedeutet einen erheblichen Mehraufwand bei der Auswertung. Nicht selten kommt es auch vor, dass bei jeder Frage nur das oberste Kästchen angeklickt wird, um schnell mit dem Fragebogen fertig zu sein. Die Resultate sind dann nicht nur unbrauchbar, sondern auch verhängnisvoll, weil falsche Antworten falsche Reaktionen zur Folge haben.

Online sollten Mitarbeiter auf andere Weise eingeladen werden, ihre Erfahrungen, Wünsche und Ideen einzubringen: Per Voting (Abstimmung) oder Ranking (Priorisierung) lassen sich Vorlieben abfragen und Entscheidungen vorbereiten. So kann man auch Verbesserungsvorschläge testen. Dazu bietet man am besten folgende Antwortoptionen an: »Diese Verbesserung ist entscheidend.« – »Die Idee ist gut, aber nicht entscheidend.« – »Ist mir egal, brauche ich nicht.« So lässt sich leicht zwischen »muss sein« und »unnötig« unterscheiden, und das für den jeweiligen Mitarbeiter wichtigste Merkmal kann herausgefiltert werden. Ein Unternehmen, das von seinen Mitarbeitern (und Kunden) auf solche Weise rasches Feedback erhält, ist imstande, sich und seine Produkte deutlich flotter zu verbessern als der Wettbewerb.

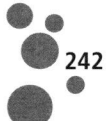

Mit Blitzlicht-Umfragen schnell auf den Punkt

Im Touchpoint-Management favorisiere ich schnelle Aktionen und damit auch die sogenannten Blitzlicht-Umfragen. Das sind kurze Sequenzen, die jederzeit einsetzbar sind und hiernach zügige Korrekturen möglich machen. Möchte man einen einzelnen Touchpoint betrachten, macht man das so:

O Hier sind die Dinge top, weil …
O Hier ist alles so weit okay, weil …
O Hier sind die Dinge enttäuschend, weil …

Blitzlicht-Umfragen eignen sich auch dann, wenn man Leistungsaspekte gegeneinander testen will. In klassischen Fragenbögen sollen diese durch Ankreuzen von Kästchen bewertet und gewichtet werden. Das Problem hierbei: So gefragt, finden die Mitarbeiter erst einmal fast alles mehr oder weniger wichtig und gut. Mit falschen Fragen erzeugt man also eine regelrechte Anspruchsinflation. So kommen Unternehmen den scheinbaren Mitarbeiterwünschen dann gar nicht mehr hinterher.

Bei Blitzlicht-Umfragen stehen stattdessen maximal vier Features auf einer Liste. Dann lässt man den Mitarbeiter entscheiden, welches Merkmal ihm am wichtigsten und welches ihm am unwichtigsten ist. Der Gewinner aus Runde eins tritt gegen andere Merkmale in weiteren Runden an. In vier Runden können Sie dabei insgesamt sechzehn Merkmale gegeneinander testen – und so zu perfekten Leistungsbündeln kommen.

Leistungsmerkmal	am wichtigsten	am unwichtigsten
Merkmal 1		
Merkmal 2		
Merkmal 3		
Merkmal 4		

Eine noch simpler Methode: Man lässt die Mitarbeiter je zwei Merkmale gegeneinander abwägen, etwa mit folgender Frage, die mündlich oder schriftlich gestellt werden kann: »Was ist Ihnen wichtiger, X oder Y?« Die Ergebnisse können bei der Priorisierung und dem Feintuning ausgewählter Aspekte sehr hilfreich sein. Sie lassen sich nach Mitarbeitergruppen, Bereichen, Regionen und Nationalitäten weiter ausdifferenzieren.

Kluge Fragen machen Mitarbeiter zu kostenlosen Unternehmensberatern.

Eine Sonderform der Blitzlicht-Umfragen sind Onlineprognosebörsen. Dabei wird die Fachexpertise der Mitarbeiter in einer konkreten Zahl gebündelt, die für Planungszwecke oder Risikobewertungen hilfreich ist. So können die Befragten Absatzmengen prognostizieren, Umsatzpotenziale schätzen oder marktgängige Preise taxieren. Henkel konnte auf diese Weise seine Prognosegenauigkeit von 69 Prozent (Expertenschätzung) auf 85 Prozent (Mitarbeiterschätzung) verbessern, wie CrowdWorx-Gründer Aleksandar Ivanov berichtet.[98] Hierbei schnitten die Lagermitarbeiter besonders gut ab, da sie sich mit Verkaufszyklen bestens auskennen. Dies hatte eine Umsatzsteigerung im dreistelligen Millionenbereich zur Folge.

Die Sprechblasen-Methode

Eine weitere Variante ist die Sprechblasen-Methode, und die geht so: Man malt zwei Sprechblasen, die sich gegenüberstehen. In die eine kommt die Aussage eines hypothetischen Dritten, die andere ist leer, damit der befragte Mitarbeiter seine Antwort dort einsetzen kann. Zwei Beispiele dafür:

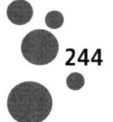

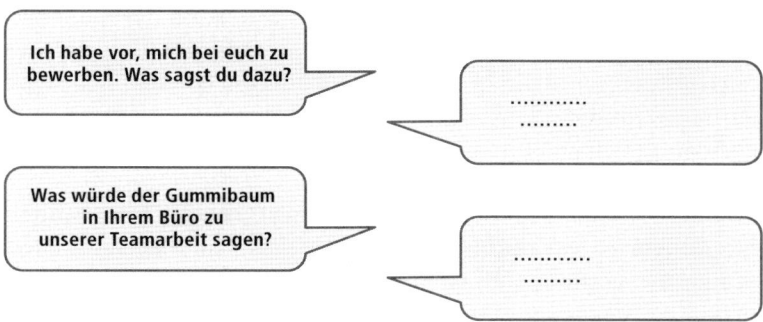

Abb. 12: Typische Fragen bei der Sprechblasen-Methode

Dieser Ansatz hat etwas Verspieltes und fordert die Kreativität geradezu heraus. Junge Leute werden ihn lieben. Allerdings können Scherzkekse damit auch ihr (Online-)Unwesen treiben. Deshalb muss speziell bei der Sprechblasen-Methode immer auch an folgenden Punkten gearbeitet werden: »Was wollen wir damit bestenfalls erreichen?« Und: »Was darf hierbei keinesfalls passieren?« Und: »Was wäre der schlimmste anzunehmende ›Unfall‹, und wie reagieren wir darauf?« Man darf eben nicht vergessen, dass heutzutage auch alles ins Internet geraten kann.

Die Gewissensfrage an die Mitarbeiter

Meine Lieblingsfrage ist ganz klar die »Gewissensfrage«, und die geht so:

> »Lieber Mitarbeiter, stellen Sie sich vor, Sie wären unser Unternehmensgewissen. Was würden Sie uns sagen? Und was könnten wir ganz konkret besser machen?«

Wird die Gewissensfrage schriftlich gestellt, so kann dazu eine fiktive Person gezeichnet werden, bei der ein Engelchen und ein Teufelchen rechts und links auf der Schulter sitzen. Es lässt sich sogar ein Porträtfoto der befragten Person einbauen. Das macht die Sache dann noch emotionaler.

Wichtig: Viel Platz zum Ausfüllen geben. Ungeschminkt können die Antworten vieles ans Licht bringen, was man vielleicht schon immer mal gerne wissen wollte: Zum Beispiel, wie sich der Mitarbeiter in einer bestimmten Situation fühlte. Oder was der Kunde dann und dann gesagt hat und aus welchem Grund. Womöglich wird der Chef so endlich auch erfahren, was gerüchtemäßig außer ihm schon alle wussten und was die eigentlichen Gründe für hartnäckige Probleme sind. So was ist kostbar wie Gold, denn nur wer die wahren Ursachen kennt, kann auch die richtigen korrigierenden Schritte einleiten.

Anonymität kann bei den Umfragen sehr wichtig sein.

Ist die Unternehmenskultur schlecht oder das Mitarbeitervertrauen gering, dann sollte eine solche Umfrage unbedingt anonym erfolgen. Damit man am Ende den einzelnen Mitarbeiter nicht doch noch an seiner Handschrift erkennt, kann der Fragebogen am Computer ausgefüllt und dann ausgedruckt eingereicht werden. Wird auf diese Weise eine Vielzahl von Personen befragt, entstehen ganze Touchpoint-Maßnahmenkataloge fast wie von selbst.

Hierzu werden passende Vorschläge von den Mitarbeitern selbst erarbeitet und zur Info – nicht aber zur Entscheidung – an die Geschäftsleitung hochgereicht. Dabei geht es nie um das Suhlen in Missständen, sondern vor allem darum, wie sich etwaige Defizite schnell und konstruktiv aus der Welt schaffen lassen. Dies lässt sich vereinfacht so darstellen:

Befunde und Diagnose heute	Wo wir morgen stehen wollen	Wie wir zusammen dahinkommen

Und wenn hierüber Konflikte ausbrechen? Freuen Sie sich! Ein konfliktfreies Zusammenarbeiten gibt es nicht. Entscheidend ist, über Probleme offen und sachlich zu sprechen und gemeinsam nach solchen Lösungen zu suchen, die für alle Beteiligten tragbar sind. Passiert dies nicht, werden Konflikte auf den Gängen bewältigt. Und das ist immer destruktiv. So bietet ein produktives Bearbeiten der Ergebnisse aus Gewissensfragen auch wertvolle Ansätze für die Selbsttherapie eines Teams.

Punktuelle Umfragen

Punktuelle Umfragen lassen sich jederzeit und zu den unterschiedlichsten Themen machen. Weil man dabei nur ganz wenige Fragen stellen sollte, braucht es zunächst eine gute Vorbereitung. Überlegen Sie also: Was ist die wichtigste Frage, die Sie stellen sollten? Und was ist die wertvollste Frage, die Sie stellen könnten?

Danach legen Sie den Mitarbeitern einen kleinen Fragebogen vor, der schriftlich und am besten anonym beantwortet wird. Hier mal ein paar Textbeispiele:

○ Was mir in unserem Unternehmen am besten gefällt:
   ....
○ Was mir in unserem Unternehmen am meisten fehlt:
   ....
○ Was mich an meinem Job besonders fasziniert:
   ....

○ Was sich an meinem Arbeitsplatz konkret verbessern ließe:
....

○ Mein größter Wunsch an meine Führungskraft ist:
....

○ Was wir für die Kunden noch tun könnten:
....

○ Warum mir unser Unternehmen so wichtig ist:
....

○ Was ich Außenstehenden über uns sagen würde:
....

○ Woran ich bei mir selbst arbeiten möchte:
....

○ Wo ich mir mehr Unterstützung wünsche:
....

○ Was mich bewegen könnte, noch lange im Unternehmen
zu bleiben:
....

○ Was ich immer schon mal sagen wollte:
....

○ Was man beim nächsten Mal an dieser Stelle
noch fragen könnte:
....

Schließlich gibt es eine ultimative Frage, die jederzeit auch solo gestellt werden kann. Dabei muss absolute Anonymität gewährleistet
sein, damit man ehrliche Antworten erhält:

> **Würden Sie sich heute wieder für unser
> Unternehmen entscheiden?
> Und wenn ja, aus welchen Hauptgründen?
> Und wenn nein, weshalb nicht?**

Falls hierbei negative Antworten, welcher Art auch immer, heraus-
kommen sollten, darf *niemals* auch nur der leiseste Versuch un-

ternommen werden, herauszufinden, welcher Mitarbeiter das war. Ein solcher Vertrauensbruch wäre, auch in Hinblick auf alle anderen Mitarbeiter, nicht mehr reversibel.

Um speziell die Mitarbeiterloyalität und das Empfehlungspotenzial auszuloten, kann man den Mitarbeitenden folgende Sätze zur Vervollständigung vorgeben:

○ Die Zukunft unseres Unternehmens liegt mir sehr am Herzen, weil ....
○ Ich kann mir gut vorstellen, noch länger hier zu arbeiten. Dies, weil ....
○ Ich spreche mit Dritten positiv und voller Stolz über uns. Und dies, weil ....
○ Ich ermutige Interessenten, bei uns Kunde zu werden. Und zwar, weil ....
○ Ich ermutige potenzielle Mitarbeiter, sich bei uns zu bewerben, weil ....
○ Ich tue all dies nicht, weil ....

Solche offenen Fragen zwingen die Leute nicht in ein vorgegebenes Antwortschema. Und sie degradieren auch niemanden zum Kreuzchenmacher. Sie geben vielmehr jedem die Möglichkeit, sich frei auszudrücken. So wird sich der einzelne Mitarbeiter intensiver mit den vorgegebenen Themen auseinandersetzen – und sich stärker eingebunden fühlen, weil seine Kreativität gefragt ist. Und das Unternehmen erhält brauchbarere Antworten.

Fokussierende Fragen

Fokus heißt: Konzentration auf das Wichtigste – statt Verzettelung im Dickicht der Nebensächlichkeiten. So bringen fokussierende Fragen mit einer einzigen Frage die Sache auf den Punkt. Auf diese Weise kommt man den wahren Beweggründen der Mitarbeiter am ehesten näher, und zwar ohne ihnen dabei zu nahe zu treten. Eine fokussierende Frage geht zum Beispiel so:

> **Welches sind die drei Dinge, die Sie sich von Ihrer Führungskraft am meisten wünschen?**

Wird diese Frage mündlich gestellt, ist eine längere Pause zum Nachdenken unbedingt erforderlich. Drängen Sie also nicht. Und seien Sie offen für alles. Denn nicht selten spürt der Gefragte latente Erwartungen, die er womöglich dann auf erwünschte Art und Weise bedient. Mitarbeiter werden immer auch ins Kalkül ziehen, was der Chef wohl gerne hören will. Sie werden ihm sogar dann gefallen wollen, wenn das für die Firma kontraproduktiv ist. Es ist eine naive Illusion, zu glauben, man bekäme von seinen Leuten die ganze Wahrheit zu hören. Denn letztendlich entscheidet der Chef darüber, wer an die Honigtöpfe gelassen wird.

Damit die Mitarbeiter ihren Talenten entsprechend eingesetzt werden, bieten sich folgende fokussierenden Fragen geradezu an:

○ Wenn es *eine* Sache gibt, die Sie unbedingt übernehmen wollten, was wäre das für Sie?
○ Wenn es *eine* Sache gibt, die Ihnen in Hinblick auf Ihre Arbeit als besonders nutzlos erscheint, die also wirklich niemandem etwas bringt, was wäre das für Sie?
○ Und wenn es *eine* Sache gibt, die wir im Interesse der Kunden unbedingt verändern sollten, was wäre da das Wichtigste für Sie?

So erhalten Sie (hoffentlich) endlich wichtige Informationen über schlechte Arbeitsplatzbedingungen, über betriebliche Zwänge, räumliche Enge, Doppelarbeit und Zeiträuber, über Kommunikations-, Schnittstellen- und Kundenprobleme und damit über die eigene Betriebsblindheit, deren Wirkung auf die Loyalität der Mit-

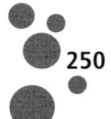

arbeiter und Kunden Sie womöglich sehr unterschätzt hatten. Ein weiterer Vorteil: Sie können schnell etwas bewirken. Dazu fragen Sie so: »Was genau kann ich jetzt (sofort) tun, um dies zu unterstützen? ... Okay, danke. Und was noch?« Das Nachhaken ist wichtig, denn oft werden erst im zweiten Anlauf die wahren Anforderungen, Anliegen und Wünsche genannt.

Vor allem die so gefährlichen kritischen Ereignisse lassen sich mit fokussierenden Fragen gut herausarbeiten. Ein kritisches Ereignis ist ein Moment in der Mitarbeiterbeziehung, das von starken Emotionen begleitet war und sich deshalb tief ins episodische Gedächtnis eingegraben hat. Solche Ereignisse werden wieder und wieder weitererzählt. Diese müssen Sie kennen, um Schaden von der Unternehmensreputation abzuwenden.

Fahnden Sie außerdem nach besonders erfreulichen Geschehnissen, um diese dann in internen und externen Medien als Erfolgsgeschichten zu nutzen. Das ist der erste Effekt. Und der zweite? Kaum etwas ist besser für die Loyalität als ein Mitarbeiter, der sich selbst sagen hört, wie toll es ist, mit Ihnen zusammenzuarbeiten. Und da er das nun schon mal ausgesprochen hat, wird er dies in Zukunft wahrscheinlich öfter tun – offline und online.

Um an Informationen über kritische Ereignisse zu gelangen, werden die Fragen am besten folgendermaßen eingeleitet: »Was ich Sie immer schon mal fragen wollte ...« An die Frage selbst hängen Sie dann, wenn passend, ein »Erzählen Sie mal« dran. Die Erzählen-Sie-mal-Frage ist magisch, denn im Plauderton deckt der Mitarbeiter seine Emotionen am ehesten auf. Diese zu kennen und sich darauf einzulassen, das ist für eine annehmbare Reaktion sehr hilfreich. Und nicht vergessen: Ehrliche und mutige Mitarbeiter haben ein dickes Danke verdient. Und sie wollen am Ende immer auch wissen, was sie mit ihren Hinweisen bewirken.

Die Fragen der obersten Chefs

Mein besonderer Tipp: Lassen Sie die Geschäftsleitung öfter mal solche Aktionen machen. Wenn die obersten Chefs sich auf den Weg zu den »einfachen« Mitarbeitern begeben, sind das ganz große Signale der Wertschätzung. Deren Fragen klingen zum Beispiel so:

○ Nur mal angenommen, Sie wären an meiner Stelle (oder: hätten bei uns Managementverantwortung), was würden Sie als Erstes verbessern?
○ Oder so: Was war *das Unangenehmste*, was Ihnen bei uns je widerfahren ist?
○ Oder auch: Was ist eigentlich *das Beste*, lieber Mitarbeiter, was Ihnen bei uns je widerfahren ist, ... erzählen Sie mal.

Durch solche fokussierenden Fragen entdecken Sie nicht nur gravierende Schwachpunkte, sondern womöglich auch ein entscheidendes Erfolgsdetail, das Ihnen bislang verborgen geblieben ist – oder das die mittlere Führungsschicht bislang nicht nach ganz oben getragen hat. Und Sie werden schnell. Denn treffsicher lässt sich der konkrete Handlungsbedarf an den kritischsten Stellen erkennen, um dann sofort reagieren zu können. So löst man nicht nur die Probleme einzelner, sondern wappnet sich gegen die Unzufriedenheit vieler. Das Ergebnis: Loyalität wird gestärkt und Fluktuation wird vorgebeugt. Außerdem spart man sich die Kosten für klassische Marktforschung.

Haben die Obersten erst einmal die Vorteile einer solchen Vorgehensweise erkannt, lässt sich dies durch ein regelmäßiges Rundgang-Ritual festigen, bei dem man seine Mitarbeiter gezielt konsultiert. Dazu wird im Vorfeld überlegt, welche Gold-wert-Fragen passend sind. Zum Beispiel diese:

○ Mich interessiert Ihre ganz persönliche Meinung zu folgendem Thema ... Interessant, und wie könnte das im Einzelnen aussehen?

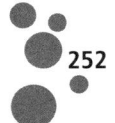

○ Ich habe mir zum Thema xy die folgenden Gedanken gemacht, die ich gerne einmal mit Ihnen besprechen wollte …

○ Angenommen, Sie wären bei dieser Frage (oder: in diesem Projekt) der Entscheider, was würden Sie tun? … Interessant, und welche Überlegungen bringen Sie zu dieser Entscheidung?

○ Wie würden Sie an das Thema herangehen, wenn es Ihr Geld wäre? … Und was würden Sie keinesfalls tun?

○ Gesetzt den Fall, wir würden das morgen schon umsetzen: Was würde dann passieren? … Was müssten wir unbedingt noch beachten? … Was spricht aus Sicht des Kunden dagegen?

○ Wie sehen Ihre Kollegen – ohne jetzt Namen zu nennen – die Situation? … Und was würden die mir denn raten?

○ Wenn es eine Sache gibt, die dieses Projekt womöglich zum Scheitern bringen könnte, was wäre da aus Ihrer Sicht der kritischste Punkt?

○ Was wäre denn ein Weg, mit dem die Mitbewerber niemals rechnen? … Wie würden Sie denn die Konkurrenz überrumpeln?

Die Antworten können am Anfang zögerlich kommen. Selbst wenn die Oberen gelöst und nahbar wirken, sind sie, aus dem Blickwinkel der Belegschaft betrachtet, immer noch Respektspersonen. Das können Sie mildern, indem Sie vom Stil her kein Gespräch, sondern eine Unterhaltung führen. Bei Bedarf ermuntern Sie die Leute freundlich nickend wie folgt: »Nur weiter!« Und: »Erzählen Sie mehr!« Oder: »Das ist für mich sehr interessant.«

Fragen sind per se immer auch ein Zeichen von Macht. Denn wer fragt, der führt. »Über Aufbau, Struktur und Wortwahl einer Frage kann die Führungskraft den Machtaspekt entweder eskalieren – oder ihn deeskalieren, also in den Hintergrund treten lassen«, sagt Verhandlungsexperte Andreas Patrzek.[99] Das *Wie* einer Fragestellung ist somit entscheidend. Höhere Chargen haben sich ja meist einen pointierten Wortschatz mit klaren Weisungen angewöhnt, und das leider oft ohne jedes »Bitte« und »Danke«. Das schüchtert ein und verhindert den gewünschten Erfolg. Deshalb dürfen Fragen nicht bedrängend oder bedrohlich wirken und niemals in ein Verhör ausarten. Wer hingegen gut und richtig fragt, erfährt zügig etwas über Missstände an einzelnen Touchpoints und erhält laufend neue gute Ideen. Die Mitarbeiter spüren dann, wie wertvoll sie für den Betrieb sind. Bei Problemen lässt sich umgehend reagieren und gegensteuern. Gutes kann man loben. Die schließlich getroffenen Entscheidungen stehen auf einer besseren Basis, und man vermeidet Fehlentscheide am grünen Tisch

Mitarbeiterzufriedenheitsbefragungen – ein ganz schöner Blödsinn

Klassische Mitarbeiterzufriedenheitsbefragungen sind, das sagte ich weiter vorne schon, ziemlich unproduktiv. Nun komme ich warnend noch einmal darauf zurück, denn vor allem in größeren Unternehmen sind sie immer noch sehr populär. Während damit eigentlich die Fruchtbarkeit der Personalarbeit dokumentiert werden soll, sind sie tatsächlich meist sich routinemäßig wiederholende Generalabrechnungen. Der ganze Aufwand steht in keinem Verhältnis zum Erkenntnisgewinn. Ist nämlich ein realistisches Bild erwünscht, sind ehrliche Aussagen von wenigen Mitarbeitern besser als opportune oder gesteuerte Aussagen von vielen. Schlimmer noch: Nicht selten landen die Ergebnisse in Schubladen statt in Verbesserungsprogrammen. Oder sie werden als Druckmittel benutzt.

Besonders Standardfragebögen, die man aus dem Internet herunterladen kann, sind für individuelle Ergebnisse völlig unbrauchbar. Wird ein Institut damit beauftragt, werden Zufriedenheitsabfragen verkompliziert, es werden zu viele Fragen gestellt, und die aufbereiteten Analyseergebnisse können nur noch von einer akademischen Elite verstanden werden. Planung, Durchführung und Auswertung verschlingen jede Menge Ressourcen. Und sie brauchen viel Zeit. Vier Monate vom Entscheid bis zu den ersten Ergebnissen sind keine Seltenheit. Vier Monate! Da kann man in unseren schnelllebigen Businesszeiten schon pleite sein.

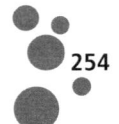

Wird bei der Durchführung geschludert oder mit den Ergebnissen falsch umgegangen, löst dies Misstrauen und Ängste aus. Selbst scheinbar kleine Fehler können sich tief in das kollektive Gedächtnis der Belegschaft eingraben und dieses Instrument auf lange Zeit disqualifizieren.

Schlimmer noch: In aller Regel fließen die jeweiligen Befunde in die Leistungsbewertung einer Führungskraft ein und bilden die Grundlage für variable Gehaltsanteile. Doch Angst um Boni macht erfinderisch. So kann es passieren, dass Chefs ihren Mitarbeitern die gewollten Antworten mehr oder weniger diktieren. Oder alle verbünden sich mit dem Chef und verteilen Traumnoten, um gemeinsam gut dazustehen. Dann nehmen am Ende die Bereiche, die am besten getrickst haben, die obersten Ränge ein. Und hinter vorgehaltener Hand weiß man das auch. Ich kenne sogar Organisationen, da sind solche Machenschaften öffentlich – und in schöner Scheinheiligkeit spielen alle das falsche Spiel mit.

Eine Incentivierung lädt zu Manipulationen geradezu ein.

Ein weiterer Aspekt: Bei der Befragung hat die Belegschaft zwar Stellung bezogen, doch wenn es dann zu Verbesserungsprogrammen kommt, wartet alles wieder auf Aktionen »von oben«. Und das kann dauern. Oder die in der Teppichetage beschlossenen Maßnahmenpakete werden vom mittleren Management ungefiltert durchgewinkt, obwohl sie kaum etwas taugen.

Wann sagt also endlich mal einer: Schluss mit dem Blödsinn! Statt Geld dafür zum Fenster rauszuwerfen, sollte man besser in Touchpoint-Aktivitäten investieren.

Schritt 2: Die Soll-Strategie

Im zweiten Prozessschritt geht es um das Definieren der angestrebten Zielsituation und das Sondieren passender(er) Vorgehensweisen an *den* Interaktionspunkten, die man für die anvisierten Mitarbeitergruppen optimieren will. Wir betrachten also folgende Punkte:

WOZU   = das Zielbild, das wir anvisieren
FÜR WEN   = die Zielgruppen, für die wir aktiv werden wollen
WODURCH = die Rahmenbedingungen, die erfüllt werden müssen

Was die Rahmenbedingungen betrifft, möchte ich in diesem Buch zwei herausarbeiten: 1. die vergiftete und die lachende Unternehmenskultur und 2. das dreistufige Modell der Begeisterungsführung.

Doch erst das Ziel, dann der Weg. Hierbei geht es *nicht* um fixe, starre, managerübliche Ziele, sondern um Sollbilder, die erstrebenswert sind. Die Frage »Was ist mir / uns als Ergebnis wichtig?« bestimmt dann das weitere Vorgehen.

Der Zielfindungsprozess

Die Zielbilder sind entweder für das gesamte Touchpoint-Projekt oder für einzelne Touchpoints zu skizzieren. Dies muss individuell passieren und flexibel gehandhabt werden. Definieren Sie dabei nicht nur das, was Sie erreichen wollen und in welchem Freiraum sich das realisieren soll (Dos). Klären Sie zusammen mit Ihren Mitarbeitern auch, was *nicht* getan werden soll oder keineswegs passieren darf (Don'ts)! Um sich dem jeweiligen Zielbild zu nähern, lassen sich beispielhaft folgende Leitfragen stellen:

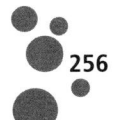

○ Wie können die Führungskräfte über alle Leistungsbereiche hinweg ein gemeinsames Verständnis für die wichtigsten Touchpoints gewinnen?

○ Wie können wir seitens der Führung ein suboptimales Handling der Touchpoints schnellstmöglich überwinden, um uns fit für die Arbeitswelt der Zukunft zu machen?

○ Wie können wir sämtliche Recruiting-Touchpoints Web-3.0-fähig machen und an die Erfordernisse der Digital Natives anpassen?

○ Wie können wir uns von veralteten Strukturen und Prozessen schnell lösen und Netzwerkstrukturen in unserem Unternehmen schaffen?

○ Wie können wir die Loyalität unserer Mitarbeiter fördern, ihre Bleibelust erhöhen und uns vor kostspieliger Mitarbeiterfluktuation schützen?

○ Wie können wir unsere Mitarbeiter zu aktiven Botschaftern der Firma machen und welche Touchpoints eignen sich besonders dazu?

○ Wie können wir das weibliche Potenzial in unserem Unternehmen an den einzelnen Touchpoints (noch) besser entfalten?

○ Wie können wir die Mitarbeiter sowohl in operative als auch in strategische Entscheidungen zeitsparend und effizient miteinbeziehen?

○ Wie lässt sich der Ideenreichtum unserer Mitarbeiter entfalten, für passende Touchpoints nutzbar machen und adäquat speichern?

○ Wie können wir an den einzelnen Kontaktpunkten mit nichtmonetären Begeisterungsfaktoren arbeiten, um das Wollen zu fördern?

○ Wie können wir eine auf Dauer ausgerichtete Kundenfokussierung bereichsübergreifend erreichen?

○ Wie können wir mit dem Aufbau eines Touchpoint-Managements in unserem Unternehmen zügig beginnen?

○ Wie können wir die Summe der Touchpoints so optimieren, dass wir bei Arbeitgeber-Wettbewerben vorderste Plätze belegen?

Ist das Zielbild komplett, lässt sich das für einzelne Zielgruppen präzisieren.

Die Zielgruppenwahl

Nun werden *die* Zielgruppen bestimmt, für die die ausgewählten Touchpoints optimiert werden sollen, zum Beispiel so:

○ Potenzielle Mitarbeiter
○ Interne Mitarbeiter
○ Externe Mitarbeitende
○ Ehemalige Mitarbeiter

Was es mit den Mitarbeitenden von heute auf sich hat und wie die Führung in Zukunft aussehen muss, darüber haben wir in Teil 2 schon eine Menge gehört. Eine ganz grundsätzliche Frage ist immer auch die: Gehen wir tatsächlich mit unserem Mitarbeitervermögen (mindestens!) genauso sorgfältig um wie mit dem Betriebsvermögen?

Bei Maschinen werden die Wartungsintervalle gewissenhaft eingehalten. Doch wie sieht das mit den »Wartungsintervallen« der Mitarbeiter aus? Die Firmenfahrzeugflotte wird nach Scheckheft gepflegt. Doch wie pflegt die Führungsmannschaft die ihr anvertraute »Menschenflotte«? In die Auswahl einer neuen Büromöbelausstattung steckt man richtig viel Zeit. Doch wie viel Zeit nimmt man sich für die Kandidaten im Bewerbungsprozess? Selbst die Grünpflanzen kriegen bei manchem Vorgesetzten mehr Fürsorge ab als die eigenen Leute. Jenseits aller Polemik wird einem oft erst bei solchen Vergleichen vollends bewusst, wie gut die Dinge und wie schlecht die Menschen in manchen Unternehmen behandelt werden.

Alle Kommen-Bleiben-Gehen-Touchpoints sind sodann individuell zu betrachten, um perfekte Soll-Situationen zu finden. Nehmen

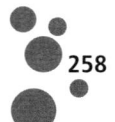

wir als konkretes Beispiel noch einmal den Bewerbungsprozess. Interessenten verlieren schnell die Lust, wenn sie immer und immer wieder all ihre Bewerbungsdaten Buchstabe für Buchstabe in Masken eingeben und alle möglichen Pflichtfelder ausfüllen müssen. Da werden händeringend Leute gesucht, und dann macht man es den Kandidaten so schwer! Und warum? Weil sich die Personaler von den Controllern vorrechnen lassen müssen, was das Handling einer Bewerbung maximal kosten darf. Ein hoher Preis, wenn dadurch wertvolle Kontakte entnervt das Weite suchen! Verlangen Sie, dass das mit einkalkuliert wird!

HR-Stellen, die immer noch klassische Mappen wollen, gleichen oft einem Fass ohne Boden: Eingereichte Unterlagen kommen nie mehr zurück. Und auf den Stand der Dinge wartet man ewig. Dabei ist es, unterstützt durch entsprechende Recruiting-Software, nie einfacher als heute, zeitnah und adäquat zu agieren. Also kann nur Arroganz der Grund für solche Ignoranz sein. Doch dies rächt sich bitter. Schein und Sein werden im Web gnadenlos offengelegt. Wer da durchfällt, erhält von qualifizierten Aspiranten nie mehr Post. Und am Ende kann man durch verärgerte Bewerber auch noch Kunden verlieren. Alles hängt eben heute eng miteinander zusammen.

Rahmenbedingung Unternehmens-kultur

Zu einer neuen Arbeitswelt gehört auch eine neue Arbeitskultur. Doch die Kluft zwischen alten, analogen und frischen, digitalen Unternehmen könnte größer kaum sein. Am einen Ende gibt es die, bei denen es zum guten Ton gehört, schlecht drauf zu sein, mit herunterhängenden Mundwinkeln über die Gänge zu schlurfen und Unfreundlichkeiten zu

Arbeit muss Spaß machen, wenn's gut werden soll.

verteilen. Gute Laune bei der Arbeit ist dort verpönt. Am anderen Ende gibt es lebensfrohe Internetfirmen, die einer Spielewelt mit angeschlossenem Erlebnispark gleichen. Unbelastet vom düsteren Geist einer taylorisierten Industrievergangenheit haben sie ganz einfach verstanden, dass Arbeit Spaß machen muss, um gut zu werden.

Im Allgemeinen ist die Unternehmenskultur das Resultat eines kollektiven Lernprozesses, dessen Hege und Pflege nie nachlassen darf. Sie umfasst das Sichtbare und das Unsichtbare, also auch Tabus, geheime Regeln und Normen. Sie determiniert,

○ wie die Menschen im Unternehmen miteinander umgehen,
○ wie das Verhältnis zu Kunden und Partnern ist,
○ wer eingestellt und wer wie befördert wird,
○ in welchem Umfeld die Mitarbeiter arbeiten,
○ wie Entscheidungsprozesse ablaufen,
○ wie Probleme angepackt werden,
○ wie man mit Fehlern umgeht,
○ was man aus Ideen macht,
○ wie Konflikte und Krisen gemeistert werden,
○ was wie kontrolliert wird,
○ nach welchen Leistungsmaßstäben man beurteilt wird und
○ wie Erfolge gefeiert werden.

Entscheidend ist, wie das Management sich dabei verhält. Denn die Stimmung im Unternehmen breitet sich von oben nach unten aus. Aus diesem Grunde wird jeden Morgen beobachtet, wie der Chef heute drauf ist. Seine Stimme, seine Gestik, seine Mimik: Alles wird interpretiert. Jedes noch so leicht dahingesagte Wort erhält Gewicht. Ist er gut gelaunt, dann spüren die Mitarbeiter bei jeder Interaktion: Heute ist ein guter Tag. »Gute Laune ist ansteckend«, sagt wissend der Volksmund. Wie das funktioniert? Spiegelneuronen sind verantwortlich dafür. Durch sie erleben wir das, was andere fühlen, in einer Art innerer Simulation. Dies führt zu einer emotionalen »Infektion«, zu spontaner Imitation und oft auch zu

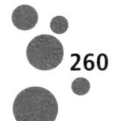

einer unbewussten Kopie von Duktus und Habitus. So schlägt sich die Stimmung der Oberen unmittelbar auf die Mitarbeiterperformance nieder.

Wir sind so verdrahtet, dass wir mit denen mitschwingen, die um uns herum sind. Dabei sind nur wenige Menschen Vormacher, die meisten sind Nachmacher. Und wenn wir selbst nicht sicher sind, dann folgen wir dem, der uns das Gefühl gibt, seiner Sache ganz sicher zu sein. Und das ist zum Beispiel der Chef. So vervielfältigt sich das Verhalten der Führungscrew durch ihr Tun. Die Mitarbeitenden nehmen sehr sensibel wahr, worauf die Oberen »abfahren«, was sie gar nicht mögen, was sie schätzen, fördern und belohnen und wie sie mit kritischen Situationen umgehen. Spitzenmanager unterschätzen sehr oft, welch katastrophale Folgen schon eine einzige unbedachte Bemerkung haben kann. Manchen ist das allerdings auch egal.

In Erzählungen tritt all dies am ehesten zutage. So lässt sich die Frage, wie wünschenswerte Aspekte einer Unternehmenskultur aussehen könnten, am besten über Bilder, Beispiele und Geschichten vermitteln. Legen Sie sich dazu einen regelrechten Geschichtenfundus an. Wenn etwa immer wieder erzählt wird, wie der Big Boss sich an eine Maschine setzte und vom Azubi lernen wollte, wie die funktioniert, dann hat dies eine starke Signalwirkung – und tut dem Betriebsklima gut.

Das Betriebsklima ist Ausdruck der gelebten Unternehmenskultur. Es umschreibt die von den Mitarbeitern subjektiv empfundene Atmosphäre am Arbeitsplatz. Es ist anlassbedingt kurzfristigen Schwankungen unterworfen, die Unternehmenskultur hingegen ist auf Dauer ausgerichtet und relativ stabil. Ich unterscheide dabei zwischen einer vergifteten und einer lachenden Unternehmenskultur. Die erste initiiert einen langsamen Zersetzungsprozess. Die zweite macht ein Unternehmen robust und produktiv. Sie überlebt sogar Krisen und tritt aus ihnen gestärkt hervor.

VERGIFTETE Unternehmen	LACHENDE Unternehmen
Angst, Mobbing, Bossing, Aggression, Intrigen, Machtkämpfe, Missgunst, Tadel, Schuldzuweisungen, Willkür, Kommandieren, kleinliche Kontrollen, Misstrauen, Opportunismus, Lügen, Einzelkämpfertum, Distanz, Neid, Gier, Routinen, sinnentleerte Arbeit, Anweisungen, die man nicht versteht, Chefs, die man nicht achten kann, Büros, die man nicht mag, Werte, die man nicht leben will, Jobs, die man hasst, Arbeit, die krank macht, Unproduktivität und Mittelmaß	Wertschätzung, Anerkennung, Respekt, Freundlichkeit, Humor, gute Laune, ehrliches Loben, Glaubwürdigkeit, Wissen teilen, Kommunikation, Dialog, Ehrlichkeit, Offenheit, Klarheit, Gerechtigkeit, Vertrauen, Teamwork, Nähe, Konsequenz, Herausforderungen, Mut, Sinn, Flow, Ziele, die man sich selber setzt, Chefs, die man achtet und schätzt, inspirierende Arbeitsbedingungen, Werte, die man teilt, Stunden, die wie im Flug vergehen, fröhlich pfeifend zur Arbeit kommen, Stolz auf Resultate und Firma
Kunden, die nicht wiederkommen, + negative Mundpropaganda / Abraten	Kunden, die gerne wiederkommen, + positive Mundpropaganda / Empfehlungen

Abb. 13: Facetten der vergifteten und der lachenden Unternehmenskultur

In vergifteten Unternehmen läutet das Sterbeglöckchen

In »vergifteten« Organisationen, ein Begriff, den der Wirtschaftspsychologe Daniel Goleman prägte, werden in großem Stil menschliche Ressourcen und Talente verschwendet. Dort findet sich eine beklemmende Atmosphäre mit strengen Vorschriften, scharfen Kontrollen und beißender Kritik. Intrigen, Geheimniskrämerei, Günstlingswirtschaft, Eigennutz, Willkür und viele andere unschöne Dinge, über die ich gar nicht mehr reden mag, sind an der Tagesordnung. Alles ist überschattet von Angst. Da werden Menschen gekränkt und erniedrigt; Sündenböcke und Bauernopfer werden

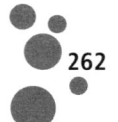

gesucht. Egoistische Ziele werden verfolgt – und Energie in aggressive Bahnen fehlgeleitet: Zynismus, Verhärtung, Feindseligkeiten, Ränkespiele, Boykott von Anweisungen, Verhinderung von Wandel. Jeder misstraut jedem. Opportunismus und Seilschaften sind in einem solchen Umfeld die beste Überlebensstrategie. Diejenigen, die können, nehmen schleunigst Reißaus. Und bei denen, die bleiben, ist der Fokus nach innen und oben gerichtet.

> »Die Suche nach Sündenböcken ist von allen Jagdarten die einfachste.«
> Dwight D. Eisenhower

Vergiftete Unternehmen lösen eine Sonnenfinsternis im Herzen aus. Eine düstere Wolke legt sich über alles, sobald man die Firma betritt. Die Gesamtmotivation ist niedrig. Fehler werden vertuscht oder gemeinsam unter den Teppich gekehrt. Überall wird miese Laune verbreitet und die Gerüchteküche angeheizt. In manchen Organisationen verbringen die Mitarbeiter bis zu einer Stunde pro Arbeitstag damit, gemeinsam über Bosse und Firma herzuziehen. So ein Klima macht die Leute ganz krank. Doch mit kranken Mitarbeitern kann man kein gesundes Unternehmen aufbauen. Und mit unglücklichen Mitarbeitern keine glücklichen Kunden gewinnen.

Herrscht schlechte Stimmung, wird selten eine gute Dienstleistung daraus. Mitarbeiter sind ja keine Zauberer. Es ist schier unmöglich, eine negative Stimmung im Unternehmen in eine gute Stimmung beim Kunden zu verwandeln. Und wo man sich unwohl fühlt, da geht man nie wieder hin, da kauft man nichts! So kommt langsam, aber sicher eine Todesspirale in Gang – ein Vergiftungsprozess im wahrsten Sinne des Wortes. Je größer eine Organisation, desto größer ist auch die Gefahr, zu einem vergifteten Unternehmen zu werden. Traditionelle Konzerne mit starken Hierarchien, zentralistischen Strukturen, straffen Regelwerken und einem stahlharten Streben nach Maximalrenditen sind hiervon am meisten betroffen.

Angst ist der größte Erfolgskiller

Angst kommt in vielen Schattierungen daher. Sie kann eine freundliche Warnerin sein, die uns schützt und behütet. Sie kann uns kurzzeitig aus der Reserve locken und zu Höchstleistungen führen. Doch sie paralysiert auch und macht dumm. Denn Aggression, Angst, Druck und Schrecken schränken jede kognitive Hirntätigkeit ein. Dazu schaltet eine zur Sicherheit paarweise angeordnete zerebrale Struktur namens Amygdala unseren Denkapparat auf ein Notfallprogramm um: panikartige Flucht, dosierter Angriff oder atemloses Erstarren – je nachdem was gerade die passendste Lösung ist. Hierbei werden die Verbindungsstellen zwischen den einzelnen Hirnzellen, die sogenannten synaptischen Spalten, blockiert. Dort können die Hirnströme dann nicht ungehindert fließen, und wir können nicht mehr klar denken. Die Folge: ein Blackout. Nur simple Routinen können daraufhin noch abgespult werden.

Zudem reagieren die Menschen auf eine gegebene Stresssituation individuell verschieden. Das heißt: Die persönlichen Stresssysteme werden unterschiedlich stark hochgeschraubt und auch unterschiedlich schnell wieder heruntergefahren. Der eine kann sich also ganz schnell auf- und wieder abregen, bei einem anderen kann beides dauern. Doch wie dem auch sei: Wenn Arbeit mit Angst besetzt ist, verstößt dies gegen grundlegende Erkenntnisse der Hirnforschung. Mit Angst im Nacken laufen wir zwar schneller, aber nur ein ganz kurzes Stück. Danach sind wir völlig ausgepowert. Und dass wir unter Druck geistige Großtaten vollbringen können, ist eine Mär. Das Gegenteil ist der Fall. Druck und anhaltende Missstimmung sabotieren die Fähigkeit des Gehirns, sein Bestes zu geben. Wer Angst hat, reduziert sein Lernvermögen und macht Fehler.

Mit Angst im Nacken laufen wir zwar schneller, aber nur ein ganz kurzes Stück.

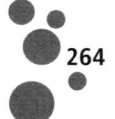

Dauerdruck versetzt den Körper in permanente Alarmbereitschaft, mindert seine Leistungskraft und ruiniert unsere Gesundheit. Denn Stresshormone unterdrücken auch die körpereigenen Abwehrkräfte. Wenn eine Belastung, weil von außen gesteuert (Deadline, Sanktionen, Sandwich-Position), unkontrollierbar wird, kommt sogar Panik ins Spiel. Aus der anfänglichen Angst wird Verzweiflung, Ohnmacht und Hilflosigkeit. Dies kann bis zu einem körperlichen, geistigen und seelischen Kollaps führen. Das beste Gegenmittel: dem Betroffenen ermöglichen, in kleinen Schritten die Kontrolle zurückzugewinnen. Wenn wir eine Situation (wieder) beherrschen, schlägt Angst in Erleichterung um, und alles wird gut.

Übellaunige, einschüchternde, herumkommandierende, machtbesessene Manager hingegen stellen eine permanente Bedrohung dar. Sie signalisieren dem Gehirn: Lebensgefahr. Dies führt zu einer Explosion der Stresshormone. Autoritätsangst züchtet Ja-Sager, führt zu Minderleistungen und schließlich in die Resignation. Dies drückt sich zunächst so aus, dass die Mitarbeiter kaum bereit sind, offen ihre Meinung zu sagen, neue Ideen einzubringen, kooperativ zusammenzuarbeiten, neue Herausforderungen anzunehmen oder die Qualität ihrer Arbeit zu verbessern. Sie werden mürrisch und verletzlich, schieben Frust und gehen in die Opferhaltung. Dann begeben sie sich in den Zustand der freizeitorientierten Schonhaltung, in die innere Kündigung und schließlich in die äußere (Vandalismus) oder innere Sabotage (Burnout).

Nichts von all dem können sich Unternehmen heute noch leisten. Sie benötigen die volle Kraft des geistigen Know-hows ihrer Leute. Zwischen den Synapsen muss es also verstopfungsfrei fließen. Will heißen: Kopfarbeiter brauchen zugeneigte, inspirierende und freundliche Chefs. Nur dann können sie dem Unternehmen ihr komplettes intellektuelles Potenzial zur Verfügung stellen. Deshalb ist es vor allem die Angst, die aus den Unternehmen verschwinden muss. Sie ist der größte Leistungskiller.

Lachende Unternehmen haben die Nase vorn

Lachende Unternehmen verfolgen Gewinnerstrategien. Sie sind quicklebendig und schwingen wunderbar positiv. Ihre Mitarbeiter sind lebensfroh, kerngesund, motiviert und bereit, sich für die Firma mächtig ins Zeug zu legen. In lachenden Unternehmen herrscht Spaßgesumme, ein Treibhausklima für Glanzleistungen und ein Biotop für gute Ideen. Lachende Unternehmen ziehen die Besten wie magisch an. Sie legen damit eine perfekte Basis für Topperformance und wirtschaftlichen Erfolg. Bei solchen Unternehmen kaufen Kunden immer wieder gern. Und sie erzählen der ganzen Welt, warum das so ist. Wenn also die Stimmung stimmt, dann stimmen am Ende auch die Ergebnisse.

Wenn die Stimmung stimmt, stimmen am Ende auch die Ergebnisse.

Es ist ein uraltes Vorurteil und ein gefährlicher Irrtum, zu glauben, dass Spaß und Arbeit nicht zusammenpassen. Genau das Gegenteil ist der Fall. Leben und Lachen in der Firma schaffen Sympathie. Und gegenseitige Zuneigung begünstigt Erfolge. Lachen überwindet Angst und sorgt für Vertrauen. Lachen aktiviert das Gehirn, es hält uns gesund und macht kreativ. Was uns Spaß macht, dafür setzen wir uns ein, das fällt uns leicht, das machen wir gerne und gut. Einen der besten Hinweise darauf, wie gesund eine Firma ist, liefert das dort herrschende Maß an Humor: das gemeinsame Lachen in Meetings, mit dem Chef, auf den Gängen und in der Kantine. Denn nur wem es gut geht, der hat auch was zu lachen.

Lachende Unternehmen sind kein Kindergeburtstag, sondern Hochleistungsgeneratoren mit Herzblutfaktor. Sie bieten ihren Mitarbeitern ständig neue Herausforderungen – im Kern ihrer Talente und auf Wollen-Basis. Dort finden wir ein hervorragendes Performance-Niveau, eine offene, ehrliche Hin-und-her-Kommunikation und spürbar viel gegenseitige Wertschätzung. Aus lachenden Unternehmen gehen Siegertypen hervor, die stolz auf ihre Spitzenergebnisse sein können und sind. Eine lachende Unternehmenskultur entspringt somit keinem sozialromantischen Kuschelkurs, sondern einem unverkennbar betriebswirtschaftlichen Kalkül.

Wie lachende Unternehmen die Kunden betören

Kreativität kann nur in heiteren Hirnen entstehen. Und nur in einem positiven Klima gedeihen Loyalität, Engagement, Verantwortungsbereitschaft und schöpferische Power auf Dauer. In lachenden Unternehmen wird die zur Verfügung stehende Energie konstruktiv und nicht destruktiv verwendet. Der Blick der gesamten Organisation ist nach außen, also auf den Markt und die Kunden gelenkt, denn aus dem Unternehmensinneren droht nichts Böses.

Entwicklungen und Trends werden feinfühlig wahrgenommen. Die Innovationsbereitschaft ist hoch. Veränderungen werden als Chance und nicht als Gefahr gedeutet. Über Abteilungs- und Unternehmensgrenzen hinweg entsteht eine Mitmachbereitschaft auf hohem Niveau, sodass Ideen, Wissen und Einsichten immer wieder anders kombiniert werden können. Die sich dabei entfaltende Kreativität führt zu ständig neuen herausragenden Lösungen und damit raus aus der Kopierfalle.

Gerade für kundennahe Mitarbeiter ist es wichtig, in einem lachenden Unternehmen zu arbeiten, denn sie tragen die Unternehmenskultur zu Markte. Menschen mit unzerstörbar guter Laune sind somit ein Glücksfall in jedem Team. Denn gute Laune ist ansteckend. Es ist also unabdingbar, bereits im Einstellungsgespräch gezielt Ausschau nach Optimisten zu halten und nicht nur das Können, sondern auch das Wollen abzuklopfen. Dies erkennt man an nonverbalen Signalen wie etwa den leuchtenden Augen, aber auch an der Antwort auf folgende Frage: »Wer ist eigentlich verantwortlich dafür, dass Sie Freude an der Arbeit haben?«

Wie man zu einem lachenden Unternehmen wird

Verhaltensänderungen lassen sich auf zwei Weisen herbeiführen: Wird ein Verhalten belohnt, wiederholen wir es. Wird ein Verhalten bestraft, vermeiden wir es. Außerdem kann schon das Benennen von Störungen wie auch das Reden über Probleme beruhigend wirken. Denn dies zeigt unserer Amygdala, dass wir drohende Gefahren wahrgenommen haben. In einer Mitarbeiterbeziehung bedeutet dies, auch unangenehme Dinge anzusprechen, vor allem dann, wenn es etwas zu klären gibt. Erst wenn wieder alles im Reinen ist und wir uns keine Sorgen mehr machen müssen, können wir erneut zur Höchstform finden.

Mit solchen Fragen findet die Führungskraft einen Weg:

○ Ich habe den Eindruck, dass im Moment schlechte Stimmung herrscht. Woran liegt das aus Ihrer Sicht? Gibt es konkrete Gründe, auch von meiner Seite?
○ Ich habe das Gefühl, wir treten hier auf der Stelle. Irgendwie ist die Luft raus. Was muss passieren, dass hier wieder die Post abgeht? Und wie kann ich dazu beitragen?

Ferner sollte man das ganze Team am Betriebsklima arbeiten lassen, denn jeder ist auf seine Weise mitverantwortlich dafür. Hierzu schlage ich folgende Vorgehensweise vor: Zeichnen Sie zwei Skalen von null bis zehn, wobei zehn die Höchstnote ist. Wählen Sie ein korrespondierendes Kriterium aus dem vergifteten und eines aus dem lachenden Bereich. Dann lassen Sie jeden einzelnen Mitarbeiter anonym markieren, bei welcher Zahl aus seiner Sicht die Abteilung als Ganzes steht. Anschließend sollen alle gemeinsam erarbeiten, wie sich die Werte bis zu einem Zeitpunkt x um *einen* Skalenpunkt verbessern lassen.

Solche Skalierungsfragen können einen gefühlten Zustand sehr gut sichtbar machen, ohne dass er lang und breit erklärt werden muss. Außerdem lassen sich Verallgemeinerungen beziehungsweise Pau-

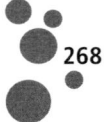

schalaussagen auf diese Weise relativieren: Statt eines kategorischen Gut oder Schlecht werden Grauzonen deutlich. Schließlich können Verbesserungen in kleinen, machbaren Schritten angestrebt werden.

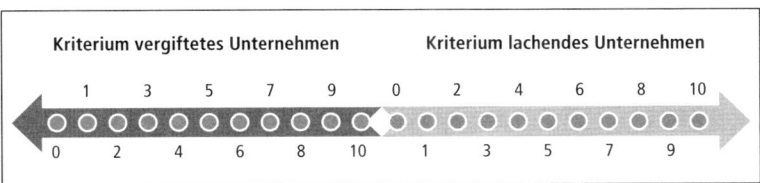

Abb. 14: Messskalen für die Werte der Unternehmenskultur

Rahmenbedingung Begeisterungsführung

Die meisten Unternehmen reden von Mitarbeiter*zufriedenheit*. Da frage ich: Was soll das? Zufrieden heißt befriedigend, also eine Drei in der Schule. Das ist mittelmäßig, beliebig, austauschbar. Und welches hoch motivierte Talent bleibt schon gerne dort, wo Mittelmaß herrscht? Zufriedenheit zementiert den Status quo. Sie macht behäbig und bequem. In diesem Zustand ist der Wunsch nach Veränderung gering. Die Handlungsintensität und die emotionale Spannung sind niedrig. Mangelnde Identifikation und Gleichgültigkeit setzen ein. Schließlich macht sich eine resignative Trägheit breit. Diese Egal-Mentalität führt zu Nachlässigkeiten und mangelnder Sorgfalt. Solche Mitarbeiter setzen sich nur halbherzig für die Interessen der Kunden ein, sie zeigen wenig Initiative bei der Erfüllung von Sonderwünschen und wenig Kreativität beim Lösen von Problemen.

Resignative Zufriedenheit wird vor allem dort auftreten, wo Mitarbeiter wenig Gestaltungsraum haben, wo sie nicht unternehmerisch beteiligt werden, wo ihre Meinung nicht zählt und ihre Ideen unerwünscht sind. Solche Perspektivlosigkeit lässt Langeweile aufkommen. Einsatzwille und Verantwortungsbereitschaft schwinden, man macht es sich bequem. Zufriedenheit produziert Sitzfleisch, aber keine Motivation. »Nur« zufriedene Mitarbeiter sind die Totengräber jeder Exzellenzkultur! Und sie bringen ihr Unternehmen in Lebensgefahr: Von Demotivation verseucht, zerlegt es sich am Ende von innen heraus selbst.

Wenn nicht so, wie aber dann? Wir brauchen eine Begeisterungsführung! Begeistert-engagierte Mitarbeiter sorgen für überdurchschnittliche Produktivität, für ein flüssiges Arbeitstempo und für hohe Qualität. Sie haben Freude an Spitzenleistungen und wollen den Erfolg. Diese positive Energie ist im wahrsten Sinne des Wortes in den Produkten eingefangen, die der Käufer schließlich erwirbt. Letztlich drückt sich die Befindlichkeit eines Mitarbeiters in jeder kleinen Geste aus: Begeisterte Mitarbeiter machen Kundenerlebnisse heiter, unmotivierte Mitarbeiter machen diese zur Qual.

Begeistert-engagierte Mitarbeiter sorgen auch für eine höhere Kosteneffizienz, da die Fehlerhäufigkeit sinkt. Sie sind kreativer und bringen neue Ideen ein. Vor allem aber: Sie tragen als engagierte Botschafter ein positives Unternehmensbild nach draußen. Dies motiviert nicht nur potenzielle Topbewerber, sich für die Company zu interessieren, es motiviert auch die Kunden, immer wieder gerne dort zu kaufen.

Um solche Ergebnisse zu erzielen, empfehle ich Führungskräften eine Vorgehensweise, bei der jeder Interaktionspunkt auf seine Enttäuschungs-, Okay- und Begeisterungsfaktoren hin analysiert wird. Diese Methode habe ich in Anlehnung an das Kano-Modell von Noriaki Kano, Professor an der Universität Tokio, für den Mitarbeiterbereich weiterentwickelt. Dabei wird sondiert, was der Mitarbeiter erwartet und im Vergleich dazu erhält. Die Ergebnisse reichen von herber Enttäuschung bis zu hemmungsloser Begeisterung, von himmelhoch jauchzend bis zu Tode betrübt.

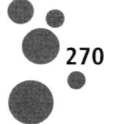

Ausgewählte Touchpoints und deren Status können in einer zeitlichen Abfolge in einem Schaubild wie diesem eingetragen werden:

```
+10 Highlights
 +8
 +6                                          BEGEISTERUNG
 +4
 +2
─────────────────────────────────────────────────── 0
 -2
 -4
 -6                                          ENTTÄUSCHUNG
 -8
-10 Tiefpunkte
```

Abb. 15: Erfassung der Enttäuschungs-, Okay- und Begeisterungsfaktoren

Enttäuschungsfaktoren sondieren

Kommen die Enttäuschungsfaktoren zum Zuge, können Sie es sich mit Ihren Mitarbeitern sehr schnell verscherzen. Mit negativen Reaktionen ist vor allem dann zu rechnen, wenn es herablassende oder persönlich verletzende Worte und Gesten gibt. In einer funktionierenden Mitarbeiterbeziehung dürfen keine nennenswerten Enttäuschungen vorkommen. Sollten diese unumgänglich sein, braucht es ein persönliches Gespräch und eine nachvollziehbare Begründung, um wieder in den grünen Bereich zu gelangen.

Denn wenn ein Mitarbeiter enttäuscht ist und bleibt, wird er Sie dafür bestrafen. Und die Liste seiner Möglichkeiten ist lang: Unzuverlässigkeit, kleine Schlampereien, absichtliche Fehler, Nörgelei, Bockigkeit, Boykott, Krankfeiern nach Bedarf, Dienst nach Vorschrift, üble Nachrede, Unregelmäßigkeiten, offene Rebellion.

All das tut er mit mehr oder weniger hohem Zerstörungsdrang. Sein Motiv? Rache! Vergeltung für empfundenes Unrecht! Solches Empfinden ist immer subjektiv – und es kann eine Menge Energie entfalten. Dabei wird, wie wir schon sahen, zunehmend *der* Anwalt gewählt, der am meisten Druck machen kann: die digitale Öffentlichkeit.

Okay-Faktoren ermitteln

Wer über die Vermeidung von Unzufriedenheit hinauskommen will, muss an den Okay-Faktoren arbeiten. Diese bieten, im Gegensatz zu den Enttäuschungsfaktoren, zumindest die Chance, den Mitarbeiter zufriedenzustellen. Okay-Faktoren sind, aus Sicht des Mitarbeiters betrachtet, eine Selbstverständlichkeit. Dazu zählen Höflichkeit, Freundlichkeit, Verlässlichkeit, Fairness, Redlichkeit, Ehrlichkeit und viele weitere Führungstugenden. Sind solche Basics nicht erfüllt, ist der Mitarbeiter demotiviert und rutscht in die Enttäuschungszone. Und solange die Basics nicht stimmen, braucht man sich gar nicht an die Begeisterungsfaktoren heranzumachen. Die wirken dann nämlich nicht.

Okay-Faktoren sind aus Sicht des Mitarbeiters eine Selbstverständlichkeit.

Demnach sind zunächst die Okay-Faktoren zu identifizieren. Und es ist dafür zu sorgen, dass zumindest das erwartete beziehungsweise als selbstverständlich erachtete Niveau immer erreicht werden kann. Was das genau ist? Das kommt auf den Mitarbeiter und seine Wertewelt, auf seine Erwartungen an den Job und seine Position im Unternehmen an. Die Aufgabe ist also komplex. Man kann das heute nicht mehr einfach so, wie dies der Arbeitswissenschaftler Frederick Herzberg 1959 im Rahmen seiner Zwei-Faktoren-Theorie tat, in Hygienefaktoren und Motivatoren einteilen.[100]

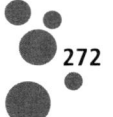

Ein Beispiel? »Geld ist ein Hygienefaktor«, ruft man mir dann einhellig zu. So ein Unsinn! Mich regt das immer auf, wenn Weisheiten, die von sogenannten Gurus kommen und aus den Tiefen des letzten Jahrhunderts stammen, von Unis und Trainern so unverhohlen weiterverbreitet werden. Kein Wunder dann, dass die Manager mit dem Uraltzeugs solcher »Poltergeister«, wie Gary Hamel sie nennt, in neue Zeiten wollen. Hygienefaktor! Wer in ferne Länder reist, der weiß, wie schmutzig Geld sein kann. Und wer je mit Korruption in Berührung kam, der weiß das auch. Für manche Leute ist Geld *der* Motivator schlechthin. Als zum Beispiel die Offenlegung der Vorstandsgehälter bei börsennotierten Unternehmen gesetzlich vorgeschrieben wurde, sorgte dies nicht für mehr Transparenz, sondern für ein Wettrennen der CEOs um den höchsten Betrag.

Die Menschen sind eben alle verschieden. Jeder hat sein eigenes Wertesystem und reimt sich die Welt auf seine Weise zurecht. Nie darf man dabei von eigenen Präferenzen ausgehen. Nehmen wir noch mal die Liste aus dem Kapitel über das Mitarbeiterengagement. Nun spielen Sie das für Ihre verschiedenen Mitarbeiter auf einer Skala von null bis zehn durch: Welches Kriterium würde welchen Mitarbeiter begeistern? Für wen wäre was eine unbedingte Grundvoraussetzung? Und wem wäre was völlig egal?

Kriterium	Mitarbeiter 1	Mitarbeiter 2	Mitarbeiter 3
Aufgabenstellung / Position			
Arbeitsplatzausstattung			
Wettbewerbsfähiges Gehalt			
Geldwerte Vorteile			
Karrierechancen			
Weiterbildungsangebote			

Kriterium	Mitarbeiter 1	Mitarbeiter 2	Mitarbeiter 3
Arbeitgeberattraktivität			
Verhalten des Vorgesetzten			
Grad der Eigenständigkeit			
Betriebsklima			
Anerkennungskultur			
Arbeitsumfeld			
Arbeitszeitmodelle			
Work-Life-Integrität			
Gesundheitsprogramme			

Begeisterungsfaktoren finden

Die ergiebigste Kategorie für Mitarbeiterengagement und eine positive Unternehmenskultur? Das sind die Begeisterungsfaktoren. Mit diesen kann man nur gewinnen. Ein Fehlen führt nicht zur Demotivation. Aber wenn Sie diese bieten, wird man Sie dafür lieben – und allen davon erzählen.

Oft sind es Kleinigkeiten, die der Mitarbeitende *so* nicht erwartet hat, die zur Begeisterung führen. »The big little things« nennt Ma-

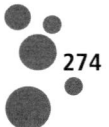

nagement-Vordenker Tom Peters das. Wir können gar nicht genug Aufmerksamkeit darauf lenken. Am Ende ist es die Summe bemerkenswerter, verblüffender, faszinierender Details, die schließlich den Unterschied macht. Und das hat weiß Gott *nicht* nur was mit Moneten zu tun. Von der Kundenseite her kennt man das auch: Wenn ein Anbieter nichts bietet, was Herz und Seele berührt, und nichts, was ihn aus der Masse herausstechen lässt, dann ist der Preis das einzige Unterscheidungsmerkmal. Dann soll es wenigstens billig sein. So tröstet sich der Käufer mit Preiszugeständnissen über einen Mangel an guten Gefühlen hinweg. Eingebaute Emotionen hingegen sorgen für ein Preispremium. Auf der Mitarbeiterseite funktioniert dieses Prinzip ebenso, nur sind die Vorzeichen andersherum: Wer keine guten Gefühle verbreitet, muss tief in die Tasche greifen. Schmerzensgeld nennt man das dann.

Die Krux bei den Begeisterungsfaktoren: Was heute noch für Überraschungen sorgt, ist morgen schon »basic«, somit kaum noch der Rede wert. Und wenn ein einmal gelernter Level unterboten wird, sind wir enttäuscht. Da sich die Belegschaft also schnell an Goodies gewöhnt, werden die Erwartungen und damit auch ihre Anforderungen steigen. Ein Beispiel dafür sind die üblichen Incentive-Programme. Zwei Tricks können Sie aus dieser Falle befreien: »Nicht mehr vom Gleichen, sondern unvergleichbar anders«, so lautet das eine Prinzip. Und das zweite? Überlassen Sie den Mitarbeitern das Suchen und Finden. Dann wird es wenigstens etwas Passendes sein.

Erwartungen verfehlt, erfüllt oder übertroffen?

Wie in der Analysephase schon kurz skizziert, kann ich jeder Führungskraft nur wärmstens empfehlen, ihr Vorgehen an allen Mitarbeiter-Touchpoints nach Enttäuschungs-, Okay- und Begeisterungskriterien auszurichten und dann auf ein verbessertes Soll-Niveau einzustellen. Dies geschieht am besten in folgendem Dreierschritt:

○ Was ich als Führungskraft bestenfalls tun kann und sollte
○ Mein / Unser Minimumstandard (die Nulllinie)
○ Was ich als Führungskraft keinesfalls tun darf

Hier gleich ein konkretes Beispiel dazu. Ein Mitarbeiterteam klagt schon länger über schlechte Arbeitsplatzbedingungen im Großraumbüro: Die Büromöbel sind veraltet, die Schreibtischschubladen klemmen, die Schlüssel für die Schranktüren sind abhandengekommen, die Stühle verursachen Rückenprobleme, der Teppichboden müffelt, und zu laut ist es auch. Da dieser Zustand trotz mehrfacher Hinweise weiter andauert und nichts passiert, hat sich eine allgemeine Unzufriedenheit breitgemacht, die bereits die Arbeitsergebnisse belastet. Weil die betroffenen Mitarbeiter ständig darüber reden, kostet dies auch unnötig Zeit. Und der Frust über den Vorgesetzten, dem das Wohl seiner Leute ganz offensichtlich nicht wichtig ist, hat bereits zu den ersten »krankheitsbedingten« Ausfällen geführt. Eines Montags findet das Team einen renovierten Arbeitsraum vor. Das Mobiliar ist erneuert, die Wände sind gestrichen, der Fußboden ist gemacht, und sogar Grünpflanzen gibt es nun. Zunächst sind die Mitarbeiter sicher sehr angetan. Doch im Touchpoint-Sinn war dieses Vorgehen höchstens okay. Denn es entsprach so ganz der Führungskräfte-Überheblichkeit aus alten Zeiten: *Wir* wissen, was für unsere Mitarbeiter das Beste ist.

Und wie hätte man für dauerhafte Begeisterung sorgen können? Indem man den Leuten die Neugestaltung selbst überlässt! Es wäre dann tatsächlich »ihr« Büro geworden, mit weiteren Annehmlichkeiten und kleinen Details, die der Arbeitsfreude und auch der Zusammenarbeit zugutekommen.

In einem zweiten Beispiel geht es um die Entschuldigung. Natürlich machen Führungskräfte auch Fehler. Und sie sollten darüber sprechen, damit es kein Getuschel gibt. Die Mitarbeiter merken es sowieso. Menschen verzeihen fast alle Fehler, wenn man sie eingesteht. Mit aufrichtig gemeinten Worten wie: »Es war unfreundlich von mir, dass … Das hätte ich so nicht tun dürfen … Ich hatte un-

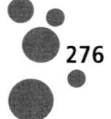

recht … Bitte entschuldigen Sie« zeigt eine Führungskraft Selbstverantwortung – und steigt in der Achtung ihrer Leute gewaltig.

Wer sich verwundbar macht, wird in guten Unternehmenskulturen geschützt und nicht beschädigt. Eine aufrichtige Entschuldigung ist der adäquate Ausgleich für eine erlittene Ungerechtigkeit. Bekommen wir sie, so gibt uns dies die Möglichkeit, zu verzeihen und schließlich zu vergessen. Das fühlt sich gut an. Und es macht frei. Übrigens tun sich Frauen im Allgemeinen schwerer, zu verzeihen und zu vergessen. Das hat mit unserem zerebralen Zweifelzentrum zu tun. Also am besten: erst gar nicht enttäuschen.

Enttäuschung bewirkt, wer sich *nicht* entschuldigen kann, obwohl ein Fehler offensichtlich ist. Die Schuld bei Dritten zu suchen oder eine ganze Litanei mildernder Umstände herunterzubeten, ist sogar sehr enttäuschend. Das Gleiche gilt für eine floskelhafte, nicht ehrlich gemeinte, zwischen Tür und Angel ausgesprochene oder durch einen Boten überbrachte Entschuldigung. Die Mühe eines persönlichen, vielleicht sogar handgeschriebenen Entschuldigungsbriefes hingegen kann uns hellauf begeistern.

Wer begeistert ist, der bleibt (länger)

Egal, um welche Aufgabe es sich handelt: An allen Mitarbeiter-Touchpoints lassen sich Führungssituationen nach dem Enttäuschend-okay-begeisternd-Schema durchspielen, um optimale Soll-Vorgehensweisen zu finden. Zur Illustration können diese mit einem Ampelsystem verknüpft werden, um den jeweiligen Status auch optisch sichtbar zu machen. Alles, was begeistert, wird dann grün gekennzeichnet, alles, was okay ist, gelb, und alles, was unterhalb der Nulllinie ist, rot. »Alles im grünen Bereich«, ist dann Ziel und Ansporn zugleich.

Auf der Suche nach einem Instrument, das die Loyalität der Mitarbeiter stärkt, ihre Motivation fördert und ihr Engagement er-

**Begeisterungs-
führung fördert
die Loyalität, die
Motivation und
das Engagement
der Mitarbeiter.**

höht, ohne dass es zu einem (kollektiven) Burn-out kommt, liegt das Management mit der Begeisterungsführung, verknüpft mit einer lachenden Unternehmenskultur, goldrichtig. Unproduktivität kann so verhindert und ein schmerzlicher Abfluss wichtiger Kompetenzträger lange hinausgezögert werden. Bekanntlich gehen ja immer die Besten zuerst. Denn die werden überall mit Kusshand genommen. Und die Young Professionals, die jedes Unternehmen so händeringend sucht, die wechseln sofort, wenn sie nicht ausreichend gefördert, gefordert und auf begeisternde Art und Weise geführt werden.

Sich für einen scheidenden Mitarbeiter bei Bedarf einen neuen zu »kaufen« oder – wie bei einer Maschine – einen verschlissenen durch einen unverbrauchten Leistungsträger auszutauschen: Viele Firmen können sich solchen Luxus schon längst nicht mehr leisten. Die Hege und Pflege des bestehenden Mitarbeiterstamms nimmt einen immer höheren Stellenwert ein. Gerade die Begeisterungsführung kann dabei helfen, das Miteinander an den einzelnen Touchpoints so zu verbessern, dass die Lust aufs Bleiben wächst. Und es gibt noch sehr viel mehr Möglichkeiten dazu, wie wir gleich sehen werden.

Schritt 3: Die operative Umsetzung

In diesem Schritt geht es um die Planung und Umsetzung passender Maßnahmen, die von einer derzeitigen Ist-Situation zur gewünschten Soll-Situation führen. Dabei gibt es drei große Handlungsfelder:

○ Touchpoints mit Führungsrelevanz, an denen die Führungskräfte selbst oder miteinander arbeiten
○ Touchpoints, die Sachthemen und Rahmenbedingungen betreffen, an denen ein interner Touchpoint-Manager arbeiten kann
○ Touchpoints, die die Rahmenbedingungen betreffen, an denen die Mitarbeiter gemeinsam arbeiten

Beim Vorgehen selbst gibt es einen langen und einen kurzen Weg. Beim langen Weg wird eine Brücke zum Neuland gebaut, was nicht nur zeitaufwendig ist, sondern auch viele Ressourcen bindet. Beim kurzen Weg geht es um das Trittstein-Legen und die sogenannten Quick Wins. Dabei konzentriert man sich auf einzelne Touchpoints und solche Maßnahmen, die schnelle Ergebnisse versprechen. Im Allgemeinen favorisiere ich das Trittstein-Modell, um ruckzuck durchstarten zu können und ständig Stoff für Erfolgsstorys parat zu haben. Warten Sie nicht, bis die Dinge an allen Ecken und Enden fertig sind, denn fertig werden sie nie. Und in kumulierter Form erzielen viele kleine Veränderungen eine große Wirkung.

Wie bei jedem Maßnahmenplan sind grundsätzlich folgende Punkte zu klären: Wer macht was ab / bis wann mit welchem Budget? Welche Ressourcen müssen bereitgestellt werden? Wer kann dabei helfen? Welche Zeitlinien sind sinnvoll und machbar? Am besten wählen Sie ein Thema, das sowieso schon allen auf den Nägeln brennt, und fangen einfach mal an.

Touchpoints, an denen die Führungskraft arbeitet

Die Liste der Touchpoints, an denen eine Führungskraft mit ihren Mitarbeitern in Berührung kommt, ist lang. Mitarbeitergespräche nehmen dabei eine herausragende Stellung ein. Sie zählen zu den wichtigsten Führungstools schlechthin. Denn Mitarbeiterführung ist vor allem Kommunikation, Konversation und Dialog. Eine sinnvolle Fragenauswahl, Zuhörtalent und das Meistern der unterschiedlichsten Gesprächssituationen ist dabei entscheidend.

Somit ist Kommunikationskompetenz wohl die wichtigste Eigenschaft einer guten Führungskraft. Konversation besteht bekanntermaßen aus verbalen und nonverbalen Anteilen, wobei die nonverbalen oft sehr viel wichtiger sind. Denn im Zweifel vertrauen wir der Körpersprache. Mit ihr haben wir uns seit Jahrmillionen verständigt. Die menschliche Sprache gibt es hingegen erst seit etwas mehr als hunderttausend Jahren. Deshalb müssen wir gute Gespräche noch immer gehörig üben, um zu brillieren.

Die imposante Vielfalt der Mitarbeitergespräche

Mitarbeitergespräche sollen Orientierung geben und die beiderseitigen Erwartungen klären. Sie enden in aller Regel mit einer Übereinkunft, mit der beide Seiten einverstanden sind. Neben dem informellen Plausch im Vorbeigehen oder der Unterhaltung beim gemeinsamen Mittagessen gibt es die folgenden Gesprächssituationen, die einen formellen Charakter haben und in einem mehr oder weniger strukturierten Rhythmus ablaufen (sollten):

○ Einstellungsgespräch
○ Willkommensgespräch
○ Erwartungsgespräch (Erwartungen *beider* Seiten)
○ Potenzialgespräch
○ Probezeit-Abschlussgespräch
○ Teambesprechungen / Meetings / Sitzungen

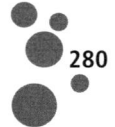

- Statusgespräche / Reviewgespräche / Jour fixe
- Zielvereinbarungsgespräche
- Delegationsgespräche
- Abstimmungsgespräche
- Anerkennungsgespräche
- Fehler-Feedbackgespräche
- Mitarbeiter-Jahresgespräche
- Gehaltsentwicklungsgespräche
- Gespräche über Weiterbildungsmöglichkeiten
- Weiterbildungstransfergespräche (nach einer Maßnahme)
- Karriere-Entwicklungsgespräche
- Beförderungsgespräche
- Gespräche über heikle Themen (Körpergeruch usw.)
- Gespräche über persönliche Probleme des Mitarbeiters
- Klärungsgespräche
- Abmahnungsgespräch
- Trennungsgespräch

Wie diese Gespräche im Einzelnen und ganz konkret ablaufen können? Dazu finden Sie auf www.touchpoint-management.de eine ganze Reihe von Checklisten. Neben persönlichen und telefonischen Gesprächen gibt es natürlich auch die schriftlichen Gespräche:

- Willkommensbrief
- Brief zum Abschluss der Probezeit
- E-Mail-Verkehr im beruflichen Alltag
- Schriftverkehr über Projekte
- Dankesbrief für besondere Leistungen
- Schreiben zu besonderen Anlässen

Schon allein die Länge dieser beiden Aufstellungen lässt erkennen, um wie viel wichtiger das mündliche Gespräch im Rahmen der Führungsarbeit ist. Also: Lassen Sie das Schreiben. Gehen Sie zu den Leuten und reden Sie mit ihnen. Und bitte: Führen Sie keine Checklisten-Gespräche, sondern *unterhalten* Sie sich. Dabei hat jedes Gespräch eine perfekte Soll-Situation, über die man sich im Vorfeld Gedanken macht. Es lässt sich in Unterpunkte zerlegen, wobei man zunächst die jeweilige Zielsituation definiert. Danach macht man sich Gedanken über die Enttäuschungs-, Okay- und Begeisterungsfaktoren. Zur Vorbereitung auf mündliche Gespräche kann ein grob skizzierter Ablaufplan verwendet werden. Er sieht in etwa so aus:

Art des Gesprächs: _____ Name des Mitarbeiters: _____ Datum: _____				
Gesprächs-etappen	Was ist das Ziel?	Was würde enttäuschen?	Was wäre okay?	Was würde begeistern?
Einstieg ins Gespräch				
Eigener Standpunkt				
Standpunkt Mitarbeiter				
Übereinkunft/ Ergebnis				
Nächste Schritte				

Dieser Plan dient allerdings nur als Gedankenstütze und zur Festlegung der wesentlichen Schritte. Führen Sie das Gespräch selbst so frei wie möglich.

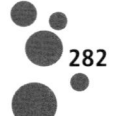

Mensch vor Sache, Emotio vor Ratio, Dialog statt Diktat

Folgende grundsätzlichen Aspekte sind im Rahmen jeglicher Kommunikation und einer zeitgemäßen Mitarbeiterführung besonders zu beachten:

○ Mensch vor Sache
○ Emotio vor Ratio
○ Dialog statt Diktat
○ Fragen statt sagen
○ Hinhören statt zureden
○ Stärken stärken
○ So einfach wie möglich

Kommunikationsprofis sind nicht nur gute Fragensteller, sie sind auch gute Hinhörer – und noch bessere Hinschauer. Sie lassen sich wohlwollend auf den Dialog mit ihren Mitarbeitern ein. Die leisen Worte der Körpersprache können sie deuten. Sie begleiten den Mitarbeiter auf dessen Reise durch seine Gedanken. Und sie wählen ihre Worte mit Bedacht. Denn Worte sind wie Pfeile: Wenn sie einmal abgeschossen sind, lassen sie sich nicht mehr zurückholen.

Nun wäre hier über Gesprächstechniken, also Frageformen, Zuhörformen, Antwortformen, Ich-Botschaften, Verhandlungsexzellenz und so weiter zu sprechen. Dazu verweise ich gern auf gute Bücher (siehe Literaturempfehlungen), in denen diese Techniken ausführlich beschrieben werden. Ferner kann man auf Onlineportalen eine Fülle von Fachbeiträgen zu Führungsthemen und Mitarbeitergesprächen herunterladen. Schauen Sie zum Beispiel mal bei agitano.com, business-wissen.de, changeX.de, der Competence Site, Harvard Business Manager online, HRweb.at, karrierebibel.de, managementpraxis.ch und unternehmer.de vorbei.

Lob oder Tadel? Die neue Feedbackkultur

Feedbacks sind Rückmeldungen über die erbrachten Leistungen. Sie geben uns die Sicherheit, auf dem richtigen Weg zu sein. Lob wie auch Tadel sind von daher Steuerungsinstrumente, die schnelle Justierungen möglich machen. Zügige und stimmige Rückmeldungen sind im unternehmerischen Alltag deshalb elementar – und für die Internetgeneration unumgänglich. Denn sie hat sich an sofortiges Feedback gewöhnt. So wird man bei Onlinegames für vollbrachte Spielleistungen postwendend belohnt: mit Status-Upgrades, immer höheren Levels, Fortschrittsbalken, Spielgeld und Bonuspunkten. »Wir probieren gerade einen Supersprachkurs von Rosetta Stone aus, da regnet es Ermunterungen wie Sternschnuppen«, schreibt Gunter Dueck.[101] Ähnliches gilt für Facebook & Co. Jedes »Like« ist wie ein virtuelles Schulterklopfen. Computerspiele, bei denen es um Gut und Böse geht, ermöglichen »epic wins«, also Siege von epischem Ausmaß, und erzeugen »epic highs«, also das Hochgefühl, wie ein Held die Welt vor dem Untergang zu bewahren. Ganz offensichtlich: Social Networks und digitale Geräte sind perfekte Feedbackgeber – und deshalb haben sie Suchtpotenzial.

Von ihrer Firma erwarten junge Mitarbeiter nun das Gleiche wie von einem Onlinegame: instant gratification, alles möglichst sofort. »Ich will meinen Punktestand wissen, und zwar gleich!« »Lob und Kritik? Wie geil!« So tasten sich die Millennials via Feedback voran. Gamer sind es gewohnt, Fehler zu machen und sich in den jeweiligen Communitys darüber auszutauschen. »Game over?« Kein Problem, nächster Versuch! Und der aktuelle Score ist immer präsent. In einem solchen Szenario mit Rückmeldungen bis zum Jahresgespräch warten? Tödlich! Heute gibt es gar keine andere Wahl: Feedback sofort!

Über die positive Seite des Feedbackgebens, also Anerkennung, Wertschätzung und situatives Loben, haben wir schon eine Menge gehört. Doch manchmal passieren auch unschöne Dinge. Und

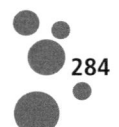

konsequenterweise muss auch darüber gesprochen werden. Wie das geht? Schauen wir mal.

Hurra, ein Fehler ist passiert

Bei Google können sich die Mitarbeiter für eine ungewöhnliche Auszeichnung qualifizieren: »Stelle ein Projekt vor, das so richtig vor die Wand gefahren ist«, lautet die Aufforderung dort. »Start many, try cheap, fail early«, so lautet ein wesentliches Google-Erfolgsrezept. Viele Projekte starten, sie mit kleinen Bordmitteln testen und Fehler schnell erkennen: Diese Philosophie hat, zusammen mit der Hauptinnovation, in den Weiten des Webs für Ordnung zu sorgen, ein kleines Start-up aus Mountain View innerhalb weniger Jahre an die unternehmerische Weltspitze katapultiert.

»In jeder Töpferei liegen auch Scherben«, sagt ein ägyptisches Sprichwort. Sehr schön! Denn nur da, wo nichts passiert, passieren garantiert keine Fehler. »Ein Fehler ist ein Ereignis, dessen großer Nutzen sich noch nicht zu deinem Vorteil ausgewirkt hat«, erklärt Peter Senge, Vordenker der »lernenden Organisation«.[102]

Ohne Fehler zu machen ist Lernen überhaupt gar nicht möglich. Deshalb brauchen Unternehmen eine Aus-Fehlern-lernen-Kultur. Sie brauchen Führungskräfte, die konstruktive Fehler-Feedbackgespräche führen können. Und sie brauchen folgenden Punkt auf der Meeting-Agenda: »Welche Erfahrungen ich gemacht habe, die sich alle sparen können.« Solches Vorgehen ist hochwillkommen. Denn es bringt alle dazu, ganz selbstverständlich auch über das »Unsagbare« nachzudenken. Das totale Scheitern wird als mögliche Option gehandelt und in die Arbeit von Projektgruppen miteinbezogen. Wenn der Super-GAU dann tatsächlich eintreten sollte, ist man wenigstens darauf vorbereitet. Denn Fehlervermeidung ist ja das eigentliche Ziel.

Einmalige Fehler sind okay. Absichtliche Fehlleistungen, Nachlässigkeit und Schlamperei nicht.

Die einzigen Fehler, die nicht toleriert werden können, sind absichtliche Fehlleistungen, Nachlässigkeit und Schlamperei. Ansonsten ist ein Fehler erst wirklich ein Fehler, wenn er zum zweiten Mal passiert. »Bei uns darf jeder Fehler machen, nur nicht den, ihn zum Schaden des Unternehmens zu vertuschen.« – Das sollte in den Leitlinien eines jeden Unternehmens stehen. Denn der falsche Umgang mit Fehlern verursacht gleich fünffache Kosten:

○ Aufwendungen für die fehlerhafte Leistungserstellung
○ Aufwendungen für die notwendige Mängelbeseitigung
○ Umsatzverluste durch die Abwanderung enttäuschter Kunden
○ Umsatzverluste, die aus negativer Mundpropaganda entstehen
○ Vertrauensverluste aufgrund einer schlechten Reputation

Deshalb heißt es, ein fruchtbares Aus-Fehlern-lernen-Programm zu entwickeln. Das bedeutet, Fehler schnellstmöglich aufzudecken und zu melden, Missstände zu beseitigen, eine etwaige Enttäuschung der Kunden zu kompensieren und dann gemeinsam zu besprechen, wie Fehler in Zukunft umgangen werden können. Die Führungskraft selbst ist die Einzige, die das in die richtige Richtung lenken kann, und zwar so:

○ Verlangen Sie von Ihren Mitarbeitern, über schlechte Nachrichten als Erster informiert zu werden.
○ Verlangen Sie außerdem, dass Ihre Mitarbeiter Ihnen widersprechen, und loben Sie diese dafür öffentlich.
○ Bedanken Sie sich ausdrücklich bei denen, die ihre Fehler beichten oder schlechte Botschaften überbringen.
○ Drücken Sie starkes Missfallen aus, wenn Ihnen gezielt etwas verschwiegen wurde, wenn Fehler unter den Teppich gekehrt wurden, wenn Berichte geschönt sind oder wenn ganz offensichtlich gelogen wird.

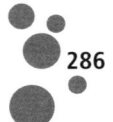

Fragen Sie sich aber auch, welche Strukturen und Prozesse individuelles Versagen überhaupt erst möglich gemacht haben. Denn Fehler werden gerne personalisiert. Sind aber »der Huber« oder »die Müller« schuld, dann kann die Organisation nichts für sich lernen. Suchen Sie auch nach Fehlerkonflikten. So gibt es in der Autoindustrie an den Montagebändern sogenannte Reißleinen, die, wenn gezogen, die Produktion stoppen, damit etwaige Fehler behoben werden können. Was ein neuer Mitarbeiter von seinen Kollegen aber mit als Erstes lernt, ist dies: Bloß nicht an der Leine ziehen! Weil es Nachteile für die gesamte Schicht mit sich bringt.

Aktives Fehlermanagement heißt auch: Fehler und die dazugehörige(n) Lösung(en) werden aufgezeichnet und für diejenigen, die daraus lernen können, einsehbar gemacht. Und statistisch ausgewertet. Dann macht jedes Teammitglied diesen Fehler (hoffentlich) nur einmal. Und Verbesserungen müssen nicht immer wieder neu entwickelt werden. »Dumme und Gescheite unterscheiden sich nur dadurch, dass der Dumme immer wieder dieselben Fehler macht und der Gescheite immer neue«, hat der deutsche Schriftsteller Kurt Tucholsky einmal gesagt.

Die Suche nach Schuldigen kommt bei all dem nicht vor. Erst dann kann es auch keine Rechtfertigungsarien geben, die Zeit und Nerven kosten, aber nichts bringen. »Nur wenn wirklich niemand schuld ist, also wenn niemand schuld sein kann, weil sich die Schuldfrage einfach nicht stellt, kann man die Ursachen finden und über Lösungen nachdenken«, schreibt der Unternehmer Detlef Lohmann.[103] Dies kann sogar bedeuten, die Mitarbeiter von Schuld freizusprechen, also ausdrücklich zu sagen, dass niemand schuld ist an einer Situation. So wird der blockierte Kopf wieder frei für den Blick nach vorn.

Über Fehler muss gesprochen werden

Fehlergespräche sind die Kellerkinder in der Mitarbeiterkommunikation. Vielen Vorgesetzten sind sie höchst unangenehm. Sie zögern, solche Gespräche zu führen, weil sie Angst vor einer unerfreulichen Reaktion ihrer Mitarbeiter haben. Sie können schlecht damit umgehen, wenn ihr Gegenüber zum Beispiel zu weinen beginnt, patzig wird oder sich sperrt. Andere befürchten, sich unbeliebt zu machen oder im Gegenzug selbst kritisiert zu werden.

Doch von einer guten Führungskraft wird erwartet, dass sie klar und deutlich ihre Meinung sagt und dass sie mit Konsequenz und Nachdruck handelt, wenn Ergebnisse nicht erreicht werden oder Fehler immer wieder passieren. Mitarbeiter wollen und müssen wissen, wie zufrieden ihr Chef mit ihrer Arbeit ist. Klare, offene und ehrliche Signale sind die wertvollsten Geschenke, die eine Führungskraft ihrer Mannschaft geben kann. Die Mitarbeiter absichtlich im Unklaren über die Qualität ihrer Leistungen zu lassen, ist grausam. Denn schwelende Konflikte verursachen eine permanente, gesundheitsschädliche Hochschaltung der Stresssysteme. Ein fair geführtes Gespräch hingegen sorgt wie ein reinigendes Gewitter für frische Luft.

Wer seinen Mitarbeitern berechtigte Kritik vorenthält, nimmt ihnen die Möglichkeit, sich zu entwickeln. Kritikgespräche sind also in Wirklichkeit Fördergespräche. Dabei spielt die Stoßrichtung eine entscheidende Rolle: Nicht vergangenheitsorientiert, sondern zukunftsorientiert sollen sie sein. Beim Blick zurück geht es nämlich meistens um das akribische Aufzeigen von Verfehlungen, was beim Gegenüber Scham, Schockstarre, Abwehr und Ausflüchte bewirkt. Die Folge: Täter schlüpfen in die Opferrolle, ein Alibi wird gesucht, Hilflosigkeit vorgegaukelt, Sachverhalte werden vertuscht oder geschönt, Verantwortung negiert, der schwarze Peter anderen zugeschoben. Die Diskussionen bei solchen »Yesterday-Feedbacks« führen ins Nirgendwohin. Einsicht und Besserung sind kaum zu erwarten.

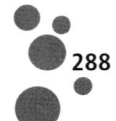

Ganz anders bei »Tomorrow-Feedbacks«. Da geht es um Optimal-situationen und Verbesserungswünsche, an denen gemeinsam gearbeitet wird. Dass manches nicht immer ganz rundläuft und im Eifer auch schon mal die Nulllinie unterschritten wird, ist traurig, aber wahr. Doch das Umfeld eines Fehlers kann auch wie folgt umschrieben werden: Kinderkrankheit, Anlass, Anliegen, Sachverhalt, Korrekturmodus, Lernfeld, Testlauf, Rückschlag, Schwachstelle, Anlaufpatzer, Lapsus, Missgeschick, erster Versuch.

Danach muss alles so schnell wie möglich wieder in die Begeisterungszone rutschen. Den Weg dorthin sollte der Mitarbeiter selbst finden. Machen Sie allenfalls Angebote statt Vorschriften, geben Sie Anregungen und keine Ratschläge. Nichts ist schlimmer als eine oberlehrerhafte Belehrung im falschen Augenblick oder ein Chef, der ständig herausstellt, um wie viel besser er es selbst gemacht hätte. Wer im Zuge solcher (nicht immer ganz leichten) Gespräche den Mitarbeiter nicht abkanzelt und entwürdigt, sondern achtsam wieder aufbaut, fördert nicht nur dessen Selbstachtung, sondern auch dessen kritische Selbsteinschätzung.

Und wenn Sie unsicher sind, wie Sie das beim einzelnen Mitarbeiter am besten anstellen sollen, dann fragen Sie ihn doch einfach im Rahmen eines Erwartungsgesprächs, wie er sich den Umgang mit Problemen und Kritik wünscht. Wurde das klipp und klar ausgesprochen, können Sie sich immer sachlich darauf berufen. Und es entsteht nie mehr diese Betretenheit, die es in Fehlergesprächen vor allem am Anfang oft gibt.

Informatives Feedback will jeder, doch zurechtweisendes Feedback will niemand. So ist das »Wie« bei Fehlerlerngesprächen entscheidend. »Kritik braucht Liebe«, heißt es so schön. Dabei gibt es letztlich nur zwei Fragen, die interessieren: Was lässt sich daraus lernen? Und: Wie können wir es in Zukunft besser machen? Vermeiden Sie unbedingt die Warum-Frage! Denn wer sich für einen Fehler rechtfertigen muss, entmündigt sich. Wer lächerlich gemacht wird oder sein Gesicht verliert, entwickelt Hass und sinnt auf Vergeltung. Die Angst vor schmählicher Kritik ist ja letztlich nichts anderes als die Angst vor Liebesentzug. Unser Körper registriert soziale Zurückweisung im gleichen Hirnareal, das auch für körperliche Schmerzen zuständig ist. Beleidigungen & Co. tun im wahrsten Sinne des Wortes weh. Und Schmerzinformationen haben im Hirn immer Vorfahrt.

Bevor Sie zum Feedbackgespräch bitten, machen Sie sich Gedanken über den möglichen Ablauf, notieren Sie wichtige Eckpunkte und ein paar passende Formulierungen. Benennen Sie ein optimales Gesprächsziel und für den Fall, dass sich dieses nicht erreichen lässt, ein Minimalziel. Was außerdem so alles zu beachten ist, finden Sie in einer Checkliste unter: http://bit.ly/15xYcSS. Ein Feedbackmeister sind Sie dann, wenn Ihr Gesprächspartner sich am Ende eines Fehlergesprächs aufrichtig bedankt.

Gut oder schlecht? Die Mitarbeiterevaluierung

Die fortschreitende Digitalisierung erfasst nahezu alle Bereiche. So ermöglicht sie es auch, die Mitarbeiterbeurteilung neu zu gestalten. Gamification, also der Einbau spielerischer Elemente, liegt hierbei im Trend. Dazu werden erbrachte Arbeitsleistungen nicht nur mündlich kommentiert und schriftlich festgehalten, sondern über ein analytisches Bewertungssystem bepunktet und in einem Onlineentwicklungsplan abgelegt. Auch hier orientiert man sich an Bemessungsschemata, wie sie uns die Cyberwelt beschert: Sterne, Punkte, Levels. Wie Sie zwecks Einführung eines solchen Verfahrens vorgehen sollen? Fragen Sie die Digital Natives! Und lassen Sie sie ein Konzept entwerfen.

Das Messen von Kompetenz und Performance eines Mitarbeiters ist jedenfalls (auch) in Zukunft ein Muss. Die neue Mitarbeitergeneration wird dies schon allein deshalb einfordern, weil sie die Ergebnisse für ihren Reputationsaufbau braucht. Und diese werden

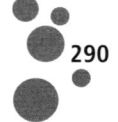

zunehmend öffentlich sein. Denn sie zahlen auf das Reputationskonto einer Arbeitskraft ein – und bestimmen deren Marktwert maßgeblich mit.

Die Mitarbeiter als ABC-Schützen?

Klassische Evaluierungstools gibt es schon lange. Dabei hat sich in letzter Zeit eine Reihe von Unternehmen entschieden, ihre Mitarbeiter in A-, B- und C-Kategorien zu packen. Ursprünglich stammt dieses Vorgehen von Jack Welch, dem legendären wie auch umstrittenen Ex-CEO (1981 bis 2001) von General Electric, der die Renditemaximierung als oberstes Unternehmensziel proklamierte. In dessen Personalkonzept steht A für die Topperformer und C für die Minderperformer, diejenigen, deren Gehalt »als Spende anzusehen ist«. Eine solche Kategorisierung halte ich nicht nur für respektlos und simpel, sondern auch für bedenklich. Sie befeuert eine Kultur, bei der die Leute untereinander in Wettbewerb treten, statt sich gemeinsam an die Spitze zu hieven. Und sie hat noch viel von der alten Hierarchiedenke, die Mitarbeiter zu Spielfiguren des Managements macht.

Die ABC-Analyse mag für den Produktabsatz geeignet sein, nicht aber zur Bewertung von Mitarbeitern.

Gefährlich ist darüber hinaus, dass wir uns kaum davon freimachen können, auf andere durch die Brille unserer eigenen Vorurteile zu blicken. Dabei werden bei C-Mitarbeitern vor allem die C-Leistungen gesehen. Mehr oder weniger unbewusst wird man sie auch wie C-Mitarbeiter behandeln, wodurch sich deren C-Anteile weiter verstärken. Viele Studien zeigen, dass Menschen sich bald genauso verhalten wie das Etikett, das man ihnen angeheftet hat. Und wer erst mal in der C-Schublade gelandet ist, muss sich schon mächtig anstrengen, da wieder rauszukommen. Doch siehe da: Auf einer anderen Position, in einem anderen Team oder in einer anderen Firma ist der gleiche Mensch dann plötzlich ein lupenreiner A-Typ.

Und dann gibt es ja auch noch die Lieblinge des Chefs. Sie werden meist maßlos überbewertet. Bekannt ist ferner, dass schwache Führungskräfte die zu Beurteilenden am ehesten in der Mitte einstufen und damit Unterschiede nivellieren. Sie machen also gute Mitarbeiter schlechter und schlechte Mitarbeiter besser.

Ferner machen sich viele Obere über ihren eigenen Anteil am Verhalten der Mitarbeiter viel zu wenig Gedanken. Sie führen womöglich so miserabel, dass bald jeder in der C-Kategorie landet. Oder sie haben die falschen Leute eingestellt. Oder die Neuen auf die falsche Position gesetzt. Oder ins falsche Team gesteckt. Die Anforderungen sind vielleicht einfach zu hoch. Oder zu niedrig. Die Arbeitsmittel für ein Bessermachen sind möglicherweise gar nicht vorhanden. Oder das Betriebsklima ist insgesamt mies. Anstatt also die Schuld bei den vermeintlichen Minderperformern zu suchen, sollte man ruhig öfter mal schauen, wo es bei einem selbst brennt. Ein bisschen mehr Selbstreflexion täte vielen Führungskräften wirklich ganz gut.

Natürlich gibt es Mitarbeiter, deren Talente nicht passen, die Faulenzer und Nutznießer sind oder nicht mit dem Team harmonieren. Es gibt Menschen, die zwar können, aber nicht wollen. Und es gibt auch solche, da ist es genau umgekehrt. Darüber hinaus gibt es eine weitere Gefahr, die ein simples ABC-Raster geradezu heraufbeschwört: das Dilemma der Erfolgreichen. Erstens sind sie bei A am Ende der Fahnenstange angekommen, eine Weiterentwicklung im eigenen Unternehmen ist also nicht möglich. Zweitens ist für diejenigen, die ganz oben sind, ein Absturz besonders dramatisch. Da scheint es sinnvoller, nicht ins Risiko zu gehen. Schließlich haben sie jenseits der Gefahr des Scheiterns an sich auch ihren guten Ruf zu verlieren. Aus Angst vor Misserfolgen meiden viele in dieser Situation also echte neue Herausforderungen.

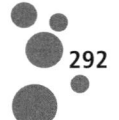

»Gerade leistungsorientierte Mitarbeiter würden lieber das Falsche gut machen als das Richtige schlecht. Wenn sie einmal überfordert sind, wollen sie es häufig nicht zugeben und weigern sich, um Hilfe zu bitten, obwohl sie diese dringend bräuchten«, sagen Sara und Thomas Delong, sie Psychiaterin, er Professor an der Harvard Business School.[104] Zumal niemand von Highflyern Bruchlandungen erwartet. Diese werden am besten verschwiegen – oder die Gründe dafür anderen in die Schuhe geschoben.

Eine zeitgemäße Mitarbeiterevaluierung

Ob man nun will oder nicht: Organisationen brauchen eine Mitarbeiterevaluierung, um die Spreu vom Weizen zu trennen. Dabei soll durchgängig mit dem gleichen Maßband gemessen werden. Last, not least liefern solche Evaluationen Kriterien, um über Aufstiegs- und Fortbildungsmöglichkeiten sowie Gehalt und Gratifikationen zu entscheiden. Auf einer möglichst objektiven Basis muss am Ende auch geklärt werden können, von welchen Mitarbeitern man sich notfalls trennt. Dazu schlage ich, um auch die Kontinuität des Begeisternd-okay-enttäuschend-Schemas zu bewahren, folgende Einteilung vor:

O Mitarbeiter, die überdurchschnittlich performen und begeistern
O Mitarbeiter, die sich auf Okay-Status befinden
O Mitarbeiter, die unterhalb des Okay-Status liegen

Mitarbeiter, die begeistern, sind solche, die in ihrem Verhalten *und* ihrer Einstellung überdurchschnittlich gut performen. Allein schon diese Sprachwahl lässt immer noch Luft nach oben. Ihr Engagement ist hoch und ihre fachliche Kompetenz liegt weit über der Norm. Sie arbeiten eigenverantwortlich, bringen reichlich Ideen ein und tragen maßgeblich zum Erfolg des Unternehmens bei. Bei Okay-Mitarbeitern ist all das durchschnittlich ausgeprägt. Und Mitarbeiter, die fachlich und / oder menschlich enttäuschen, liegen (weit) unter dem Schnitt.

Das Ergebnis einer solchen Evaluierung lässt sich grafisch in einer Neun-Felder-Matrix erfassen, der die Achsen Können und Wollen zugrunde liegen. Das Können wird im Vorfeld auf Basis einer Reihe von Kriterien definiert, die sich aus dem Anforderungsprofil der Stelle ergeben. Das Wollen beinhaltet vor allem die Einstellung und das persönliche Engagement. Die Matrix umfasst eine Skala von null bis zehn auf jeder Achse, sodass auch im Hoch/Hoch-Feld genügend Raum für Bewegung in die eine oder andere Richtung bleibt. »Selbst Spitzenleistungen lassen sich toppen« – das könnte für die Besten der Besten ein leistungssportlicher Ansatz sein. Neben der Führungskraft gibt auch der jeweilige Mitarbeiter seine Eigenbewertung ab. Größere Diskrepanzen sollten besprochen werden.

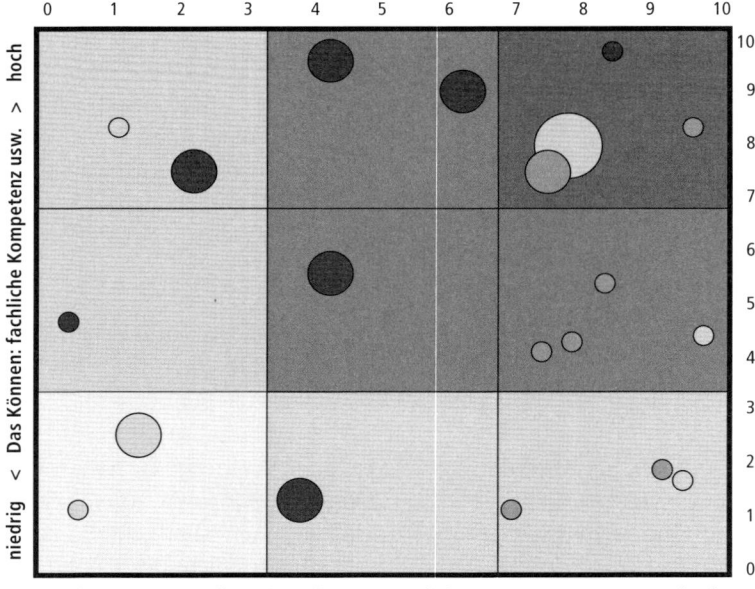

Abb. 16: Neun-Felder-Matrix zur Leistungsbeurteilung verschiedener Mitarbeiter auf der Basis von Können und Wollen (die Größe der Kreise sowie verschiedene Farben können weitere Kriterien ausdrücken)

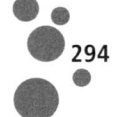

Was eine Führungskraft dabei immer beachten muss: Selbst beim besten Willen kann man sich von seinen Gefühlen nicht lösen. Immer wird man andere durch die Like- oder Dislike-Brille betrachten. Neben dem Sympathiefaktor ist die Erwartungshaltung ein weiterer Filter. So wird das Ergebnis jeder Bewertung rosarot oder dunkelgrau eingefärbt sein. Hiervor kann man sich durch Fairness, einen ausgeprägten Gerechtigkeitssinn und folgende Frage notdürftig schützen: »Wie würde ein neutraler Beobachter das bewerten?« »Fair« bedeutet dabei nicht »gleich«, sondern: der jeweiligen Situation und dem jeweiligen Menschen angemessen. Ein Mangel an Fairness wird übrigens im zerebralen Ekelzentrum verarbeitet. So kommt es, dass manchen Menschen von miesen Chefs geradezu übel wird.

Natürlich funktioniert dieses Schema auch umgekehrt. In diesem Fall beurteilt sich eine Führungskraft selbst – und danach wird sie von ihren Mitarbeitern bewertet. In (noch) nicht gefestigten Unternehmenskulturen sollte dies besser anonym erfolgen. Auch hier werden im Vorfeld die Kriterien für beide Achsen festgelegt. Und auch hier sind Subjektivität und »alte Rechnungen« natürlich ein Thema. Bei einer größeren Anzahl von Mitarbeitern relativiert sich dies jedoch. Wer sich am Ende im Niedrig/Niedrig-Feld befindet, der sollte von seiner Führungsverantwortung sofort entbunden werden. Notfalls behält er sein Gehalt, Hauptsache, er verursacht keine weiteren Schäden in seinem Bereich.

Und 360-Grad-Feedbacks? Bei diesem sehr umfänglichen Tool, bei dem neben den Mitarbeitern auch andere Führungskräfte und Externe zu Beurteilungen hinzugezogen werden, bin ich, wie schon in *Touchpoints* näher erläutert, skeptisch. Der bürokratische Aufwand dafür ist insgesamt hoch. Und immer sind bei den Bewertern auch eigene Interessen im Spiel.

Abschließend ein weiterer Punkt: Das eben erwähnte Anforderungsprofil soll, soweit möglich und sinnvoll, an die Talente und Präferenzen des jeweiligen Mitarbeiters angepasst werden – und nicht umgekehrt. Es gibt keine Schablonenmenschen! Wer dieser Überlegung folgt, wird sein Team wie ein Puzzle zusammensetzen, bei dem sich ein Teil in das andere fügt. Hierzu bieten sich – am besten schon im Laufe der Probezeit im Rahmen eines Potenzial- und Erwartungsgesprächs geklärt – folgende Fragen an:

○ Mit welchen Aufgaben beschäftigen Sie sich besonders gern?
○ Welche weiteren Aufgaben möchten Sie gern übernehmen?
○ Welche Arbeiten tun Sie weniger gern?

Wenn Ihre Mitarbeiter das tun dürfen, was sie am besten können und am meisten wollen, erhalten Sie garantiert die bestmöglichen Arbeitsleistungen.

Touchpoints, an denen Touchpoint-Manager arbeiten

Der interne Touchpoint-Manager ist ein neues Berufsbild, das in diesem Buch erstmals vorgestellt wird. Er ist als Bindeglied zwischen Organisation, Mitarbeitenden und Führungskreis für unternehmenskulturnahe Themen und das Wohlergehen der Menschen zuständig. Er sorgt sich um die körperliche, geistige und seelische Fitness der Mitarbeiterschaft, damit deren Performance auf Höchststand bleibt. Diese Funktion hat sowohl strategische als auch operative Komponenten. Von daher ist sie viel mehr als nur ein bisschen Mitarbeiterstreicheln. In Zeiten von Talente-Knappheit und Social-Media-Gerede kann sie über die Zukunft eines Unternehmens maßgeblich mitentscheiden. Insofern benötigt ein interner Touchpoint-Manager, wie sein externer Counterpart auch, die absolute Rückendeckung der Geschäftsleitung, da sein Weg holprig ist und er sich nicht immer nur Freunde macht. Denn wer als atmosphärischer Interessenvertreter der Mitarbeiter unterwegs ist, deckt zwangsläufig auch Missstände auf.

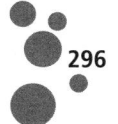

Ein interner Touchpoint-Manager ist Advokat der Mitarbeiter und neutrales Bindeglied zwischen Oben und Unten. Sein mögliches Aufgabenfeld:

O Büroorganisation und Büroleben
O Mitarbeiterevents und Sozialprojekte
O Sportangebote und Gesundheitsprogramme
O Initiieren von Mitarbeiterbefragungen
O Prävention von Mitarbeiterfluktuation
O Involvement bei der Mitarbeiterauswahl
O Onboarding- und Offboarding-Begleitung
O Exit-Interviews und Ehemaligen-Betreuung
O Betreuung von Arbeitgeberbewertungsportalen
O Kummerkasten, gute Seele, Mediator
O Innerbetriebliches Ideenmanagement
O Moderation von internen Touchpoint-Projekten
O Vernetzung aller über Abteilungsgrenzen hinweg

Als Vorgänger des Touchpoints-Managers kann der Feelgood-Manager gelten. Diese Funktion hat speziell in der IT-Branche Anhänger gefunden. Da ist zum Beispiel Magdalena Bethges, Feelgood-Managerin bei Jimdo, einem Dienstleister für die Website-Erstellung.[105] Sie hat unter anderem ein »Good Book« und ein »Bad Book« eingeführt, in das die Jimdo-Mitarbeiter Lob und Kritik eintragen können. Nach der »Teamverlötung«, so heißt bei ihnen die wöchentliche Teambesprechung, liest sie daraus vor. Auf diese Weise erfahren alle, wo es hakt und welche guten Nachrichten es gibt. Stefanie Häußler, Feelgood-Managerin beim Onlineanbieter Spreadshirt, hat »Blind-Lunch«-Aktionen initiiert. Dabei werden mehrere Personen anhand ihrer aktuellen Tätigkeiten, Kompetenzen und Interessen gematcht, um gemeinsam zu Mittag zu essen.

»Werden die Mitarbeiter bei so einem Verwöhnprogramm denn nicht übermütig und faul?«, werde ich manchmal gefragt. Ja, das Risiko ist da, und es beträgt – einen guten Bewerberauswahlprozess vorausgesetzt – etwa *ein* Prozent. Wollen Sie jetzt tatsächlich

99 Prozent Ihrer Mitarbeiter darben lassen, weil es unter hundert Personen so ein schwarzes Schaf gibt?

Touchpoints, an denen die Mitarbeiter arbeiten

Wer unternehmerisch handelnde Mitarbeiter will, muss diese an unternehmerisches Denken heranführen. Interne Touchpoint-Optimierungen sollten deshalb, soweit sie nicht im ureigenen Sinn die Führungskraft selbst betreffen, im Wesentlichen von den Mitarbeitern gemeinsam erarbeitet werden. Deren »Wollen« ist am besten sicherzustellen, wenn sie freiwillig sagen, wie sie die Dinge in Zukunft anpacken werden.

Machen Sie Ihre Mitarbeiter zu Mitgestaltern – das lohnt sich. Mitarbeiter zu Mitgestaltern zu machen, das sieht zunächst nach Mehrarbeit aus. Doch die Zeit dafür ist bestens investiert, denn auf diese Weise werden Aktionen nicht nur praxisorientierter und facettenreicher, sondern auch engagierter umgesetzt. Und Begeisterung für die Sache wird dabei gleich mitgeliefert. Denn es wurde nichts von oben diktiert, sondern alles in Eigenregie entwickelt. Die Vorteile im Einzelnen:

○ Durch das systematische Einholen von Meinungen und fachlichem Rat, durch die Vielfalt von Ideen und durch die aktive Mitarbeit passender Teilnehmer stehen Entscheidungen auf einer breiteren Basis.
○ Gegenseitiges, hierarchie- und abteilungsübergreifendes Konsultieren schafft eine Kultur der Wertschätzung, der Transparenz, des Vertrauens und der Partnerschaft. Es stärkt außerdem das Verständnis für die Arbeit der anderen.
○ Alle in den Prozess Involvierten lernen voneinander. So ver-

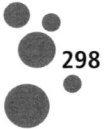

größert sich das Wissen und Können im gesamten Unternehmen. Jeder Beteiligte ist gleichzeitig Lehrender und Lernender.
O Involvierte Mitarbeiter fühlen sich besser, ihre Arbeitsfreude steigt, sie zeigen mehr Verantwortungsbereitschaft und erzielen bessere Ergebnisse.
O Wer sich als Teil des Entscheidungsprozesses sieht, wird, wenn nötig, dazu bereit sein, auch unangenehme Entscheidungen mitzutragen.

Um die Mitarbeiter interaktiv zu involvieren und deren unbändige Kreativität zu nutzen, gibt es im Touchpoint-Management drei mögliche Ansatzpunkte: 1. das interne Touchpoint-Projekt, 2. das sukzessive Arbeiten an einzelnen Touchpoints und 3. die Touchpoint-Großgruppenveranstaltung. Sehen wir uns diese drei Wege einmal genauer an.

Der lange Weg: das interne Touchpoint-Projekt

Sie möchten das Touchpoint-Management als Ganzes in Ihrem Unternehmen einführen? In diesem Fall geht es um die Einberufung eines Projekts. Noch ein Projekt? Na ja, ob man das will oder nicht: Das Projektwesen als solches wird sich ausweiten, schon allein aufgrund der sich ändernden Arbeitsmodelle. Grundsätzliches über die Projektarbeit steht in unzähligen Büchern. In Zusammenhang mit dem Touchpoint-Management deshalb hier nur einige wesentliche organisatorische Hinweisschritte zur:

O Berufung des Projektleiters
O Zusammenstellung des Projektteams
O Definition der Projektziele
O Festlegung der organisatorischen Parameter
O Kommunikation in alle Richtungen.

Zunächst muss der Projektleiter berufen werden. Das sollte ein Sachfremder und kann der Touchpoint-Manager sein. Der Vorteil dabei? Da er von der Materie selbst keine Ahnung hat, ist er gezwungen, sich mit den Teilnehmern intensiv auszutauschen – und dabei auch »dumme« Fragen zu stellen. Durch solche Dialoge werden Zusammenhänge klarer, brachliegendes Wissen wird angezapft und Hierarchiebremsen werden ausgehebelt. Eine solche »Brille« lässt oft neue, mutige Ideen entstehen.

Zumindest zeitweise kann es auch sinnvoll sein kann, einen Externen als neutralen Moderator hinzuzuziehen, um der eigenen Betriebsblindheit zu entgehen. *Nie* würde ich hingegen empfehlen, solche Analysen voll und ganz von externen Beratern erstellen zu lassen. Das Wichtigste ist die Akzeptanz der involvierten Mitarbeiter sowie eine Vorgehensweise, die für die eigene Company maßgeschneidert ist – und zwar zu einhundert Prozent.

Die Zusammensetzung des Projektteams soll sich an der Aufgabenstellung orientieren. Am besten achtet man auf einen guten Mix aus langjährigen und neuen, aus jungen und alten sowie aus männlichen und weiblichen Mitarbeitern. Anita Woolley, Professorin an der Carnegie Mellon University in Pittsburgh, hat herausgefunden, dass sich die kollektive Intelligenz einer Gruppe erhöht, wenn mindestens zwei Frauen mit an Bord sind. Auf Gruppen mit ausschließlich weiblichen Mitgliedern traf dies allerdings nicht zu. Gruppen mit sehr klugen, aber zugleich auch sehr dominanten Mitgliedern gehörten, so berichtet sie im *Harvard Business Manager*, *nicht* zu den besten.[106] Das Wortführen wird nämlich dann den Wortführern überlassen, und die finden nicht zwangsläufig den besten Weg.

Laden Sie unbedingt Kollegen aus unterschiedlichen Abteilungen ein, damit die Zuständigkeitsdenke abgelegt wird und die Zusammenarbeit jenseits aller Ressort-Egoismen zukünftig reibungslos klappt.[107] Ziehen Sie zu passenden Projekt-Zeitpunkten Menschen mit einschlägiger Expertise aus anderen Unternehmen und vielleicht sogar Kunden hinzu, die als Ideenlieferanten und / oder Feedbackgeber fungieren.

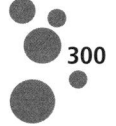

Beachten Sie auch, dass es im Verlauf eines Projekts immer zwei Phasen gibt: die Phase der Ideenfindung und die Phase der Überführung in die Realität. Für beide Phasen benötigen wir unterschiedliche Menschentypen. Im Zuge der Ideenfindung braucht es Querdenker, Visionäre, Zerstörer und Regelbrecher. Sie geben den kreativen Input und entwickeln Vorwärtsdrang. Sie stellen die abwegigsten Fragen, sie denken das Undenkbare und träumen sich in die schönsten Luftschlösser hinein. In dieser Phase kann man gar nicht genug verrückte Ideen haben.

Im zweiten Schritt kehrt man dann auf den Boden der Tatsachen zurück und konzentriert sich auf die wirklich brauchbaren Ideen. Hierzu muss die Zusammensetzung des Projektteams verändert werden. Denn die Überführung auf ein hohes Niveau der Machbarkeit erfordert einen anderen Menschentyp: den detailverliebten Schützer und Bewahrer. Diesen Typ nenne ich Haken, den anderen Öse. Ösen sind offen und sehen in allem Neuen ein Eldorado von Chancen, Haken sehen überall »Haken« und eher auch die potenzielle Gefahr. Werden sie zu früh in ein Projekt einbezogen, verhaken sie sich und ersticken jede »verrückte« Idee schon im Keim. Optimal wird's, wenn Haken und Öse perfekt ineinandergreifen.

Jedes Touchpoint-Projekt sollte von der Geschäftsleitung mitgetragen werden. Vereinbaren Sie also regelmäßige Berichte nach ganz oben. Kommunizieren Sie lebendig in internen Medien darüber. Und stellen Sie gleich zu Beginn das dazu notwendige Budget bereit. Ich habe schon Touchpoint-Projekte scheitern sehen, weil es am Ende kein Geld dafür gab. Andererseits habe ich auch Projekte gesehen, die missraten sind, weil es *zu viel* Budget dafür gab. Dann geht's nämlich als Erstes ans Verwalten und Geldausgeben. Nutzen Sie besser »Brain statt Budget«. Mit wenig Geld kommt man meist auf die besten Gedanken.

Die Touchpoint-Collage

Geht es um ein größeres Touchpoint-Projekt, kann es sinnvoll sein, zunächst eine Collage zu erstellen. Sie zeigt die Ist-Situation aus der Perspektive der Mitarbeiter. Dies lässt sich natürlich nur dann realistisch bewerkstelligen, wenn »Betroffene« selbst am Projekt teilnehmen können. Das Ganze lässt sich sehr schön als Reise darstellen, die zeigt, was man an den einzelnen Etappenzielen so alles erleben kann. Eine solche Mitarbeiterreise (Collaborator Touchpoint Journey) kann zum Beispiel einen der folgenden Titel tragen:

○ Die typischen Erlebnisse eines Bewerbers bei uns im Recruitingprozess
○ Wie es einem neuen Mitarbeiter bei uns in den ersten Tagen ergeht
○ Wie es einem Mitarbeiter bei uns ergeht, wenn er die Firma verlässt

Dabei wird der Verlauf an den einzelnen Touchpoints bildlich dargestellt. Es wird also nicht nur geschrieben, es wird auch gemalt und geklebt. Ausgewählte Geschichten werden zum Besten gegeben und beispielhafte Mitarbeiteraussagen angeheftet. Mitgebrachte Unterlagen werden in ihre Bestandteile zerlegt. Plus- und Minuspunkte werden gelistet. Don'ts und Dos werden nachgestellt und per Storyboard oder Video dokumentiert.

Das Ganze lässt sich an Pinnwänden darstellen, die chronologisch nebeneinander aufgestellt werden und durch die »Reise« des Mitarbeiters miteinander verbunden sind. Einzelne Elemente kann man im weiteren Verlauf des Projekts mit in seine Abteilung nehmen, um den Fortschritt zu dokumentieren und die Verbindungsstellen zu anderen Bereichen immer vor Augen zu haben. Dazu lassen sich auch internetfähige Multimediawände benutzen, die man mit Fingerbewegungen wie bei einem iPad bedient.

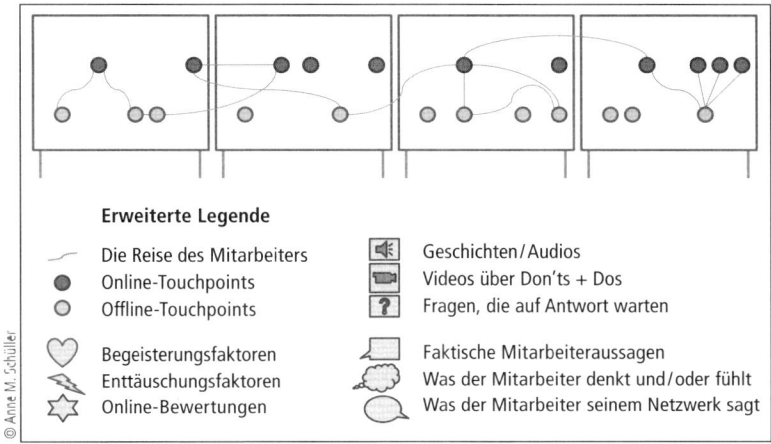

Abb. 17: Eine typische »Mitarbeiterreise« in einem gewählten Zeitablauf, detailliert dokumentiert und an Pinnwänden optisch sichtbar gemacht

Im Anschluss an die optische Darstellung wird eine Prioritätenliste der zu bearbeitenden Touchpoints erstellt. Nach einer Erfassung der dortigen Ist-Situation wird eine gewünschte oder notwendige Soll-Situation definiert und ein Maßnahmenplan entwickelt. Dieser wird in den angepeilten Zeitlinien ausgeführt. Im Anschluss daran wird das Ergebnis anhand passender Messgrößen überprüft, dokumentiert und optimiert.

Der schnelle Weg: die Arbeit an einzelnen Touchpoints

Um mit der Touchpoint-Optimierung möglichst zeitnah beginnen zu können, fängt man am besten einfach mal mit einem einzelnen Touchpoint an: idealerweise mit einem, bei dem sich schnell was bewegen lässt, um erste Erfolgserlebnisse zügig sicht- und spürbar zu machen. Oder man beginnt bei einem, der aus Sicht der Mitarbeiter ganz dringend Veränderung braucht. Eine ideale Ausgangs-frage dazu, die ursprünglich von Vernon Hill, einem US-Banker, stammt, kennen wir schon:

> **Kill a stupid rule! Von welchen blödsinnigen Standards und von welchem administrativen Schwachsinn sollten wir uns schnellstmöglich trennen?**

Um an einem spezifischen Touchpoint schnellstmöglich in den Exzellenzbereich vorzustoßen, ist folgende Frage die beste:

> **Was ist die beste Idee, die uns zu diesem Thema in den Sinn kommt?**

Diese Frage muss unbedingt exakt so gestellt werden, weil sonst erfahrungsgemäß meist nur Allerweltslösungen vorgeschlagen werden. Doch in den Extremen stecken die größten Innovationschancen. Durchschnittsideen hingegen erzeugen nur Mittelmaß.

Wird das Touchpoint-Optimieren als Tagesordnungspunkt in den Meeting-Ablauf eingebaut, ermöglicht dies Verbesserungen am laufenden Band. Bestimmen Sie dazu ein erstes Meeting und einen ersten Touchpoint, mit dem es losgehen soll. Am Ende des Meetings entscheiden Sie dann, welcher Touchpoint beim nächsten Mal an die Reihe kommt. So können sich alle gut darauf vorbereiten. Legen Sie einen Zeitraum fest, den Sie maximal für die Bearbeitung eines Punktes ansetzen wollen, damit sich die Diskussionen nicht endlos in die Länge ziehen: zum Beispiel dreißig Minuten. Dann geht's weiter wie folgt:

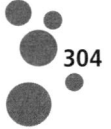

5 Min.	Beschreibung eines nicht länger tragbaren Ist-Zustandes, am besten via Storytelling: So wird etwa über ein unschönes Erlebnis berichtet, das ein Mitarbeiter an einem bestimmten Touchpoint hatte, welche Probleme es gab – und welche Konsequenzen.
5 Min.	Sammlung von Ideen, wie man diesen Punkt optimieren und damit Ärger in Zukunft vermeiden kann. Hier brauchen wir zunächst Quantität. Deshalb sollen die Teilnehmer in dieser Phase still und leise arbeiten, damit jeder seine Idee(n) unbeeinflusst entwickelt. Diese werden auf Kärtchen notiert und an eine passende Wand gepinnt.
10 Min.	Jeder, der ein Kärtchen geschrieben hat, erläutert seine Idee kurz und knapp. Anschließend erfolgt eine Kurzdiskussion.
5 Min.	Mehrheitsentscheid für die favorisierte Idee. Die Führungskraft hält sich während des gesamten Prozesses völlig zurück. Warum? Damit die Weisheit der Vielen genutzt werden kann.
5 Min.	To-do-Plan erstellen, also: Wer macht was mit wem bis wann? Dazu gehört auch ein Folgetermin, um zu besprechen, wie sich die Sache entwickelt, ob weiter feinjustiert werden muss und welche Ergebnisse erzielt worden sind.

Dreißig Minuten sind nicht viel, und dennoch lässt sich bei konzentriertem Arbeiten in dieser Zeit sehr viel erreichen. »Meine Mitarbeiter können so was aber nicht«, hat mir einmal ein in die Jahre gekommener Vorgesetzter gesagt. Doch, die konnten das. Nur seine Anwesenheit hatte immer gestört. Ja, das »Machtwort« des Chefs lässt wertvolle Initiativen oft einfach versanden. Natürlich hat der Chef, wenn vereinbart, ein Vetorecht. Davon sollte er allerdings nur ausnahmsweise Gebrauch machen. Sonst erzieht er sich lauter Mündel, die meinungslos auf Anweisungen warten.

Ein eindrucksvoller Weg: das Touchpoint-Großgruppenevent

Um die internen Touchpoints eines Unternehmens zu optimieren, schlage ich heute fast nur noch Großgruppenveranstaltungen vor. Die so lange gelebte Praxis, Konzepte gemeinsam mit Consultants im stillen Kämmerlein auszuhecken, um sie dann nach unten durchzudrücken, führt nicht nur zu interner Unlust, sondern oft auch zum Flop. »Der Wandel zu mehr Eigenverantwortung und Initiative kann nur erfolgen, wenn bei MitarbeiterInnen entsteht, was Psychologen ein ›unzufriedenes Ich‹ nennen. MitarbeiterInnen ändern ihr Verhalten nicht, nur weil ihre Chefs das wünschen. MitarbeiterInnen wandeln sich erst, wenn sie die Wende selbst wollen«, schreibt Jochen May.[108] Ferner hilft eine Vielzahl von persönlich eingebundenen Mitarbeitern, schon lange schlummernde Ideen ans Tageslicht zu befördern und tatsächlich praxistaugliche Konzepte zu entwickeln. Nur wer viel würfelt, der würfelt am Ende auch Sechser.

Dabei geht gleichsam ein Ruck durch die gesamte Organisation. Neue Perspektiven, neue Kontakte, neue Beziehungen und Kommunikationsnetze entstehen. Die Suche nach einer gemeinsamen Zukunft schweißt alle zusammen. »Die Wirkung von gemeinsam erlebten Prozessen der Entscheidungsfindung und des verbindlichen Planens hält im Allgemeinen lange an«, sagt Ruth Seliger, Coach für systemische Organisationsentwicklung.[109] Und die Lust am Umsetzenwollen ergibt sich dann auch fast wie von selbst. Bei den althergebrachten Verkündungsprogrammen hingegen bleibt alles ganz steif und im Müssen.

Die Suche nach einer gemeinsamen Zukunft schweißt alle zusammen.

Großgruppenveranstaltungen sind also für unsere Zwecke bestens geeignet. Hierbei können an einem einzigen Tag zwischen fünfzig und hundert Mitarbeiter strukturiert an die zu

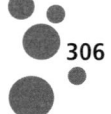

bearbeitenden Themen herangeführt werden. Dieses Vorgehen kommt nicht nur für Führungskreise infrage, es ist auch bei den »einfachen« Mitarbeitern sehr erfolgversprechend. So werden diese nämlich ganz systematisch an unternehmerisches Denken herangeführt. Am besten funktionieren Großgruppenevents nach meiner Erfahrung hierarchie- und abteilungsübergreifend. Im Folgenden beschreibe ich den Ablauf solcher Veranstaltungen, die von mir begleitet wurden.

Der Ablauf Schritt für Schritt

Klassische Großgruppenveranstaltungen, wie etwa Open Space oder World-Café, sind dadurch geprägt, dass die Mitarbeiter ohne jeden externen Input losmarschieren und ihre Ideen mit mehr oder weniger Tiefe entwickeln. Meist wird bereits in Ansätzen Vorhandenes auf den Tisch gebracht und weiterentwickelt. Wirklich Innovatives entsteht eher selten, weil Gruppen meist »zur Mitte« tendieren. Der Prozess zieht sich oft über mehrere Tage hin, und konkrete Entscheidungen fallen selten vor Ort. Dieser Ansatz mag im Einzelfall sinnvoll sein, im Touchpoint-Management ist er das nicht.

Denn bei Touchpoint-Events entstehen im Rahmen einer sehr kompakten Tagesveranstaltung umsetzungsreife Konzepte, die idealerweise noch vor Ort durch Gruppenentscheid abgesegnet werden und danach sofort in die Realisierung gehen. Sie müssen also nicht erst die üblichen Gremien durchlaufen. Ferner sorgt ein Vortrag zu Beginn für zusätzliche Impulse, für den Blick über den Tellerrand und für »verrückte« Perspektiven, sodass die Teilnehmer nicht nur aus Vorhandenem schöpfen, sondern auch Neues integrieren können. Schließlich kann ein »Prophet von außen« sehr hilfreich sein, wenn es gilt, besonders hartnäckige Widerstände sachte zu lockern.

Am Vormittag halte ich einen drei- bis vierstündigen Impulsvortrag (inklusive Kaffeepause) zu den Themenfeldern, die im Rahmen eines Briefinggesprächs angedacht wurden. Dieser Impulsvortrag integriert bereits all die Aspekte, die dann am Nachmittag weiter vertieft werden sollen. Hierbei verstehe ich mich als Advokat des Mitarbeiters, der klipp und klar seine Meinung sagt. Und ich verstehe mich als Querdenker, der neue Sichtweisen einbringt, psychologische Hintergründe darlegt, von den Besten des Fachs erzählt, vor Abgründen und Irrwegen warnt und auch unangenehme Wahrheiten zur Sprache bringt. Dies ist eine Rolle, die nur ein Außenstehender einnehmen kann. Solches Querdenken ist zwar oft genug nötig und offiziell auch erwünscht, aber für Unternehmensinterne meist viel zu gefährlich. Denn es kann Karrieren bedrohen. Deshalb sollten Unternehmen sich den Luxus eines externen Querdenkers leisten. Er stärkt nebenbei auch internen Querdenkern den Rücken.

Am Nachmittag werden die Teilnehmer in Arbeitsgruppen zusammengeführt. Diese bestehen idealerweise aus fünf bis sieben Teilnehmern – abteilungsübergreifend zusammengesetzt und auf gleicher Hierarchieebene angesiedelt. Sind mehrere Hierarchieebenen anwesend, arbeiten die Topführungskräfte in einer eigenen Arbeitsgruppe. Hierarchie bremst den Arbeitsfluss, und Kontrolle killt Kreativität. Nur wenn die Leute unter sich sind, können selbst die abwegigsten Ideen mutig und unbefangen diskutiert werden. Und nur in einer autoritätsfreien Umgebung werden selbst die unangenehmsten Themen rückhaltlos offengelegt. Auf jedem Tisch liegt eine bereits vorbereitete Aufgabenstellung: eine Touchpoint-Thematik, zu der die Gruppe ein konkretes Konzept erstellen soll. Zum Visualisieren stehen Pinnwände und Moderationskoffer bereit.

Bei der Aufgabenstellung an sich geht es *nicht* um das übliche Kärtchenschreiben, sondern vielmehr um ein konkretes, unternehmerisches Konzept, das im Detail so ausgearbeitet werden soll, dass es idealerweise sofort umsetzbar ist. Dazu erhalten die Teilnehmer mindestens neunzig Minuten Zeit. Um optimale Ergebnisse zu erzielen und am Ende tatsächlich umsetzungsfähige Konzepte zu er-

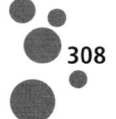

halten, ist es wichtig, die Teilnehmer gut zu instruieren. Am besten visualisieren Sie die dazugehörigen sieben Schritte auf einem Flipchart wie folgt:

Die sieben Schritte beim Touchpoint-Großgruppenevent

○ Beschreibung der derzeitigen Ist-Situation
○ Definition der erwünschten Soll-Situation
○ Erstellung eines detaillierten Maßnahmenplans
○ Fixierung von Zeitplan und Verantwortlichkeiten
○ Kalkulation des erforderlichen Budgets
○ Messinstrument(e) zur Erfolgskontrolle
○ Ideenspeicher für weitere (verrückte) Ideen

Der Veranstaltungsmoderator muss vor allem darauf achten, dass die Arbeitsgruppen nicht zu lange in der Ist-Phase verharren. Für diese sollte er maximal zehn Minuten ansetzen. In Lamentieren verfangen und von Horrorstorys aus der Vergangenheit berauscht, kann eine Gruppe schnell mal vergessen, dass ihr eigentliches Ziel ja der Maßnahmenplan für eine bessere Zukunft ist. Die derzeitige Ist-Situation kann auch als Punkt auf einer Skala von null bis zehn eingetragen werden. Auf einer weiteren Skala wird gezeigt, wo man nach Umsetzung des Maßnahmenplans landen will. Für die Vorstellung im Auditorium wird je Gruppe ein Sprecher nominiert. Das erarbeitete Ergebnis wird auf eine Pinnwand übertragen oder als Beamer-Präsentation angelegt, damit es für alle gut sichtbar ist.

Jeder Präsentation folgt eine kurze Frage- und Bereicherungsphase. Eine erste Stimmungslage wird per Daumen-hoch- oder Daumen-runter-Votum sondiert. Danach wird mit einem vordefinierten Mehrheitsschlüssel über die Umsetzung entschieden. Dieser Mehrheitsschlüssel sollte bei mindestens fünfundsiebzig Prozent, aber nie bei hundert Prozent liegen, damit mutig entschieden wird, aber nichts im Konsens des Mittelmaßes stecken bleibt. Der Chef hat dabei nie das erste, sondern höchstens das letzte Wort. Er ergänzt nur noch die Aspekte, die fehlen *und* für ihn von ausschlaggebender Bedeutung sind. Ich habe bereits eine große Zahl solcher Gruppenevents geleitet und bin stets aufs Neue überrascht, wie viel von dem, was die Geschäftsleitung sowieso vorhat, von den Mitarbeitern selbst eingebracht und ausgearbeitet wird. Und die Oberen sind immer hellauf begeistert, wenn sie sehen, was so alles in ihren Mitarbeitern steckt.

Wie man die Umsetzung sicherstellt

Die getroffenen Entscheidungen werden in einem Maßnahmenplan festgehalten und im Anschluss an die Veranstaltung Schritt für Schritt umgesetzt. Themen, die sich als besonders komplex erweisen oder bei denen eine Entscheidung Nichtanwesender notwendig ist, werden zeitnah im Anschluss an die Veranstaltung weiterbearbeitet. Ein konzeptionelles Aufmöbeln der Arbeitsgruppenergebnisse – um dieses zum Beispiel vor Dritten zu präsentieren – ist jederzeit möglich. Dazu können Vorher-Nachher-Videos gedreht, Mitarbeiter (und Kunden) interviewt oder Soll-Situationen nachgestellt werden. In einem internen Blog lässt sich das Ganze weiter durchdiskutieren und mit zusätzlichen Ideen anreichern.

Egal, wie es dann weitergeht: Treffen Sie konkrete Entscheidungen bereits während der Veranstaltung und setzen Sie diese alsbald um. Vor allem aber: Feiern Sie die Erfolge, damit sich der Geist solch kollaborativen Vorgehens in allen Unternehmensbereichen weiter ausbreiten kann. Nichts ist frustrierender für die Beteiligten, als zu sehen, dass die mit viel Hirnschmalz erarbeiteten Konzepte sang- und klanglos in der Versenkung verschwinden. Oder zu erleben, dass sich kein Mensch dafür interessiert. Ich hatte schon Workshops, da hat sich die Geschäftsleitung das letzte Wort vorbehalten und alles wurde auf später vertagt. Oder es musste der Instanzenweg eingehalten werden. Und am Ende passierte dann – nichts!

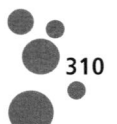

Die schließlich verabschiedeten Maßnahmen sind nun keine Dogmen, an die man sklavisch gebunden ist. So wie man die Segel neu setzt, wenn der Wind aus einer anderen Richtung weht, so sind Vorgaben beweglich zu halten und einmal getroffene Entscheidungen bei Bedarf zu justieren. Auch dies wird wiederum mit den Mitarbeitern besprochen. Natürlich kann nicht alles und jedes kreuz und quer im Unternehmen lang und breit durchdiskutiert werden. Mitunter ist blitzschnelles Handeln erforderlich. Dann ist aber auch klar zu sagen, was nicht diskutierbar ist. Weshalb es zu »einsamen« Entscheidungen kommt, muss begründet werden. Erhält unser Hirn nämlich keine Erklärung, füllt es Leerräume mit Annahmen und reimt sich die Dinge zurecht. So entstehen Mutmaßungen und Gerüchte mit manchmal verheerenden Folgen. Menschen hoffen zwar immer auf das Beste, befürchten aber viel öfter das Schlimmste. Und oft genug tun sie wegen all ihrer Angst dann so gut wie gar nichts mehr.

Ein außergewöhnlicher Weg: das Touchpoint-Großgruppen-Barcamp

»Die Krawattenfraktion im Management, die sich auf Internet-Tagungen salopp mit Polohemd und Slipper-Schuhen in Szene setzt, kann mit der Wirklichkeit des Mitmach-Webs noch wenig anfangen«, meint der Publizist und Profiblogger Gunnar Sohn, und sagt in seiner unnachahmlichen Weise: »Die liebwertesten Gichtlinge der Wirtschaft sollten sich mal an der Organisation von Barcamps versuchen, wo die Teilnehmer das Programm selbst bestimmen können.«[110] Peng! Und genau das hat bereits eine ganze Reihe von Unternehmen, mit denen ich zusammenarbeite, getan.

Charakteristisch für dieses Veranstaltungsformat – das manchmal auch als Unkonferenz bezeichnet wird – sind der ungehinderte Wissensaustausch und die freie Gestaltung. Per Abstimmung wird entschieden, an welchen Themenvorschlägen gearbeitet werden soll. Jeder Anwesende, gern auch Teilgeber genannt, kann dabei mal impulsgebender Sprecher und mal interessierter Zuhörer sein. Je hochwertiger und konstruktiver der Input, desto qualitativer ist dann auch der Output. Der Aktivitätsgrad ist hoch, das Engagement umfassend, und außergewöhnliche neue Ideen können entstehen. Vor allem aber: Die gravierendsten Bremsklötze, nämlich Hierarchie- und Abteilungsfilter, werden aus dem Weg geräumt. Für die Führungsmannschaft bedeutet dies vor allem Kontrollverlust. Indem nämlich Macht und Verantwortung an die vielen abgegeben werden, kann das Ergebnis in unvorhersehbare Richtungen gehen. Doch insgesamt sind die Chancen weit größer als das Risiko. Denn die Teilnehmer gehen erfahrungsgemäß mit einem solchen Vertrauensvorschuss sehr sorgfältig um.

Teilgeber statt Teilnehmer – das Engagement ist beim Barcamp sehr groß.

Auch bei dieser Veranstaltungsform gibt es einen Impulsvortrag am Vormittag, der bereits eine Reihe interaktiver Elemente enthält. Darauf aufbauend schlagen die Teilnehmer am Nachmittag Themen vor, an denen sie arbeiten möchten. Die einzelnen Arbeitsgruppen entstehen, indem die Teilnehmer sich selbst dem von ihnen favorisierten Thema zuordnen. Gibt es großes Interesse an einem bestimmten Thema, können auch zwei oder drei Gruppen am gleichen Thema arbeiten. Die Ergebnisse werden verschieden sein, was gut ist, weil man dann in der Folge auf mehrere Varianten zurückgreifen kann. Um einen bestmöglichen Output zu erzielen und zu einem umsetzbaren Konzept zu kommen, sollten sich die Arbeitsgruppen auch hier an einer Minimumstruktur orientieren:

O Skizzieren der Ist- und der Soll-Situation
O Erarbeiten eines To-do-Plans mit Zeitplan, Budget, Messinstrument
O Übertragung des Konzepts auf ein Präsentationsformat

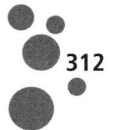

○ Bestimmung eines Sprechers oder mehrerer Sprecher
○ Absprache über die Art und Weise der Präsentation

Neben den Teilnehmern, die bei ihrem Thema und in ihrer Arbeitsgruppe bleiben, gibt es auch die sogenannten Schmetterlinge. Sie »fliegen« von Gruppe zu Gruppe und befruchten diese mit weiteren Ideen, kritischen Fragen oder Anregungen, die sie von anderen Gruppen mitgebracht haben.

Das schließlich erarbeitete Konzept wird auf eine Vorlage übertragen, damit eine formvollendete Visualisierung möglich ist und nichts vergessen wird. In einem Ideenspeicher werden die Ideen gesammelt, die zwar auch vielversprechend sind, aber diesmal nicht weiterverfolgt werden. Am Ende dieser Phase gibt es eine längere Pause, auch als Puffer für diejenigen, die noch emsig bei der Arbeit sind. Ebenso können die Gruppensprecher in dieser Zeit eine kleine Generalprobe machen.

Die anschließende Präsentation findet wie üblich im Plenum statt, kann aber auch in Form einer Vernissage erfolgen. Das geschieht dann mithilfe von Pinnwänden, an denen das Publikum in Grüppchen vorbeizieht und sich Einzelheiten erklären lässt. Schließlich können die Arbeitsgruppen auch ein Video drehen oder ein Schauspiel veranstalten. Das Schauspiel ist übrigens eine sehr interessante Variante. Man stelle sich etwa einen neuen Mitarbeiter vor, der zum ersten Arbeitstag erscheint. Aus dessen Perspektive wird nun dargestellt, was er so alles erlebt. Dies – und wie man es besser machen kann – wird dem Auditorium mit viel Theatralik vorgespielt.

Auch hier sollten Entscheidungen, wenn irgend möglich, direkt vor Ort getroffen werden, damit die Konzepte gleich in die Umsetzung gehen. Ein gemeinsames Abschlussritual kann das Commitment aller besiegeln. Ein Staffelstab (Talking Stick) kann herumgereicht werden, um Stimmen zu Prozess und Ergebnissen einzufangen. Wichtig auch hier, die Diskussion über die angestoßenen Themen im Social Intranet weiterzuführen.

Der »Spirit« einer Barcamp-Veranstaltung: für viele Teilnehmer ein prägendes Erlebnis – bewegend im wahrsten Sinne des Wortes. Er wird auf die tägliche Arbeit übertragen und hält in den Unternehmen lange an. Die Zusammenarbeit über die üblichen Abteilungsgrenzen hinaus entwickelt sich wie von selbst weiter und trägt reiche Früchte. Denn fortan werden die Potenziale in Ideen und Vorschlägen gesehen, und nicht mehr die Probleme. Aus vielen »Haken« sind endlich Ösen geworden.

Drei Beispiele aus der Praxis

In einem Fall haben Azubis im Rahmen einer Großgruppenveranstaltung den hauseigenen Onboarding-Prozess neu konzipiert. So nennt man das Gestalten der ersten Tage und Wochen eines neuen Mitarbeiters ja jetzt. Azubis sind für ein solches Projekt bestens geeignet. Sie haben mehr oder weniger jeden Bereich eines Unternehmens kennengelernt. Und sie sind noch nicht blockiert durch Bereichsscheuklappen und eingespielte Prozesse.

Bis dahin hatte es in diesem Unternehmen oft mehrere Tage gedauert, bis ein neuer Mitarbeiter produktiv werden konnte. So lange war er damit beschäftigt, sich zu orientieren und die notwendigen Arbeitsmittel und Genehmigungen zu beschaffen. Das fing schon damit an, dass am ersten Arbeitstag beim Empfang niemand wusste, wo genau überhaupt sein Arbeitsplatz war. Bei der erarbeiteten Lösung war nun sozusagen per Mausklick alles organisiert: Ein paar Tage vor dem Start erhielt der Neue eine Willkommensbox mit wichtigen Informationen, einem Einarbeitungsplan und einem kleinen Willkommensgeschenk. Elektronisch wurde er mit Bild und einer Art Steckbrief allen zuständigen und involvierten Personen vorgestellt. Am ersten Arbeitstag wurde er beim Betreten des Gebäudes auf einem Display namentlich willkommen geheißen. Die notwendigen digitalen Arbeitsmittel wie E-Mail-Account, Benutzername und Passwort für alle wichtigen IT-Anwendungen und Softwarelizenzen waren vorhanden. Ein A-bis-Z-Handbuch für den perfekten Start lag bereit. Auch an das notwendige Equipment wie Computer, Telefon, Rollcontainer, Mitarbeiterausweis, Visitenkarten und Posteingangsschild war gedacht. Eine kleine Welcome-Zeremonie war vorgesehen, um die soziale Integration zu beschleunigen. Und ein Mentor stand bereit.

Ein ähnliches Vorgehen wurde für IT-Freelancer und Knowledge-Worker mit befristeten Arbeitsverträgen initiiert. Diese verplemperten bislang oft den ganzen ersten Vormittag, um sich zurechtzufinden – für 200 Euro die Stunde. Und was noch sehr viel schlimmer war: Sie bekamen Zugang zur EDV und damit auch zu hochbrisanten Daten, ohne im Vorfeld die notwendigen Verschwiegenheitserklärungen unterschrieben zu haben.

Weil die Gruppe so gut drauf war, hat sie gleich noch eine dritte Sache in Angriff genommen. Denn auch beim Offboarding, wenn also ein Mitarbeiter das Unternehmen verlässt, können die notwendigen Verwaltungsabläufe automatisiert werden. Nicht selten führen nämlich Exkollegen als Karteileichen eine zombiehafte Existenz: Sie können sich in die IT-Systeme einklinken und auf vertrauliche Daten zugreifen. Und Softwarelizenzen werden munter weiterbezahlt. Selbst Praktikanten nehmen alle möglichen Zugangsberechtigungen mit, wenn sie zur nächsten Stelle wechseln. Was das für die Sicherheit eines Unternehmens bedeuten kann, muss hier nicht weiter ausgeführt werden.

Im Rahmen eines anderen Großgruppenevents hat eine Arbeitsgruppe einen Ideenbaum konzipiert. Hintergrund war eine ausgeprägte »Ja-aber«-Mentalität in diesem Unternehmen. Nun konnte jeder seine Ideen wie ein Geschenk an einen Ficus im Gemeinschaftsraum hängen – notfalls auch anonym. Die jeweilige Idee sollte anhand einer Vorlage (siehe unten) ausgearbeitet werden. Freitags wurden im Rahmen eines Meetings die »Früchte« gepflückt, diskutiert, bewilligt und in der Folgewoche umgesetzt.

Ideenblatt

So sieht die Sache jetzt aus:

_____

_____

Mein Verbesserungsvorschlag:

_____

_____

Welchen Nutzen uns das bringt:

_____

_____

Priorität: A B C   **Kosten:** _____   **Zeitplan:** _____

Datum: _____   **Name (wenn gewünscht):** _____

Auch traditionelle Organisationen experimentieren bereits mit barcamp-ähnlichen Veranstaltungsformen. Im Zuge eines Großgruppen-Workshops, an dem alle sechzig Mitarbeitenden der Sparkasse Neuhofen in Oberösterreich teilnahmen, ging es unter anderem darum, wie sich ausnahmslos alle Beschäftigten an der Neukundengewinnung beteiligen konnten. Eine Gruppe von acht Damen aus dem Backoffice, also der Buchhaltung, dem Personalwesen usw., entwickelte dazu folgendes Konzept: Die Bank präsentierte sich bereits mit Veranstaltungen zu nicht banktypischen Themen, beispielsweise mit Gesundheitsvorträgen. An diesen Veranstaltungen nahmen auch Nichtkunden teil. Diese sollten von nun an im Anschluss von einer der Damen – und nicht von einem Kundenberater – gezielt angesprochen werden. Im Rahmen eines Telefonats

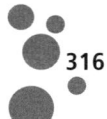

wurden ergänzende Unterlagen angeboten, die die Mitarbeiterinnen den Interessierten entweder nach Hause brachten oder in der Bank zur Abholung bereitlegten. Den Personen, die in die Sparkasse kamen, wurde ein kleiner Rundgang vorgeschlagen. Die Damen zeigten sich als perfekte Gastgeberinnen und als kompetente Botschafterinnen ihrer Bank.

Bereits der erste Durchlauf war ein voller Erfolg. Insgesamt wurden fünfundzwanzig Nichtkunden angesprochen, davon wurden vier persönlich besucht, sieben kamen in die Bank. Zwei neue Kunden konnten so gewonnen werden. Friedrich Himmelfreundpointner, Direktor der Sparkasse, zeigte sich von diesem Ergebnis hoch erfreut: »Dies ist genau der richtige Weg, um unserem Credo, immer noch ein wenig besser zu werden, weiter zu folgen«, berichtete er mir, sichtlich stolz. So ist ihm – im Verbund mit weiteren Aktionen aus dem Workshop – ein weiterer Sparkassen-Award ziemlich sicher.

Schritt 4: Monitoring und Optimierung

Wenn Führungskräfte von Kontrolle sprechen, dann denken sie zunächst immer an ihre Kontrollfunktion gegenüber den Mitarbeitern. Aber darum geht es hier nicht. In diesem Schritt geht es vielmehr um die Begutachtung der Führungsarbeit. Dabei möchte ich lieber von Monitoring sprechen, denn harte Kontrollmaßnahmen bringen hier nichts. Alles, was mit Überwachung, Prüfung und Inspektion zu tun hat, mag im Sinne einer Qualitätssicherung absolut notwendig sein, in zwischenmenschlichen Bereichen jedoch ist es fehl am Platz. Denn Menschen funktionieren nicht wie Maschinen. Die Arbeit von Menschen sollte demnach nicht mit der Grundeinstellung der Fehlersuche, sondern nach dem Prinzip der Erfolgsbestätigung betrieben werden. »Perfektion ist in letzter Konsequenz ein unerreichbares Ziel, und das Streben danach führt stets über

Irrtümer und Fehler«, schreibt der Managementtrainer Hartmut Laufer.[111] Das gilt auch für die Führungskraft.

So steht nun im Fokus, wie sich die Arbeit an den einzelnen internen Touchpoints entwickelt hat. Und danach geht es um eine Optimierung des künftigen Vorgehens. Folgende Fragen lassen sich hierzu stellen:

○ An welchen Kriterien wollen wir unsere verbesserte Touchpoint-Performance messen?
○ Welche Kennzahlen wollen wir dazu auf welche Weise wie oft und für wen erheben?
○ Wie wird das gewonnene Wissen dokumentiert und gemeinsam besprochen?
○ Welche Monitoring-Tools sind sinnvoll und können unkompliziert eingesetzt werden?
○ Wer leitet wann und wie die fortlaufend notwendigen Prozessverbesserungen ein?

Setzen Sie auf einige aussagekräftige Kennzahlen, ohne zum Kennzahlen-Sammler zu werden.

Einem allzu extensiven Kennzahlen-Sammeln stehe ich, wie schon eingangs gesagt, reichlich skeptisch gegenüber. Doch einige ausgewählte Kennzahlen machen natürlich Sinn. Solche KPIs (Key Performance Indicators) dokumentieren das Erreichte in Sachen Touchpoint-Management, zeigen Entwicklungen im Zeitverlauf auf und lassen das Optimierungspotenzial sichtbar werden. Dies wirkt auch professioneller als die übliche, vielsagend nichtssagende HR-Prosa in Broschüren und Berichten. In Zukunft wird es ohne messbare Ergebnisse kaum noch Budgetfreigaben geben. HR-Leute brauchen also höhere Controlling-Kompetenzen. Und beim Vorstand werden Sie mit einem Touchpoint-Kennzahlen-Cockpit ganz sicher punkten.

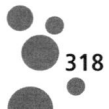

Das Touchpoint-Kennzahlen-Cockpit

Ganz grundsätzlich gibt eine Reihe von Indikatoren Rückschlüsse auf die konkrete Wirkung von Touchpoint-Maßnahmen, auf die Motivation eines Mitarbeiters, auf sein Engagement und seine Loyalität. Hierzu zählen:

O die Aktivität in Workshops und Diskussionsrunden,
O die Teilnahme an Projektgruppen und Fortbildungs-
  maßnahmen,
O der Wunsch nach Aufstiegsmöglichkeiten,
O das Interesse an Kundenbelangen,
O das Einreichen von Ideen und Verbesserungsvorschlägen,
O die Bereitschaft zu fallweisen Überstunden,
O die durch Schludrigkeit und Desinteresse bedingte
  Fehlerquote,
O die Nörgelhäufigkeit sowie
O Absentismus (»Kranktage«) am Montag und Freitag.

Im Speziellen wirken Touchpoint-Maßnahmen vor allem langfristig auf folgende mitarbeiterbezogene Unternehmenskennzahlen:

O Kranktage und hierdurch entstehende Kosten
O Burnout-Rate und hierdurch entstehende Kosten
O Mitarbeiterproduktivität
O Fluktuationsrate und hierdurch entstehende Kosten
O durchschnittliche Betriebszugehörigkeit
O Loyalitätsindex
O Empfehlungsbereitschaft
O Empfehlungsrate im Recruitingbereich

Die Kranktage und (hoffentlich) auch die Burnout-Rate sowie deren jeweilige Folgekosten werden in den Unternehmen meist schon gemessen. Dies gilt ebenso für die Kosten infolge von Präsentismus, wenn also die Leute trotz Krankheit zur Arbeit kommen. Die Mitarbeiterproduktivität ist von Branche zu Branche verschieden und deshalb ganz individuell zu ermitteln. Die übrigen Kennzahlen sollen hier näher beleuchtet werden.

Mitarbeiterfluktuationsrate und Fluktuationskosten

Die Mitarbeiterfluktuationsrate errechnet sich so:

Formel	Beispiel
$\dfrac{\text{Anzahl jährlich ausscheidender Mitarbeiter} \times 100}{\text{durchschnittliche Mitarbeiterzahl}}$	$\dfrac{50 \times 100}{200} = 25\,\%$

Die durchschnittliche Betriebszugehörigkeit errechnet sich so:

Formel	Beispiel
$\dfrac{\text{Fluktuationsrate}}{100}$	$\dfrac{25}{100} = 4\ \text{Jahre}$

Wenn beispielsweise eine Firma pro Jahr 25 Prozent ihrer Mitarbeiter verliert, heißt das, dass die Mitarbeiter im Durchschnitt vier Jahre bleiben, sich also der komplette Mitarbeiterstamm alle vier Jahre erneuert. Diese Zahlen lassen sich für den Gesamtbetrieb sowie für Altersstufen, Hierarchieebenen, Positionen, Geschlechter, Fachbereiche, Niederlassungen usw. ermitteln und miteinander vergleichen. Zudem können Vergleiche innerhalb der Branche angestellt werden.

Beim Ermitteln der Fluktuationskosten sind zu berücksichtigen:

○ Direkte und indirekte Austrittskosten
○ Direkte und indirekte Such- und Auswahlkosten
○ Direkte und indirekte Eintritts- und Einarbeitungskosten
○ Kosten durch Leistungsabnahme der ausscheidenden Person
○ Kosten durch Reibungsverluste im betroffenen Team
○ Kosten durch Know-how-Abfluss
○ Kosten durch die vorübergehend nicht besetzte Stelle
○ Kosten durch geringe Anfangsproduktivität des »Neuen«
○ Kosten durch eine eventuelle Fehlbesetzung
○ Umsatzeinbußen aufgrund von Problemen bei Kundenaufträgen
○ Folgekosten bei Reputationsschäden

Je nach Position und Hierarchieebene entsprechen üblicherweise die Fluktuationsgesamtkosten für eine Arbeitsstelle zwischen sechs und vierundzwanzig Monatsgehältern. In seinem Buch *Mitarbeiterbindung* hat Gunther Wolf dazu Folgendes errechnet: In einem Betrieb mit 1000 Mitarbeitern führt eine Fluktuationsreduktion um drei Prozentpunkte im Durchschnitt zu einer Gewinnauswirkung von mindestens einer Million Euro. Und er zitiert eine Studie der Beratungsgesellschaft Aon Hewitt, wonach »Unternehmen mit hoher Mitarbeiterbindung weltweit Aktiengewinne ausweisen, die 22 Prozent über dem Marktdurchschnitt lagen. Die Ergebnisse von Firmen mit einem niedrigen Mitarbeiterbindungslevel bleiben hingegen 28 Prozent unter dem Mittelwert.«[112]

Schon diese wenigen Zahlen zeigen klar und deutlich, wie wertvoll es ist, an allen mitarbeiterrelevanten Touchpoints aus der Enttäuschungszone herauszukommen, um über die Nulllinie der Zufriedenheit hinaus in den Begeisterungsbereich zu gelangen. Hierdurch verbessert sich nicht nur die Mitarbeiterperformance, sondern auch das Geschäftsergebnis. Nun liegt es an Ihnen, diese Zusammenhänge für Ihr eigenes Unternehmen im Detail sichtbar zu machen. Hierzu benötigen Sie noch zwei weitere Kennzahlen: den Loyalitätsindex und die Empfehlungsbereitschaft.

Loyalitätsindex und Empfehlungsbereitschaft

Loyalitätsindex und Empfehlungsbereitschaft werden so ermittelt:

O *Der Loyalitätsindex:* Inwiefern würden Sie sich heute wieder für unser Unternehmen entscheiden? Und was sind die Hauptgründe für Ihre Bewertung?

O *Die Empfehlungsbereitschaft:* Wie sehr würden Sie unser Unternehmen an einen interessierten Arbeitssuchenden (aus Ihrem persönlichen Umfeld) weiterempfehlen? Und was sind die Hauptgründe für Ihre Bewertung?

Die aus den Ergebnissen abgeleiteten Kennzahlen zählen zu den wichtigsten Leistungsindikatoren im Mitarbeiterbereich. Und die Antworten auf die jeweiligen Zusatzfragen können eine Fülle von Ansatzpunkten beinhalten, um weitere Verbesserungen in Angriff zu nehmen.

Die Empfehlungsbereitschaft kann auch über den NPS® (Net Promoter® Score) gemessen werden. Diese Kennzahl wurde vom Loyalitätsexperten Fred Reichheld in Zusammenarbeit mit Bain & Company ursprünglich für die Kundenseite entwickelt. Für den Mitarbeiterbereich schlägt er in etwa die gleiche Frage wie oben vor: »Wie wahrscheinlich ist es auf einer Skala von null bis zehn, dass Sie dieses Unternehmen als Arbeitgeber weiterempfehlen?« Und danach: »Was sind die wichtigsten Gründe für Ihre Bewertung?« Der Unterschied: Die vorzugsweise anonym Befragten werden anhand ihrer Antworten in drei Gruppen eingeteilt: Promotoren (Förderer), passiv Zufriedene und Kritiker. Als Promotoren gelten nur die, die ihre Empfehlungsbereitschaft mit neun oder zehn einstufen. Von den Promotoren werden die Kritiker (Werte zwischen null und sechs) abgezogen. Das Ergebnis ist dann der eNPS®, der Employee Net Promoter Score. Er kann positiv oder negativ sein.

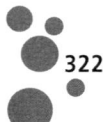

Abb. 18: Die Skala des NPS® (Net Promoter® Score) – nach Fred Reichheld

In den USA wird der eNPS® bereits von einigen Unternehmen angewandt: So werden etwa bei JetBlue, einer als sehr kundenorientiert geltenden Airline, die Mitarbeiter erstmals neunzig Tage nach der Einstellung befragt, danach jährlich zum Einstellungstag. Die Erstbefragung drei Monate nach Arbeitsbeginn ist clever, denn sie deckt Probleme in der Probezeit und Fehler beim Recruitingprozess rechtzeitig auf. In Apple Retail Stores wird der eNPS® im Vier-Monats-Rhythmus gemessen. Nach jeder Befragungswelle werten die Filialleiter die Daten ihres Shops gemeinsam mit den Beschäftigten aus. Das Mitarbeiterteam entwickelt die notwendigen Lösungen selbst. »Apple Stores, die regelmäßig führende Werte im Kunden-NPS erhielten, erreichen auch hohe Werte bei den Beschäftigten. Und Filialen mit dem niedrigsten Mitarbeiterengagement erhielten tendenziell auch die niedrigsten NPS von Kundenseite«, schreibt Reichheld in seinem Buch *Die ultimative Frage 2.0*.[113] Diese Aussage stützt das, was ich bereits im Kapitel über die Mitarbeiterloyalität gesagt habe: Man kann keine Loyalität bei den Kunden erzeugen, ohne zuvor die Loyalität der Mitarbeiter zu gewinnen. Beides hängt eng zusammen. Ziel muss es also zunächst sein, mehr Mitarbeiter in Promotoren zu verwandeln und weniger Kritiker zu erzeugen. Das interne Touchpoint-Management weist dazu den Weg.

In Deutschland hat sich unter anderem Carglass bereits mit dem eNPS® befasst. Falls auch Sie mit dieser Kennzahl arbeiten wollen, hier ein abschließender Hinweis: Da nur die wenigsten Mitarbeiter Topwerte geben und die Zahl der passiv zufriedenen Mitarbeiter keinerlei Auswirkungen hat, ist der eNPS® in den meisten Fällen negativ. Dies kann zu Frustration und Enttäuschungen führen. Darauf sollten alle Beteiligten vorbereitet sein. Ganz falsch ist es auch, diese Leistungszahl als Basis für Boni zu nehmen.

Wie die Mitarbeiter-Empfehlungsrate gemessen wird

Ermitteln Sie, wie viele Bewerbungen die Firma aufgrund von Empfehlungen erhalten hat.

Speziell im Recruiting ist eine weitere Kennzahl von Relevanz: die Empfehlungsrate. Sie besagt, wie viele Bewerbungen die Firma aufgrund von Empfehlungen erhalten hat. Sie ist gleichzeitig Ausgangspunkt und Ziel eines systematisch gesteuerten Mitarbeiter-Empfehlungsmanagements. Am Ende reichen drei einfache Fragen, um dem auf die Spur zu kommen. So wird bei jedem Bewerber, soweit es die Situation erlaubt, wie folgt gefragt:

○ »Wie sind Sie eigentlich *ursprünglich* auf uns aufmerksam geworden?« Sofern eine Empfehlung im Spiel war, geht es dann weiter wie folgt:
○ »Und jetzt interessiert mich mal: Welche Informationen haben Sie denn vom Empfehler bereits über unsere Firma bekommen?«
○ Und wenn Sie den Namen des Empfehlers noch nicht kennen: »Jetzt bin ich mal ganz neugierig. Wer war das denn, der uns empfohlen hat?«

Durch die erste Frage wird ermittelt, wie viel Prozent der Bewerbungen aufgrund einer Empfehlung kamen: Das ist Ihre Empfehlungsrate. Die weiteren Antworten auf diese Frage zeigen im Übrigen auch, wofür Sie in Zukunft Ihr Recruitingbudget verstärkt nutzen sollten. Über die zweite Frage gibt der Bewerber Hinweise darauf, was genau Sie als Arbeitgeber attraktiv macht und in wel-

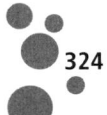

che Richtung das weiterentwickelt werden kann. Und über die dritte Frage bekommen Sie die Namen Ihrer Botschafter, Promotoren, Referenzgeber und aktiven Empfehler heraus.

Aus deren Persönlichkeitsstruktur lassen sich bereits erste Rückschlüsse auf die Interessen und Bedürfnisse des Bewerbers ableiten. Bringen Sie auch in Erfahrung, welche spezifischen Leistungen der Empfehler hervorgehoben hat. Denn deswegen ist die Bewerbung wahrscheinlich zustande gekommen. Hier liegt die Erwartungslatte also hoch. Eine Enttäuschung fiele nicht nur negativ auf die Firma, sondern auch auf den Empfehler zurück. Und das wollen Sie nicht nur sich selbst, sondern vor allem Ihrem Empfehler ersparen. Welche weiteren Kennzahlen sich in diesen Zusammenhang ermitteln lassen, das wurde bereits in Teil 2 ausführlich beleuchtet.

Die Optimierungstools

Zwecks Optimierung der eigenen Führungsperformance an den einzelnen Touchpoints gibt es fünf Möglichkeiten:

○ Selbstkontrolle der Führungskraft
○ Einzelcoaching und / oder Mentoring
○ »Kontrolle« durch die Mitarbeiter
○ Kollegencoaching / kollegiale Beratung
○ Exit-Interviews mit ausscheidenden Mitarbeitern

Das Einzelcoaching ist ein eigenes Thema, das sich glücklicherweise einer zunehmenden Wertschätzung erfreut. Dazu verweise ich gern auf entsprechende Literatur und gute Kollegen aus der Praxis. Das Mentoring ist ein seit Langem anerkanntes Konzept, weshalb ich auch dieses nicht näher beschreibe. Kollaborative Methoden sollen ja hier im Vordergrund stehen. Doch zunächst zu der so wichtigen Selbstreflexion einer Führungskraft.

Helikopter-Rundflug über das eigene Tun

Die kritische Selbstreflexion zählt zu den wichtigsten Eigenschaften eines guten Managers. Monitoring durch Selbstkontrolle ist dabei der schnellste Weg. Und was heißt das genau? Versetzen Sie sich einmal in die Rolle eines Malers, der einige Schritte von seinem Bild zurücktritt, um sein Tagewerk betrachten zu können. Und dann stellen Sie sich zum Beispiel diese Frage: »Hätte ich unseren besten Kunden so behandelt, wie ich heute meinen Mitarbeiter behandelt habe?« Oder: »Kann ich alles, was ich heute getan habe, auch meinen Kindern erzählen?«

Eine weitere Technik ist die der »drei Siebe«, die – offensichtlich fälschlicherweise – dem griechischen Philosophen Sokrates zugeschrieben wird. Die drei Siebe sind Fragen, die man sich stellt, bevor man etwas tut oder einen Gedanken ausspricht. Sie lauten: »Ich es wahr?« »Hat es Güte«? »Ist es notwendig?«

Die Metaebene, manchmal auch Adler-Perspektive genannt, kann den eigenen Anteil an dem, was passiert, in den Fokus rücken. Hierdurch entstehen Fragen wie diese: »Zeigen sich meine Mitarbeiter so führungsbedürftig, weil ich so bestimmend bin?« »Sind sie deshalb so ruhig, weil ich ihre Meinung nicht gelten lasse?« »Kommen keine Ideen von ihnen, weil ich immer alles besser weiß?« Ebenso kann man während einer konkreten Interaktion immer mal wieder ganz rasch in die Helikoptersicht wechseln und sich selbst fragen: »Wird das, so wie ich es jetzt gleich sagen will, für den Mitarbeiter enttäuschend, okay oder begeisternd klingen? Und wie kann ich es besser sagen, sodass es für ihn annehmbarer ist?«

Von einer höheren Warte aus lässt sich ein prima Rundumblick wagen. Dabei verlässt man die ichbezogene Sichtweise und begibt sich in die Rolle eines neutralen Betrachters. Folgende Fragen kann man sich stellen:

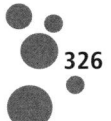

○ Was wird das, was ich gerade sage / tue, beim anderen bewirken?
○ Wie wird / kann er das, was ich sage / tue, verstehen?
○ Was wird er daraufhin wahrscheinlich tun?
○ Ist dies das von mir Gewünschte?
○ Was muss / kann *ich* verändern, damit es dem Gewünschten entspricht?
○ Lebe ich selbst vor, was ich bei anderen erreichen will?
○ Was kann ich bei mir selbst in Zukunft verbessern?
○ Bedeutet es Lebensqualität, von mir geführt zu werden?

So manches kommunikative Desaster könnte vermieden werden, würde eine solche Meta-ebene der kritischen Selbstreflexion systematisch in die tägliche Führungsarbeit einbezogen. Sie setzt vor, während und nach jeder Interaktion ein. Eine wichtige Frage am Ende ist immer auch die: »Habe ich dem Mitarbeiter (schon wieder) gesagt, was er tun soll? Oder habe ich ihn vielmehr gefragt, was er auf welche Art machen will und wird?« Dieses Vorgehen ist – sehr plakativ – auch unter dem Begriff »Monkey Business« (William Oncken) bekannt. Ein Mitarbeiter kommt mit seinem Anliegen zum Vorgesetzten, und der erarbeitet für ihn eine Lösung. Vergnügt hat sich der »Affe« herübergehangelt und auf der Schulter des Chefs ein bequemes Plätzchen gefunden. Okay, natürlich dürfen die Mitarbeiter mit ihren »Affen« zum Chef kommen, doch sie müssen ihn am Ende des Gesprächs wieder mitnehmen. Dazwischen findet ein kleines Coaching statt: mit klugen Fragen, die dem Mitarbeiter helfen, selbst eine passende Lösung zu finden.

> **»Habe ich dem Mitarbeiter gesagt, was er tun soll? Oder habe ich ihn gefragt, was er wie machen will?«**

Um das Können und schließlich das Wollen der Mitarbeiter zu fördern, kann man sich auch einmal kritisch mit dem eigenen Feedback-Verhalten auseinandersetzen. Folgende Fragen lassen sich stellen:

- ○ Gebe ich meinen Mitarbeitern mehr Kritik oder mehr Anerkennung?
- ○ Was hält mich – ganz ehrlich gesagt – davon ab, meinen Mitarbeitern mehr Anerkennung zu geben?
- ○ Bin ich bereit, konstruktive Kritik auszusprechen, auch wenn es für mich oder den Mitarbeiter unangenehm ist?
- ○ Was bringt mich – ganz ehrlich gesagt – dazu, Kritik zu üben? Ist dieses Vorgehen zielführend oder treiben mich »niedere« Beweggründe?
- ○ Ist die Art und Weise meiner Feedbackgespräche akzeptabel? Woran zeigt sich, dass sie respektvoll und konstruktiv geführt werden?
- ○ Kann ich kritisches Feedback annehmen? Wie fühle ich mich dabei, und wie gehe ich damit um? Dankbar oder abwehrend? Erfreut? Beleidigt? Aggressiv? Kann ich Fehler eingestehen? Wie äußere ich dies?

Wenn Sie nach einer solchen Selbstanalyse dann etwas ändern, gibt es zwei Möglichkeiten: Sie ändern es einfach, oder Sie erläutern Ihrer Mannschaft die Hintergründe: »Bisher habe ich immer gedacht, dass … Doch jetzt meine ich, dass ich an diesem Punkt anders agieren sollte, und zwar so …« Signalisiert ein Chef auf diese Weise Veränderungsbereitschaft, so ist dies ein großes Zeichen an seine Leute, ebenfalls für den Wandel offen zu sein.

Der Selbstbild-Fremdbild-Test

Im ersten Teil haben wir bereits gesehen, wie schnell sich die Eigenwahrnehmung einer Führungskraft verschieben kann und wie hoch die Gefahr der Selbstüberschätzung ist. Um dieser Falle zu entgehen, bietet sich eine Selbstbild-Fremdbild-Führungsstil-Analyse an. Hierzu formulieren Sie Fragen, die ursächlich mit Ihrer

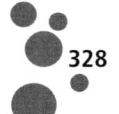

Führungsarbeit in Zusammenhang stehen. Diese bepunkten Sie auf einer Skala von null bis zehn. Anschließend bitten Sie die Mitarbeiter, ihrerseits eine Bewertung abzugeben – natürlich ohne dass sie die Ihre sehen. Dies kann anonym oder namentlich erfolgen, je nachdem wie offen die Miteinander-Kultur ist und wie wahrheitsgemäß die Antworten kommen können. Denn Augenwischerei ist hierbei völlig fehl am Platz. Sie wollen ja lernen.

Dazu gleich hier eine Checkliste mit vorbereiteten Fragen. Diese kann selbstverständlich nach eigenem Gusto ergänzt und verändert werden. Auf www.touchpoint-management.de finden Sie sie auch zum Downloaden – zusammen mit einem Auswertungsschema.

Checkliste für eine gute Mitarbeiterführung	Punktzahl: 0–10	
	Selbst-ein-schät-zung	Fremd-ein-schät-zung
1. Ich mache es meinem Mitarbeiter leicht, frei und unbefangen mit mir zu reden.		
2. Ich informiere den Mitarbeiter ehrlich, klar und umfassend – in Worten, die er versteht.		
3. Der Mitarbeiter hat die Möglichkeit, das zu tun, was er am besten kann.		
4. Er erhält herausfordernde Aufgaben – verknüpft mit den notwendigen Kompetenzen und Entscheidungsfreiheiten.		
5. Ich verstehe es, meinen Mitarbeiter für das Unternehmen zu begeistern.		
6. Ich höre aufmerksam und zugewandt zu, wenn mein Mitarbeiter über seine Arbeit spricht.		
7. Der Mitarbeiter kennt die Unternehmensziele. Und er weiß genau, was dabei vom ihm erwartet wird.		

Checkliste für eine gute Mitarbeiterführung	Punktzahl: 0–10	
	Selbst-ein-schät-zung	Fremd-ein-schät-zung
8. Über den Grad der Zielerreichung spreche ich regelmäßig.		
9. Ich bitte den Mitarbeiter um Rat und Hilfe.		
10. Ich nehme seine Meinungen bzw. Ideen ernst und wichtig. Ich sage das auch und lasse mich darauf ein.		
11. Ich helfe dem Mitarbeiter, Lösungen selbst zu finden.		
12. Ich gebe ihm das Gefühl, dass ich darauf vertraue, dass er seine Aufgaben bewältigen kann.		
13. Mir ist das Wohlergehen des Mitarbeiters wichtig. Ich zeige bei etwaigen (privaten) Problemen Anteilnahme.		
14. Ich habe genügend Zeit für den Mitarbeiter.		
15. Der Mitarbeiter darf Fehler machen.		
16. Ich gebe ihm regelmäßige und zeitnahe Rückmeldungen zur Qualität seiner Arbeit.		
17. Ich bedanke mich *oft*.		
18. Ich bitte, schlage vor und lade ein, anstatt anzuweisen.		
19. Ich lobe und spreche Anerkennung für gute Leistungen aus.		
20. Ich entschuldige mich, wenn nötig.		
21. Ich erkenne aufkommende Konflikte und sorge zügig für deren Beseitigung.		

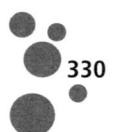

Checkliste für eine gute Mitarbeiterführung	Punktzahl: 0–10	
	Selbst- ein- schät- zung	Fremd- ein- schät- zung
22. Ich spreche mit dem Mitarbeiter über Kundenbelange. Und über die Bedeutung der Kunden für die Firma.		
23. Ich lebe dem Mitarbeiter Kundenorientierung vor.		
24. Ich bitte ihn um kundenorientierte Vorschläge und Ideen.		
25. Ich unterstütze und fördere den Mitarbeiter in seiner beruflichen und persönlichen Entwicklung.		
26. Seine Leistungen werden nachvollziehbar bewertet und ergebnisorientiert belohnt.		
27. Die Rahmenbedingungen am Arbeitsplatz des Mitarbeiters sind okay.		
Gesamtpunktzahl		
Erreichte Punkte in Prozent		
Individuelle Bemerkungen:		

So weit dieser Test. Ergänzend können auch passende Fragen aus der Analysephase in Hinblick auf eine Vorher- und Nachhermessung sinnvoll sein. Blättern Sie dazu einfach zu Schritt eins zurück.

Hilfe von außen: die kollegiale Beratung

Da man beim Selbstcoaching sehr schnell der Selbsttäuschung erliegt und seine »blinden Flecken« (Joseph Luft / Harry Ingham) nicht sieht, kann ein Kollegencoaching sehr hilfreich sein. Dabei werden Führungstandems gebildet, die sich beim Agieren an den internen Touchpoints gegenseitig beobachten und im Anschluss entsprechendes Feedback austauschen. Die Voraussetzungen, damit das gut klappt: ein Vertrauensverhältnis, keine Konkurrenzsituation, keine hierarchische Abhängigkeit. Und natürlich Know-how darüber, wie konstruktives Feedback gegeben und empfangen wird.

Eine zweite Variante ist die kollegiale Beratung. »Wir-Coaching« nenne ich das. Dabei trifft man sich regelmäßig im gleichen oder auch im wechselnden Kreis von fünf bis sieben Personen, um delikate Management- und Führungsthemen strukturiert zu besprechen. Das kann unternehmensintern mit Führungskollegen oder firmenübergreifend mit Führungskräften aus anderen Unternehmen erfolgen. Die Voraussetzungen sind ähnlich: keine Konkurrenzsituation, keine hierarchische Abhängigkeit, Vertrauen, Freiwilligkeit, Führungs-Know-how und die passende »Chemie«. Wichtig ist auch eine diversifizierte Zusammensetzung der Runde, also jung und alt, männlich und weiblich und gegebenenfalls auch unterschiedliche Nationalitäten. Die Teilnehmer betrachten sich als gleichwertig und begegnen sich auf Augenhöhe. Offenheit, Ehrlichkeit und absolute Vertraulichkeit sind als Spielregeln vorzugeben. Wenn Sie mit der kollegialen Beratung starten wollen, macht im Vorfeld eine Methodenkompetenz-Schulung Sinn.

Bei diesem Konzept gibt es drei unterschiedliche Rollen:

○ *Der Ratsuchende:* Er ist der Fallgeber und bereit, offen über sein Anliegen zu reden. Er schildert sein Problem, ohne sich je zu rechtfertigen. In den Arbeitsphasen der kollegialen Berater ist er ein stiller Beobachter. Er kommentiert die Lösungshypothe-

sen der Berater *nicht*. Ohne Wenn und Aber kann er aus dieser Position heraus neue Sichtweisen gewinnen oder Hürden und Blockaden erkennen.

O *Die kollegialen Berater:* Sie treten dem Ratsuchenden respektvoll und mit ehrlichem Interesse entgegen. Sie akzeptieren, dass das Geschilderte für den Ratsuchenden ein Problem darstellt. Sie klären durch kluge Fragestellungen Faktenlage und Hintergründe. Sie geben jedoch weder persönliche Ratschläge noch sondern sie abfällige oder besserwisserische Kommentare ab. Im Beraterkreis suchen sie gemeinsam nach denkbaren Lösungsansätzen. Sie sind Impulsgeber und Ideenlieferanten.

O *Der Berater-Berater:* Er schaltet sich nicht in die Lösungssuche ein, sondern beobachtet die kollegialen Berater bei ihrer Arbeit. Er greift nur dann ein, wenn Fehler in der Rollenmethodik passieren. Am Ende gibt er allen Beteiligten Feedback über die Qualität ihres Verhaltens. Er kann auch die Rolle des Moderators und Zeitwächters übernehmen.

Alle Teilnehmer lernen von- und miteinander. Ihr Blick für unterschiedliche Handlungsvarianten und neue Vorgehensweisen wird geschärft. Die Führungsarbeit wird durch die Kreativität und den Erfahrungsschatz aller bereichert und professionalisiert. Übrigens ist diese Form von »internem Crowdsourcing« eine sehr kostengünstige Form der Mitarbeiterentwicklung. Und durch die Bearbeitung konkreter Fälle ist sie klassischen Lernformen wie generalistischen Seminaren und rezeptartigen Trainings sehr überlegen.

Die kollegiale Beratung: eine kostengünstige Form der Mitarbeiterentwicklung.

Hier der beispielhafte Ablauf einer solchen kollegialen Beratung[114]:

5 Min.	Der Ratsuchende stellt sein Anliegen vor, am besten via Storytelling, und formuliert seine zentrale Fragestellung. Dabei wird er von den Beratern *nicht* unterbrochen.
10 Min.	Die kollegialen Berater stellen neutrale Verständnisfragen, um die Sachlage zu klären, sie geben aber keinerlei Meinungen ab.
10 Min.	Phase 1: Die kollegialen Berater entwickeln mögliche Hypothesen zur Problemlösung. Diese werden gemeinsam diskutiert. Die einzelnen Ansätze werden nicht bewertet, sondern bleiben nebeneinander stehen. Der Ratsuchende hört still zu, ohne in die Diskussion einzugreifen.
5 Min.	Der Ratsuchende favorisiert einen der Lösungsansätze – ohne seine Entscheidung zu begründen. Die Berater schweigen.
10 Min.	Phase 2: Die gewählte Idee wird praxistauglich weiterentwickelt. Der Ratsuchende hört still zu, ohne einzugreifen.
5 Min.	Der Ratsuchende teilt mit, welche Ansätze für ihn die wertvollsten waren und zu welchen Schritten er sich entschieden hat. Die Berater nehmen diese Entscheidung ohne weitere Kommentare an.
10 Min.	Der Berater-Berater gibt den Teilnehmern Feedback zum Prozessverlauf. Gemeinsam erfolgt eine Prozessreflexion: Wie ist es uns ergangen? Was haben wir gelernt? Was soll sich bessern?

Beim nächsten Treffen berichtet der Ratsuchende, wie der Fall sich weiterentwickelt hat. Danach wird ein neuer Fall zur kollegialen Beratung vorgetragen. So kann für eine kollegiale Beratungssequenz, wenn nur ein Fall besprochen wird, bei ausreichender Disziplin alles in allem eine Stunde angesetzt werden.

Eine dritte Variante ist der Beratermarkt. Dabei liegt die Teilnehmerzahl bei mindestens neun Personen. Je nach Anzahl der Gruppen können so mehrere Anliegen besprochen werden. Oder die Gruppen arbeiten parallel und erstellen für das gleiche Anliegen verschiedene Beratungsangebote. In diesem Fall wählt der Rat-

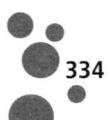

suchende die ihm zusagende Variante aus. Diese wird von allen Beratern gemeinsam weiterentwickelt. Das bedeutet, dass zunächst konkurrierende Gruppen in der zweiten Phase am ursprünglichen Konkurrenzangebot mitarbeiten. Dieses Vorgehen sorgt für einen Perspektivenwechsel und schärft den Blick für alternative Lösungsmodelle. Kollektives Wissen wird angezapft und freigiebig geteilt. Alle gemeinsam sind in diesem Prozess gleichzeitig Berater und Lernende. So können auch Fehlentscheidungen aus dem einsamen Kämmerlein vermieden werden.

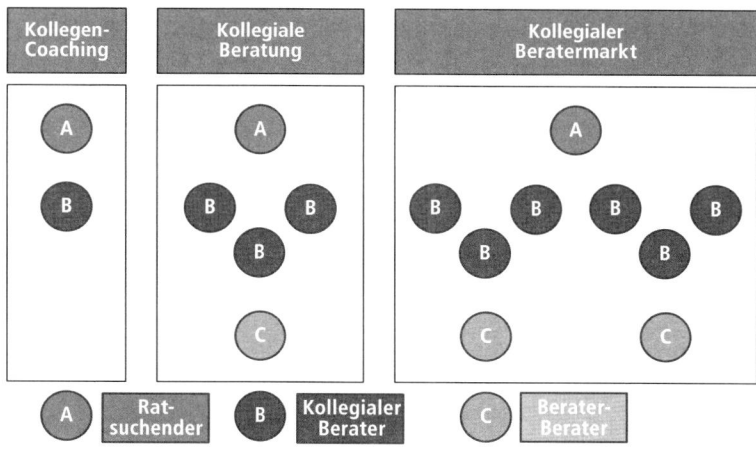

Abb. 19: Formen der kollegialen Beratung (External Peer Reflection)

Ich halte die kollektive Beratung für ein exzellentes Tool, um die anspruchsvollen Führungsaufgaben von heute und morgen zu meistern und komplexe Managementaufgaben zu lösen. Sie kann als Baustein überall dort integriert werden, wo sich Unternehmer sowieso treffen.

Die Unternehmer-Organisation Vistage International hat aus Peer Advisory Groups ein Geschäftsmodell gemacht. Und für einen Verbund aus fünf süddeutschen Konzernen dient External Peer Reflection als Personalentwicklungskonzept auf hohem Niveau. »Die Idee ist, das Erfahrungswissen aus diversen Unternehmen für die individuelle Entwicklung eines Managers nutzbar zu machen«, sagt Andrea Mehle, HR-Beauftragte bei Bosch Siemens Hausgeräte (BSH) und Initiatorin dieses Programms. Dabei steige, schreibt Berater Stefan Scholer in einem Beitrag für das Magazin *Wirtschaft + Weiterbildung*, bei allen Beteiligten auch die Kompetenz zur kritischen Selbstreflexion.

Von scheidenden Mitarbeitern lernen

Alle Maßnahmen, die wir bislang besprochen haben, zielen nicht nur auf Spitzenleistungen der Belegschaft, sondern auch auf eine Prävention gegen ungewollte Mitarbeiterfluktuation. Erfahrene Führungskräfte mit Gespür für die leisen Töne können ein drohendes Abwandern erkennen, bevor es zu spät ist: kurzfristig genommene einzelne Urlaubstage, Nachlässigkeiten, Unkonzentriertheit, geringeres allgemeines Interesse, verringertes Engagement. Wer die Anzeichen richtig deutet, kann gefährdete Mitarbeiterbeziehungen womöglich noch rechtzeitig stabilisieren.

Sie haben einen leisen Verdacht? Natürlich kann man nicht mit der Tür ins Haus fallen, sondern wird versuchen, sachte vorzufühlen. Fragen Sie so: »Gibt es etwas, lieber Mitarbeiter, worüber wir dringend mal sprechen sollten?« Seine Antwort ist ausweichend und klingt wenig plausibel? Seine Körpersprache spricht Bände? Dann werden Sie hellwach! Sind die Verträge mit dem neuen Arbeitgeber erst mal unter Dach und Fach, ist es fast immer zu spät. Beobachtungen über abwanderungskritische Ereignisse lassen sich sukzessive verfeinern, um hieraus Kennzahlen zu entwickeln, Prognosemodelle zu erarbeiten und ein Frühwarnsystem zu installieren.

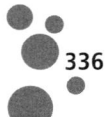

Ganz klar gibt es in jedem Unternehmen eine natürliche Abschmelzquote. Wir können nicht alle Mitarbeiter halten – und manche wollen wir auch nicht. Veränderte Lebensumstände können zu Ausfällen führen. Oder die Konkurrenz bietet bessere Entfaltungsmöglichkeiten. Die schnellen Informationszugriffe im Internet mögen eine Rolle spielen. Der vielerorts leer gefegte Arbeitsmarkt und das sich infolge der Digitalisierung wandelnde Sozialverhalten sind Fakt.

Doch all das erklärt Mitarbeiterflucht nur teilweise. Der Mangel an Mitarbeiterloyalität und die damit einhergehenden Verluste sind, wie schon erwähnt, oft genug hausgemacht. Hinter den meist rational vorgetragenen sachlichen und fachlichen Wechselanlässen stecken häufig ganz andere, die wahren Gründe. Viele Mitarbeiter beenden eine Arbeitsbeziehung in Wirklichkeit aufgrund von zwischenmenschlichem Fehlverhalten, genauer gesagt, weil:

Hinter den angegebenen sachlichen Wechselgründen verbergen sich häufig Probleme auf der zwischenmenschlichen Ebene.

O sich ihr Wohlbefinden im Team in Grenzen hielt,
O man sie mehr oder weniger miserabel geführt hat,
O sie keine Anerkennung für ihre Anstrengungen bekamen,
O man sich um ihre Weiterentwicklung nicht gekümmert hat,
O ihnen nie gesagt wurde, wie wichtig sie als Mitarbeiter sind.

Doch nur, wer die wahren Wechselgründe kennt, kann etwas dagegen tun. Dazu ist ein von einem neutralen (!) Dritten – zum Beispiel dem internen Touchpoint-Manager – geführtes Exit-Interview bestens geeignet. Doch lediglich dreizehn Prozent der Firmen tun dies bereits, wie die Kienbaum-Studie Internal Employer Branding 2012 herausgefunden hat.[115]

Jeder, der geht, nimmt etwas mit und lässt etwas zurück: Erlebnisse, Eindrücke, Emotionen, Erfahrungen. Bevor ein Mitarbeiter die

Tür für immer hinter sich schließt, hat er vielleicht den Wunsch, das eine oder andere mit Ihnen zu besprechen. Womöglich gibt es auch Dinge, die immer schon mal hätten gesagt werden sollen, nur die Courage hat gefehlt. Wer geht, tut sich nun leichter, Klartext zu reden. Und ja, ganz abgesehen vom möglichen Ärger wegen des Weggangs, auch die Arbeitgeberseite braucht Mut, ein Exit-Interview zu führen, denn es können ja unangenehme Dinge zur Sprache kommen. Andererseits kann man eine Menge lernen, wenn man kluge Fragen stellt. Von langen Fragebögen halte ich an dieser Stelle wiederum nichts. Das ist für den Interviewten nur ätzend und mühsam.

Bereiten Sie stattdessen einen kleinen Fragenkatalog vor, und führen Sie das Gespräch dann mündlich, formlos und frei. Einige Formulierungen dazu:

○ Aus welchem Hauptgrund sind Sie ursprünglich gekommen?
○ Was lief aus Ihrer Sicht während der Zeit bei uns richtig gut?
○ Was würden Sie schleunigst verändern oder verbessern?
○ Was wird Ihre positivste, was die negativste Erinnerung sein?
○ Welche Vorteile ergeben sich für Sie durch den Wechsel?
○ Was hätte passieren müssen, damit Sie hätten bleiben wollen?
○ Können Sie sich vorstellen, noch einmal zurückzukommen?
○ Was sollten wir Ihrem Nachfolger unbedingt mit auf den Weg geben?

Hinweise auf Missstände beim Betriebsklima, den Arbeitsbedingungen und dem Führungsverhalten des Vorgesetzten bringen zwar den ausscheidenden Mitarbeiter nicht mehr zurück. Sie können aber vieles für die Bleibenden verbessern, einer weiteren Fluktuation entgegenwirken und so eine Menge Kosten sparen helfen. »Außerdem kann man viel darüber erfahren, wie man wettbewerbsfähig bleibt«, meint Personalberaterin Sophia von Rundstedt. »Im schlimmsten Fall erfährt man nichts«, sagt Personalchef Bernhard Bingenheimer vom Handelsunternehmen Lekkerland der *FAZ*. »Man kann also nur gewinnen.«[116] Zumindest können

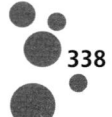

schlechte Mundpropaganda und negative Bewertungen auf Meinungsportalen durch Ihr Interesse an einem solchen Gespräch womöglich gemildert werden. Auch ein austretender Mitarbeiter ist ja ein Botschafter des Unternehmens. Er kann viel schlechte Laune verbreiten – und viele Talente daran hindern, sich zu bewerben.

Erläutern Sie dem Gehenden, dass ein solches Austrittsgespräch freiwillig ist, dass es kein Umdrehgespräch wird, nennen Sie plausible Gründe für den beiderseitigen Nutzen und zeigen Sie Wertschätzung, dann wird es klappen. Bleiben Sie während des Gesprächs ruhig, sachlich und neutral. Rechtfertigen Sie sich nicht und verteidigen Sie niemanden. Erfassen und analysieren Sie die genannten Antworten. Geben Sie die kleinen Geschichten, die Sie erfahren haben, im Originalwortlaut wieder. Weil emotional, haben sie meist den größten Effekt. Und dann: Ändern Sie was!

Ein kleiner Tipp: Exit-Interviews sollten erst dann geführt werden, wenn der Mitarbeiter keinerlei negative Konsequenzen mehr befürchten muss, sodass er völlig frei seine Beweggründe für den Wechsel nennen kann. Alle Austrittsformalitäten inklusive Arbeitszeugnis also vorher erledigen.

»Ich kam mir nach der Kündigung vor wie ein vollkommen wertloser Mensch. Es war wie ein Trauma. Wochenlang war ich wie gelähmt.« Das erzählte mir ein Entlassener. Ja, zur schockierenden Nachricht darf nicht auch noch ein katastrophaler Trennungsstil kommen. Damit sich die üble Nachrede in Grenzen hält und die Motivation der Bleibenden nicht leidet, sollten Kündigungsgespräche gut vorbereitet und ausgiebig geübt werden. Denn sie sind die schwierigsten Gespräche, die eine Führungskraft zu führen hat. Für beide Seiten bedeuten sie eine hohe emotionale Belastung.

Beautiful Exit: Sorgen Sie für einen annehmbaren Abgang.

Hat hingegen der Mitarbeiter gekündigt, und nichts hat gefruchtet, um ihn für eine Weiterbeschäftigung zu begeistern, dann gilt es jetzt, das Beste aus der Situation zu machen. Dies schafft eine gesunde Basis für eine mögliche Rückkehr zu einem späteren Zeitpunkt. Bleiben Sie deshalb in guter Erinnerung. Bereiten Sie scheidenden Mitarbeitern einen schönen Abschied. Die Amerikaner nennen das einen »Beautiful Exit«. Lassen Sie eine Brücke stehen! Es ist schon vorgekommen, dass solch rührendes Bemühen noch Mitarbeiter zurückgelockt hat, die zunächst nicht rückkehrbereit waren.

Ein Unternehmer zeigte mir einmal das Abschiedsgeschenk, das er einer Topmitarbeiterin machen wollte: eine elegante Ledermappe mit besonderem Inhalt. »Liebe Frau …«, stand im Begleitbrief, »zum Start an Ihrem neuen Arbeitsplatz wünschen wir Ihnen alles erdenklich Gute. Studien besagen allerdings, dass jedes vierte Arbeitsverhältnis in der Probezeit wieder gelöst wird, weil man nicht immer zueinanderpasst. Sollten Sie also das Gefühl haben, dass irgendetwas an Ihrer neuen Stelle nicht stimmt, dann kommen Sie bitte wieder zurück. Beiliegend finden Sie einen bereits vorbereiteten Arbeitsvertrag. Wir würden uns unglaublich freuen, Sie bald bei uns wiederzusehen.«

Ein »Beautiful Exit« verläuft immer so, dass man sich auch hinterher noch in die Augen schauen und bei einem Bierchen über alte Zeiten plaudern kann. Behandeln Sie Ihre abwandernden Mitarbeiter selbst dann fair, wenn *deren* Fairness zu wünschen übrig lässt. Was demnach absolut tabu sein sollte: angeblich verschlampte Austrittspapiere, schleppend bearbeitete Arbeitszeugnisse, Kommunikationssperren, Mobbing während der letzten Arbeitstage, Beschimpfungen und Beleidigungen, üble Nachrede. Bedanken Sie sich vielmehr aufrichtig für die zurückliegende Arbeitsbeziehung und wünschen Sie dem Mitarbeiter für die Zukunft viel Erfolg.

Und dann? Bleiben Sie in Kontakt! Zum Beispiel über einen Job-Newsletter oder die Mitarbeiterzeitung, Xing, ein Alumni-Netz-

werk, Einladungen zu Fachtagungen und Feiern, Informationen über wichtige Ereignisse und Neuerungen, eine Geburtstagskarte. Oder senden Sie ab und an ein kleines Erinnerungsgeschenk. Dabei schlagen Sie zwei Fliegen mit einer Klappe:

1. Der Ex hat allen Grund, positiv über Sie zu sprechen. Vielleicht hatte die Arbeitsbeziehung ja Mängel, aber die Art und Weise, wie Sie sich verabschiedet haben, die hatte Stil.

2. Sie bleiben in guter Erinnerung und halten die Tür ein wenig offen für eine spätere Rückkehr nach einem geglückten Wiedergewinnungsversuch.

Immer öfter geht es heutzutage auch darum, die Spitzenkräfte unter den Mitarbeitern, die gerade woanders arbeiten, zurückzuholen. Und außerdem: Wiedereinstellungen schonen Ressourcen. Sie kosten halb so viel wie Ersteinstellungen, und sie sind bereits in den ersten drei Monaten um etwa vierzig Prozent effizienter.

Beim Ex interessieren vor allem zwei Aspekte: Mit wem lohnt sich ein Neuanfang? Und: Wer will überhaupt zurück? Sodann ist zu klären: Welchen »Come-back-Köder« wollen Sie anbieten? Wann soll dies erfolgen? Und schließlich: Wer soll den Exmitarbeiter ansprechen? Basis für all das ist eine funktionsfähige Datenbank mit gut gepflegten Daten der (ausgeschiedenen) Mitarbeiter. Und wenn dann ein Ehemaliger tatsächlich wiederkommt, dann braucht es einen besonders gelungenen Einstand. Eine dritte Chance gibt man den Menschen so gut wie nie, eine zweite allerdings gern.

Und damit wäre nun auch hier der Startpunkt für eine zweite Runde im Touchpoint-Management. Doch vor der zweiten Runde kommt die erste. Packen Sie's an! Die Zeit ist reif. Die Tools sind da. Und die (neuen) Mitarbeiter sind bereit. Es gibt keinen besseren Zeitpunkt, als jetzt zu beginnen.

Ausblick

Von der Pyramidenorganisation zum Touchpoint-Unternehmen: Diesen Weg gilt es zu gehen. Bei laufendem Betrieb. Man kann sein Unternehmen ja nicht wie ein Geschäft für eine Weile schließen, kernsanieren und dann mit großem Tamtam wiedereröffnen. Das brauchen Sie auch nicht. Und – warten Sie nicht. Wer sich jetzt nicht bewegt, hat übermorgen nichts mehr zu tun. Also dann: Gleich morgen geht's los. Und zwar auf drei Ebenen:

O *Auf der Ebene der Organisation:* Hier geht es um den passenden Umbau Ihres Unternehmens, um es für unsere neue Businesswelt fit zu machen, und zwar auf Basis der sieben Rahmenbedingungen, die eingangs beschrieben wurden: Schwarmintelligenz integrieren, kollaborative Strukturen implementieren, gefühlte Hierarchien reduzieren, Regelwerke dezimieren, Silodenke demontieren, sich digital transformieren und den Kundenfokus forcieren.

O *Auf der Ebene der Führung:* Hier geht es um den CTMP® Collaborator Touchpoint Management Prozess, wobei alle Touchpoints zwischen Führungskraft und Mitarbeiter auf die Faktoren »enttäuschend« / »okay« / »begeisternd« hin zu analysieren und dann zu optimieren sind.

O *Auf der Ebene der Mitarbeiter:* Hier geht es um das aktive Involvieren der Mitarbeitenden an den internen (und externen) Touchpoints, um die Weisheit der Vielen zu nutzen und auf diese Weise schnell für wirksame Verbesserungen zu sorgen. Das Ziel: stärkere Performance, höhere Loyalität und ein aktives Weiterempfehlen.

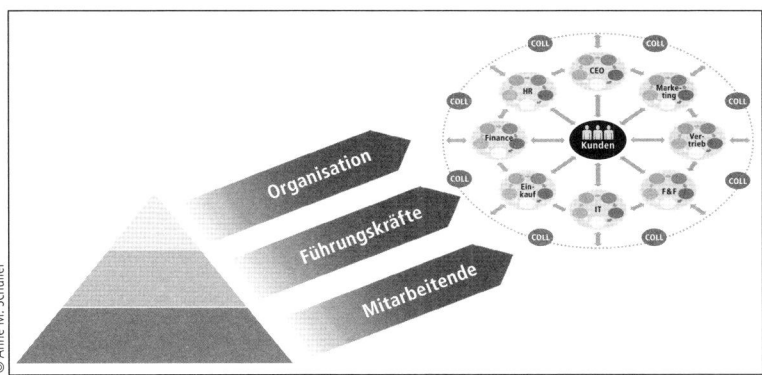

Abb. 20: Die Transformation einer Organisation, ihrer Führungskräfte und Mitarbeitenden von einem pyramidalen System zu einem Touchpoint-Unternehmen, in dem sich alles um den Kunden dreht

Zunächst muss ausgemistet werden. Alles Unkraut, das die jungen Triebe am Wachsen hindert, muss weg. Der größte Fehler wäre jedoch ein neues Projekt nach dem Motto: »Wir zerschlagen unser altes Führungssystem.« Schritt für Schritt sollte es gehen, mit einem fröhlichen Lied auf den Lippen. Das Touchpoint-Management bietet vielfältige Wege zum Ziel.

Die meisten klassischen Change-Prozesse scheitern, weil sie von oben kommen und die Maßnahmenpakete den Mitarbeitern übergestülpt werden. Damit das hier nicht passiert, machen Sie es diesmal andersherum: Starten Sie mit einem Auftakt-Workshop, an dem *mindestens* fünfzig Mitarbeitende teilnehmen können (so wie in Teil 3 beschrieben). Inspiriert durch einen Impulsvortrag, der Mehrwert bringt, soll die Mannschaft die notwendigen Konzepte selbst entwickeln. Und glauben Sie mir: Ihre Leute wissen längst, was zu tun ist. Die meisten scharren schon mit den Füßen, damit es endlich losgehen kann. Ist so ein Startschuss geglückt, läuft vieles danach wie von selbst. Weil sich alle im Unternehmen vom Geist des Touchpoint-Managements anstecken lassen.

Für diejenigen, die besonders tief in Veränderungsprozesse einsteigen wollen, habe ich zwei weitere Workshop-Formate parat (die ich gern auf Nachfrage erläutere und mit Ihnen gemeinsam plane):

○ ein »Kill a stupid rule«-Workshop, der sich insbesondere, auch abteilungsübergreifend, für größere Mitarbeitergruppen eignet. Ziel ist ein selbstverantwortliches Optimieren der innerbetrieblichen Prozesse, auch mit Blick auf eine verbesserte Kundenorientierung. Und

○ ein »Kill the company«-Workshop, der sich vor allem für Führungsebenen eignet. Bei diesem Format, das ursprünglich von Lisa Bodell, CEO der Beratungsfirma Futurethink, entwickelt wurde, wird das eigene Unternehmen durch die Brille eines angriffslustigen Mitbewerbers sondiert, um sich besser für die Zukunft zu rüsten.

Über dieses Buch hinaus gibt es viele weitere Tools, um veraltete Managementstrukturen zurückzubauen, bessere Rahmenbedingungen für unsere neue Arbeitswelt zu schaffen und eine zukunftsfähige Mitarbeiterführung zu ermöglichen.

Wir können den Wandel ignorieren, bekämpfen oder umarmen. Jede Veränderung bedeutet, dass etwas Neues entsteht, von dem wir noch nicht wissen, ob es besser oder schlechter sein wird. Das kann Vorfreude, aber auch Ängste schüren. Eine Entscheidung ist wie Springen durch die Flammenwand des Zweifels, hat Reinhard Sprenger einmal gesagt.[117] Der erste Schritt ist dabei immer der schwerste, denn er bedeutet: mit Gewohnheiten brechen, die Komfortzone verlassen, dem Verlorenen nachtrauern, mutig Neuland betreten.

Doch Menschen wiederholen gerne Aktivitäten, in denen sie einmal siegreich waren. »Self-Herding« wird dieses Verhalten in Fachkreisen genannt. Ähnlich dem Herdenverhalten folgen wir hier der »Herde« unserer eigenen früheren Entscheidungen. Für solch ewig

Gestrige hat Gary Hamel einen denkwürdigen Satz parat: »Die Zukunft macht leicht Narren aus den Unbelehrbaren, die sich zu lange an alte Gewissheiten klammern.«[118]

»Nur ein Narr macht keine Experimente«, wusste schon Charles Darwin. Also dann: Machen Sie es wie die Evolution. Und wie die Jungen Wilden: Experimentieren Sie! Jonglieren Sie! Testen Sie! Und hören Sie niemals auf, immer noch ein wenig besser zu werden! Planen Sie den Misserfolg wie selbstverständlich mit ein! Warten Sie nicht, bis alles perfekt ist, denn perfekt wird es nie. Und feiern Sie Erfolge! Mit jeder Optimierung, egal, ob diese drinnen in der Company oder draußen am Markt gelingt, können Sie einen kleinen Trittstein in eine große Zukunft legen.

Und wenn der Weg in die richtige Richtung führt, dann werden Sie, zusammen mit Ihren Leuten, wie Steve Jobs einmal sagte, eine Delle ins Universum schlagen. Was kann sich ein Unternehmen mehr wünschen?

In eigener Sache

An dieser Stelle möchte ich mich herzlich dafür bedanken, dass Sie dieses Buch gelesen haben. Ich würde mich freuen, wenn es Sie inspiriert hat, das Touchpoint-Management – in welcher Form auch immer – in Ihrem Unternehmen einzuführen.

Wenn Sie nun das Gefühl haben, ich könnte Sie auf diesem Weg ein Stück weit begleiten, dann kommen Sie gern auf mich zu. Ich stehe Ihnen wie folgt zur Verfügung:

○ Lebendige Impulsvorträge und hochprofessionelle Keynotes zum Thema Touchpoint-Management auf Kongressen, Conventions und Jahrestagungen sowie für Management-Meetings, Vertriebs-Kick-offs, Mitarbeiteranlässe, Dinner-Speeches usw.
○ Power-Workshops zur Einführung des internen und externen Touchpoint-Managements im Rahmen von Klein- oder Groß-gruppen, so wie auch in diesem Buch beschrieben.
○ Impulsvorträge und Seminar-Workshops zu folgenden weiteren Themen: Zukunftstrend Kundenloyalität, das neue Empfehlungsmarketing, Mitarbeiterführung in neuen Businesszeiten, emotionales Verkaufen.

Zu all diesen Themen habe ich eine Reihe von Bestsellern geschrieben und Hörbücher herausgegeben. Stöbern Sie einfach mal in meinem Onlineshop auf www.anneschueller.de.

Regelmäßige weitere Informationen erhalten Sie über meinen kostenlosen Newsletter und über mein Blog. Infos dazu finden Sie auf www.anneschueller.de.

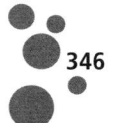

Die Touch Points®-Lizenzen: Für den CTMP® Customer Touchpoint Management Prozess und den CTMP® Collaborator Touchpoint Management Prozess gebe ich Lizenzen aus. Informationen dazu finden interessierte Berater, Agenturen, Trainer und Coaches auf www.touchpoint-management.de.

Das Touch Points®-Institut: Das Touch Points®-Institut bildet zertifizierte Touchpoint-Manager aus. Informationen und Termine finden Sie auf www.touchpoint-management.de.

Das Touch Points®-Netzwerk: Im Touch Points®-Netzwerk finden Sie lizenzierte und zertifizierte Partner, die Ihnen bei der Umsetzung des Touchpoint-Managements in Ihrem Unternehmen helfen können. Weitere Details finden Sie auf www.touchpoint-management.de.

Meine Websites

www.anneschueller.de
www.touchpoint-management.de
www.loyalitaetsmarketing.com
www.empfehlungsmarketing.cc
www.kundenrueckgewinnung.com

Meine Social-Media-Seiten

http://blog.anneschueller.de
https://www.xing.com/profile/AnneM_Schueller
http://facebook.touchpoint-management.de
http://facebook.loyalitaetsmarketing.com
http://facebook.empfehlungsmarketing.cc
http://twitter.com/anneschueller
http://googleplus.anneschueller.de

Anmerkungen

1 Vgl. http://www.zeromomentoftruth.com.

2 Vgl. http://de.wikipedia.org/wiki/X-Y-Theorie.

3 Vgl. http://www.pressetext.com/news/20130726014.

4 Vgl. May, Jochen: Schwarmintelligenz in Unternehmen, Publicis, Erlangen 2011.

5 http://www.interbrand.com/en/best-global-brands/2013/Best-Global-Brands-2013.aspx.

6 Vgl. Fuchs, Jürgen, Fuchs, Holger: Schluss mit Hierarchie, Coin, Wiesbaden 2008.

7 Vgl. http://www.handelsblatt.com/meinung/kolumnen/werber-rat/der-werber-rat-die-beste-motivation-ist-identifikation/7811002.html.

8 Vgl. http://www.vinzenz-baldus.de/service-edition/serviceimpulse/serviceimpuls-nr3.html.

9 Vgl. http://www.personaltag.ch/fileadmin/benutzerdaten/personaltag-ch/pdf/PST_MM.pdf.

10 Rief, Stefan: Das Ende des Büros, ManagerSeminare, Heft 186, September 2013.

11 Gratton, Lynda: Die Zukunft der Arbeit, Harvard Business Manager; März 2013.

12 Vgl. http://www.de.capgemini.com/blog/it-trends-blog/2013/07/wie-it-trends-unternehmen-beeinflussen-interview-mit-trend-forscher-peter-wippermann.

13 Ebenda.

14 Gloger, Axel: Über_Morgen. Was Ihr Unternehmen in Zukunft erfolgreich macht, Linde, Wien 2012.

15 Ortmann, Yvonne: Arbyte!, T3n Magazin, Nr. 29, November 2012.

16 Hellmuth, Dirk: »Social« als Retter in der Email-Not?, Interview Magazin, Nr. 4, 2013.

17 Roebers. Frank: Wissen schlägt Macht, Harvard Business Manager, Edition 4, 2012.

18 Vgl. http://www.spiegel.de/thema/warteschleife/.

19 Vgl. http://www.bain.com/bainweb/pdfs/cms/hottopics/closing-deliverygap.pdf.

20 Vgl. http://www.perspektive-mittelstand.de/Studie-Top-Management-fuer-Gros-der-Mitarbeiter-unglaubwuerdig/management-wissen/5031.html.

21 Vgl. http://www.stepstone.de/Ueber-StepStone/upload/StepStone_Employer_Branding_Report_2011_final.pdf.

22 Vgl. http://www.ikuf.de/ergebnisse-umfrage-ikuf/ergebnisse-umfrage-2012-ikuf.html.

23 Vgl. http://www.stepstone.de/Ueber-StepStone/presse/glueck-im-job-zahlt-sich-aus.cfm.

24 Vgl. http://www.detecon-dmr.com/de/article/fuhren-mit-flexiblen-zielen_2006_09_30.

25 Vgl. http://www.personalmarketingblog.de/undercover-boss-was-denken-eigentlich-die-mitarbeiter.

26 Vgl. http://www.absatzwirtschaft.de/content/marketingstrategie/news/kunden-wuenschen-sich-staerkere-teilhabe-am-marken-geschehen;81070.

27 Vgl. Die Welt, 15. August 2013.

28 Vgl. TEDGlobal: Trend Update Totale Transparenz, September 2012.

29 Vgl. http://www.computerwoche.de/a/teilen-und-spielen,2536758.

30 Das E-Book *Der Kunde als Mitgestalter im neuen Marketing* finden Sie unter http://www.touchpoint-management.de/rw_e13v/main.asp?WebID=schueller2_tpm&PageID=23.

31 Vgl. http://www.geva-institut.de/index.html.

32 Vgl. http://www.stellenanzeigen.de/asp/tipps/poll/main_neu.asp?ID=200.

33 Förster, Anja / Kreuz, Peter: Spuren statt Staub, Econ, Berlin 2008.

34 Mei-Pochtler, Antonella: Man muss Employer Branding spüren, absatzwirtschaft, Nr. 12, 2013.

35 Zum Rügenwalder Drillvideo vgl. http://www.youtube.com/ watch?v=JnZeGqZszAU.

36 Trend-Update, hg. von Matthias Horx, Nr. 11, 2011 (Thema: Workstyles).

37 Gratton, Lynda: Organische Organisation, GDI Impuls, Nr. 2, 2012.

38 Vgl. Opaschowski, Horst W.: Wir! Warum Ichlinge keine Zukunft mehr haben, Murmann, Hamburg 2010.

39 Vgl. Intre, Nr. 2, 2013.

40 Vgl. http://www.pressetext.com/news/20130712002.

41 Vgl. http://www.changex.de/Article/interview_riederle_nicht_so_wie_ihr.

42 Riederle, Philipp: Wer wir sind und was wir wollen. Ein Digital Native erklärt seine Generation, Knaur, München 2013.

43 Vgl. http://www.bitkom.org/de/presse/8477_76065.aspx.

44 Dueck, Gunter: Professionelle Intelligenz, Eichborn, Köln 2011, S. 68.

45 Trend-Update, hg. von Matthias Horx, Nr. 11, 2011 (Thema: Workstyles).

46 Vgl. http://de.wikipedia.org/wiki/Kristalline_Intelligenz#Cattells_Zwei-Faktoren-Modell.

47 Vgl. http://www.birgit-gebhardt.com/Trendstudie_New_Work_Order.pdf.

48 Vgl. http://de.wikipedia.org/wiki/Charles_Handy.

49 Trend-Update, hg. von Matthias Horx, Nr. 11, 2011 (Thema: Workstyles).

50 Vgl. Jánkzky, Sven Gábor / Abricht, Lothar: 2025 – So arbeiten wir in der Zukunft, Goldegg Verlag, Berlin 2013.

51 Vgl. http://info.monster.de/13Dezember2006ArbeitnehmerfuhlensichdemeigenenUnte-120403730/article.aspx.

52 Vgl. www.hr-barometer.uzh.ch/ergebnisse/berichte/hrbarometer12.html.

53 Vgl. http://www.welt.de/wirtschaft/article2019484/Warum-Loyalitaet-im-Unternehmen-wichtig-ist.html.

54 Manager Magazin: Tatort Büro, Nr. 1, 2013.

55 Vgl. http://www.haygroup.com/de/press/details.aspx?id=37320.

56 Sprenger, Reinhard: Mythos Motivation, 19. Aufl., Campus, Frankfurt am Main / New York 2010, S. 49.

57 Vgl. http://www.stepstone.de/Ueber-StepStone/upload/ StepStone_Employer_Branding_Report_2011_final.pdf.

58 Bauer, Joachim: Arbeit. Warum unser Glück von ihr abhängt und wie sie uns krank macht, Karl Blessing Verlag, München 2013, S. 29.

59 Ebenda, S. 31.

60 Vgl. Siegrist, Johannes: Medizinische Soziologie, 6. Aufl., Urban & Fischer, München / Jena 2005.

61 ManagerSeminare: Loben lernen, Nr. 173, August 2012.

62 Vgl. Pink, Daniel: Drive. Was Sie wirklich motiviert, Ecowin, Salzburg 2010.

63 Vgl. Ariely, Dan: Wer denken will, muss fühlen, Knaur, München 2012.

64 Vgl. Dweck, Carol: Lob stinkt, Medianet, 16. März 2012.

65 Lob von Topleistern motiviert Kollegen, ManagerSeminare, Nr. 185, August 2013.

66 Vgl. z. B. http://www.wissenstransfer-blog.de/talent-management/lust-an-leistung.html.

67 Vgl. Bruch, Heike: Brennen. Ohne zu verbrennen, Brand eins, Nr. 6, 2013.

68 Vgl. http://www.wissenstransfer-blog.de/talent-management/ lust-an-leistung.html.

69 Vgl. Luhmann, Niklas: Vertrauen. Ein Mechanismus der Reduktion sozialer Komplexität, 4. Aufl, UTB, Stuttgart 2000.

70 Sprenger, Reinhard: Vertrauen führt. Worauf es im Unternehmen wirklich ankommt, 3. Aufl., Campus, Frankfurt am Main 2007, S. 186.

71 Vgl. Ross, Lee: Das selbstlose Gen, Harvard Business Manager, Nr. 3, 2012.

72 Vgl. Wolf, Gunther: Mitarbeiterbindung, Haufe-Lexware, Freiburg 2013.

73 Kilian, Karsten: Die Employer-Branding-Falle, Absatzwirtschaft, Nr. 5, 2013.

74 Vgl. http://www.youtube.com/watch?v=O95DBxnXiSo.

75 Vgl. http://www.stepstone.de/Ueber-StepStone/upload/ StepStone_Employer_Branding_Report_2011_final.pdf.

76 Vgl. Yougov Studie: Mitarbeiter als Markenbotschafter, Markenartikel, Nr. 8, 2011.

77 Vgl. http://www.youtube.com/watch?v=SzqTDRThbiE.

78 Vgl. http://www.uni-bamberg.de/fileadmin/uni/fakultaeten/ wiai_lehrstuehle/isdl/MS_Recruiting_Trends_im_Mittelstand_2012.pdf.

79 Vgl. http://www.hrweb.at/2013/06/recruiting-trends_mobile-recruiting/.

80 Elger, Christian: Neuroleadership. Erkenntnisse der Hirnforschung für die Führung von Mitarbeitern, Haufe-Lexware, Freiburg 2013, S. 111 f.

81 Vgl. http://www.bitkom.org/files/documents/Social_Media_in_ deutschen_Unternehmen(4).pdf.

82 Vgl. http://personalmarketing2null.de/2011/11/01/es-muss-nicht-immer-facebook-sein-der-einsatz-von-kununu-fuer-personalmarketing-und-employer-branding-am-beispiel-medtronic/.

83 Kunden wollen nicht für Träume zahlen, Absatzwirtschaft, 7–8/2013.

84 Vgl. http://www.omnisophie.com/sie-fuhrten-immer-befehle-aus-aber-jetzt-befiehlt-keiner-mehr-daily-dueck-190-april-2013/.

85 Cole, Tim: Unternehmen 2020 – das Internet war erst der Anfang. Praxiskonzepte für den Mittelstand, Hanser, München 2010, S. 70.

86 Hamel, Gary: Das CEO-Konzept hat ausgedient, Wirtschaftswoche, 22.12.2012.

87 Dueck, Gunter: Professionelle Intelligenz, Eichborn, Frankfurt am Main 2011, S. 226.

88 Lehky, Maren: Leadership 2.0. Wie Führungskräfte die neuen Herausforderungen im Zeitalter von Smartphone, Burn-out und Co. managen, Campus, Frankfurt am Main/New York 2011, S. 63.

89 Vgl. http://www.youtube.com/watch?v=krdwB8bfXLQ.

90 Vgl. Simon, Hermann: Hidden Champions. Aufbruch nach Globalia, Campus, Frankfurt am Main 2012, S. 213 u.ö.

91 Hamel, Gary: Schafft die Manager ab, Harvard Business Manager, Nr. 1, 2012.

92 Vgl. http://www.umantis.com/aktuelles/haufe-umantis-ag-mitarbeiter-waehlen-marc-stoffel-zum-geschaeftsfuehrer-1/?chorid=03251382.

93 Schiller, Anke: Unkonventionell und kreativ im Dialog mit den Kunden, Marketing und Kommunikation, Nr. 8, 2013.

94 Vgl. z. B. http://de.wikipedia.org/wiki/Kreative_Klasse.

95 Warga, Brad: Wir verfügen über sechs Millionen Profile, W&V, Nr. 32, 2013.

96 Eck, Klaus: Transparent und glaubwürdig. Das optimale Online Reputation Management für Ihr Unternehmen, Redline, München 2010, S. 292.

97 Berner, Winfried: http://www.umsetzungsberatung.de/personal/mitarbeiterzufriedenheit.php.

98 Ivanov, Aleksandar: Die Macht der kollektiven Intelligenz, DIE NEWS, Nr. 11, 2012.

99 Vgl. z. B. http://www.org-portal.org/index.php?id=12&tx_ttnews%5Bpointer%5D=30&tx_ttnews%5Btt_news%5D=58&tx_ttnews%5BbackPid%5D=3&cHash=cdb5f5a9f83f1262a309267c58961f2d.

100 Vgl. Herzberg, Frederick, u. a.: The Motivation to Work, New York, 1959.

101 Dueck, Gunter: Professionelle Intelligenz, Eichborn, Frankfurt am Main 2011, S. 68.

102 Senge, Peter M.: Die fünfte Disziplin. Kunst und Praxis der lernenden Organisation, 11. Aufl., Schäffer-Poeschel, Stuttgart 2011.

103 Lohmann, Detlef: … und mittags geh ich heim. Die völlig andere Art, ein Unternehmen zum Erfolg zu führen, Linde, Wien 2012, S. 130.

104 Delong, Sara: Das Dilemma der Erfolgreichen, Harvard Business Manager, August 2011.

105 Vgl. http://www.startupcareer.de/?s=Magda&submit.

106 Woolley, Anita: Der weibliche Faktor, Harvard Business Manager, August 2011.

107 Vgl. External Peer Reflection, Wirtschaft + Weiterbildung, Juni 2013.

108 May, Jochen: Schwarmintelligenz im Unternehmen. Wie sich vernetzte Intelligenz für Innovation und permanente Erneuerung nutzen lässt, Publicis Publishing, München 2011.

109 Seliger, Ruth: Einführung in Großgruppenmethoden, Carl-Auer-Systeme, 2. Aufl., Heidelberg 2011, S. 16.

110 Vgl. http://ichsagmal.com/tag/barcamps/.

111 Laufer, Hartmut: Praxis erfolgreicher Mitarbeitermotivation. Techniken, Instrumente, Arbeitshilfen, Gabal Verlag, Offenbach 2013, S. 147.

112 Wolf, Gunther: Mitarbeiterbindung, Haufe-Lexware, Freiburg 2013, S. 171.

113 Reichheld, Fred / Markey, Rob: Die ultimative Frage 2.0, Frankfurter Allgemeine Buch, Frankfurt am Main 2012, S. 152.

114 Vgl. dazu auch Schmid, Bernd, u. a.: Einführung in die kollegiale Beratung, Carl-Auer, Heidelberg 2013.

115 Vgl. http://www.markenartikel-magazin.de/no_cache/unternehmen-marken/artikel/details/1004063-unternehmen-vernachlaessigen-mitarbeiter-als-markenbotschafter/.

116 Vgl. http://www.faz.net/aktuell/beruf-chance/arbeitswelt/exit-gespraeche-sag-zum-abschied-leise-servus-1995664.html.

117 Sprenger, Reinhard: Radikal führen, Campus, Frankfurt am Main 2012, S. 150.

118 Hamel, Gary: Worauf es jetzt ankommt, Wiley, Weinheim 2012.

Literaturhinweise

Ariely, Dan: Wer denken will, muss fühlen, Knaur, München 2012

Bärmann, Frank: Social Media im Personalmanagement, mitp, Heidelberg, 2012

Bauer, Joachim: Arbeit, Blessing, München 2013

Bauer, Joachim: Prinzip Menschlichkeit, Hoffmann und Campe, Hamburg 2006

Bauer, Joachim: Warum ich fühle, was du fühlst, Hoffmann und Campe, Hamburg 2005

Beilharz, Felix: Social Media Management, BusinessVillage, Göttingen 2012

Bodell, Lisa: Kill the Company. 12 Killer-Tools für die Wiedergeburt Ihres Unternehmens, Campus, Frankfurt am Main 2013

Borbonus, René: Respekt, Econ, Berlin 2011

Brafman, Ori / Beckström, Rod: Der Seestern und die Spinne, Wiley, Weinheim 2007

Brizendine, Louann: Das weibliche Gehirn, Goldmann, München 2008

Brizendine, Louann: Das männliche Gehirn, Hoffmann und Campe, Hamburg 2010

Cialdini, Robert B:. Die Psychologie des Überzeugens, 4. Aufl., Huber, Bern 2006

Christakis, Nicholas A. / Fowler, James H.: Connected!, Fischer, Frankfurt am Main 2010

Cole, Tim: Unternehmen 2020. Das Internet war erst der Anfang, Hanser, München 2010

Conant, Douglas / Norgaard, Mette: Touchpoints, Wiley Imprint, San Francisco 2011

Covert, Jack, u. a.: Die 100 besten Wirtschaftsbücher aller Zeiten, Murmann, Hamburg 2011

Covey, Stephen R.: Die dritte Alternative, 2. Aufl., GABAL, Offenbach 2013

Csikszentmihalyi, Mihaly: Flow im Beruf, Klett-Cotta, Stuttgart 2004

Dobelli, Rolf: Die Kunst des klugen Handelns, Hanser, München 2012

Dobelli, Rolf: Die Kunst des klaren Denkens, Hanser, München 2011

Dueck, Gunter: Das Neue und seine Feinde, Campus, Frankfurt am Main 2013

Dueck, Gunter: Professionelle Intelligenz, Eichborn, Frankfurt am Main 2011

Dueck, Gunter: Aufbrechen!, Eichborn, Frankfurt am Main 2010

Eck, Klaus: Transparent und glaubwürdig, Redline, München 2010

Elger, Christian E.: Neuroleadership, Haufe, München 2009

Fisher, Roger, u. a.: Das Harvard-Konzept, Campus, Frankfurt am Main 2004

Fuchs, Werner T.: Warum das Gehirn Geschichten liebt, Haufe, München 2009

Fuchs, Jürgen / Fuchs, Holger: Schluss mit Hierarchie, Coin, Wiesbaden 2008

Gigerenzer, Gerd: Bauchentscheidungen, Bertelsmann, München 2007

Gloger, Axel: Übermorgen, Linde, Wien 2012

Goleman, Daniel: Soziale Intelligenz, Knaur, München 2008

Gratton, Lynda: Job Future, Future Jobs, Hanser, München 2012

Greve, Götz (Hrsg.): Kundenorientierte Unternehmensführung, Gabler, Wiesbaden 2010

Grünewald, Stephan: Die erschöpfte Gesellschaft, Campus, Frankfurt am Main 2013

Haderlein, Andreas / Seitz, Janine: Die Netzgesellschaft, Zukunftsinstitut, Kelkheim 2011

Hamel, Gary: Das Ende des Managements, Econ, Frankfurt am Main 2008

Hamel, Gary: Worauf es jetzt ankommt, Wiley, Weinheim, 2012

Häusel, Hans-Georg: Emotional Boosting, Haufe, Planegg 2009

Heuser, Uwe J.: Humanomics, Campus, Frankfurt am Main 2008

Höhler, Gertrud: Das Ende der Schonzeit, Econ, Berlin 2008

Höhler, Gertrud: Jenseits der Gier, Econ, Berlin 2005

Hüther, Gerald: Männer, Das schwache Geschlecht und sein Gehirn, Vandenhoeck & Ruprecht, Göttingen 2009

Hüther, Gerald: Biologie der Angst, 8. Aufl., Vandenhoeck & Ruprecht, Göttingen 2007

Jäger, Roland: Ausgekuschelt, 3. Aufl., Orell Füssli, Zürich 2010

Jánkzky, Sven Gábor / Abricht, Lothar: 2025 – So arbeiten wir in der Zukunft, Goldegg Verlag, Berlin 2013

Kaduk, Stefan, u. a.: Musterbrecher. Die Kunst, das Spiel zu drehen, Murmann, Hamburg 2013

König, Tom: Ich bin ein Kunde, holt mich hier raus, Spiegel online, Hamburg 2012

Kriegler, Wolf Reiner: Praxishandbuch Employer Branding, Haufe, Freiburg 2012

Kutzschenbach, Claus von: Frauen, Männer, Management, 3. Aufl., Rosenberger, Leonberg 2011

Laufer, Hartmut: Praxis erfolgreicher Mitarbeitermotivation, GABAL, Offenbach 2013

Lause, Markus / Wippermann, Peter: Leben im Schwarm, Red Indian Publishing, Reutlingen 2012

Lehky, Maren: Leadership 2.0, Campus, Frankfurt am Main 2011

Lehky, Maren: Was Ihre Mitarbeiter wirklich von Ihnen erwarten, Campus, Frankfurt am Main 2009

Löhken, Sylvia: Intros und Extros, GABAL, Offenbach 2014

Löhken, Sylvia: Leise Menschen – starke Wirkung, GABAL, Offenbach 2012

Lohmann, Detlef: … und mittags geh ich heim, Linde, Wien 2012

Ludeman, Kate / Erlandson, Eddie: Alpha-Tiere, Redline Wirtschaft, Heidelberg 2007

May, Jochen: Schwarmintelligenz in Unternehmen, Publicis, Erlangen 2011

Meyer, Jens-Uwe: Kreativ trotz Krawatte, BusinessVillage, Göttingen 2010

Miegel, Meinhard: Exit. Wohlstand ohne Wachstum, Propyläen, Berlin 2010

Mikunda, Christian: Warum wir uns Gefühle kaufen, Econ, Berlin 2009

Müller, Eva B.: Innovative Leadership, Haufe-Lexware, Freiburg 2013

Nöllke, Matthias: Machtspiele, Haufe, Planegg 2007

Och, Andrea / Daniels, Katharina: Lust auf Macht, Linde, Wien 2013

Opaschowski, Horst W.: Wir! Warum Ichlinge keine Zukunft mehr haben, Murmann, Hamburg 2010

Patrzek, Andreas: Fragekompetenz für Führungskräfte, 6. Aufl., Rosenberger, Leonberg 2013

Peters, Tom: The Little Big Things, Gabal, Offenbach, 2011

Pfläging, Niels: Führen mit flexiblen Zielen, 2. Aufl., Campus, Frankfurt am Main 2011

Pfläging, Niels: Organisation für Komplexität: Wie Arbeit wieder lebendig wird – und Höchstleistung entsteht, Books on Demand, 2013

Pink, Daniel H.: Drive, Ecowin, Salzburg 2010

Pink, Daniel H.: Unsere kreative Zukunft, Riemann, München 2008

Qualman, Eric: Socialnomics. Wie Social Media Wirtschaft und Gesellschaft verändern, mitp, Heidelberg 2010

Reichheld, Fred / Markey, Rob: Die ultimative Frage 2.0, Frankfurter Allgemeine Buch, Frankfurt am Main 2012

Riederle, Philipp: Wer wir sind und was wir wollen. Ein Digital Native erklärt seine Generation, Knaur, München 2013

Roth, Gerhard: Persönlichkeit, Entscheidung und Verhalten, Klett-Cotta, Stuttgart 2007

Sander, Constantin: Change! Bewegung im Kopf, BusinessVillage, Göttingen 2011

Schäfer, Martina: Das schlagfertige Unternehmen, UVK, Konstanz 2010

Schmid, Bernd, u. a.: Einführung in die kollegiale Beratung, Carl Auer Verlag, Heidelberg 2010

Schüller, Anne: Touchpoints. Auf Tuchfühlung mit den Kunden von heute, 4. Aufl., GABAL, Offenbach 2013

Schüller, Anne M.: Kunden auf der Flucht? Wie Sie loyale Kunden gewinnen und halten, 3. Aufl., Orell Füssli, Zürich 2011

Schüller, Anne M.: Kundennähe in der Chefetage. Wie Sie Mitarbeiter kundenfokussiert führen, 3. Aufl., Orell Füssli, Zürich 2011

Schüller, Anne M.: Zukunftstrend Empfehlungsmarketing, 5. Aufl., BusinessVillage, Göttingen 2011

Schüller, Anne M.: Zukunftstrend Mitarbeiterloyalität, Business-Village, Göttingen 2005, nur als eBook erhältlich

Schüller, Anne M. / Fuchs, Gerhard: Total Loyalty Marketing, 6. Aufl., Gabler, Wiesbaden 2013

Seliger, Ruth: Einführung in Großgruppen-Methoden, Carl Auer Verlag, Heidelberg 2008

Simon, Hermann: Hidden Champions. Aufbruch nach Globalia, Campus, Frankfurt am Main 2012

Sprenger, Reinhard K.: Radikal führen, Campus, Frankfurt am Main 2012

Surowiecki, John: Die Weisheit der Vielen, Goldmann, München 2007

Tapscott, Don / Williams Anthony D.: Wikinomics, Hanser, München 2007

Urchs, Ossi / Cole, Tim: Digitale Aufklärung, Hanser, München 2013

Väth, Markus: Cooldown. Die Zukunft der Arbeit und wie wir sie meistern. GABAL, Offenbach 2013

Väth, Markus: Feierabend hab ich, wenn ich tot bin, GABAL, Offenbach 2011

Vaynerchuk, Gary: The Thank you Economy, HarperCollins, New York 2011

Wala, Hermann H.: Meine Marke, Redline, München 2011

Werle, Martin: Die 500 besten Coaching-Fragen, 2. Aufl., Manager-Seminare Edition, Bonn 2013

Wolf, Gunther: Mitarbeiterbindung, Haufe-Lexware, Freiburg 2013

Stichwortverzeichnis

Über die Autorin

Anne M. Schüller ist Diplom-Betriebswirtin, Keynote-Speaker, Management-Consultant und Bestseller-Autorin. Sie gilt als Europas führende Expertin für Touchpoint-Management wie auch für Loyalitätsmarketing. Sie zählt zu den gefragtesten Business-Rednern im deutschsprachigen Raum. Managementbuch.de zählt sie zu den wichtigen Managementdenkern.

Sie hat elf Managementbücher geschrieben, ist Mitherausgeberin eines Buches und hat die Hörbuchedition »Touchpoints« sowie fünf weitere Hörbücher veröffentlicht. Ihr Buch *Touchpoints* wurde zum Mittelstandsbuch des Jahres gekürt und mit dem Deutschen Trainerbuchpreis 2012 ausgezeichnet. Sie schreibt regelmäßig Kolumnen und Fachbeiträge in der Wirtschafts- und Fachpresse. Wenn es um das Thema Kunde geht, zählt sie zu den meistzitierten Experten. Zu ihrem Kundenkreis gehört die Elite der deutschen, österreichischen und schweizerischen Wirtschaft.

Sie ist Dozentin an der Bayerischen Akademie für Werbung und Marketing (BAW) München sowie am Management Center Innsbruck (MCI). Sie hatte ferner einen Lehrauftrag an der Hochschule Deggendorf für Strategisches Marketing wie auch Gastauftritte an der Universität St. Gallen.

Die Marken »Touch Points®« und »CTMP®« sind zugunsten von Anne M. Schüller als Marken eingetragen. Eine Nutzung ohne ihre Zustimmung ist nicht gestattet.